高等院校计算机专业精品教材

Vue.js 前端框架基础项目式教程

钱　游　梁修荣　曹　勇　主　编
万　军　黄天春　廖　丽　副主编

電子工業出版社
Publishing House of Electronics Industry
北京·BEIJING

内 容 简 介

本书是 Vue.js 前端框架入门教材，以通俗易懂的语言、丰富实用的案例，详细讲解 Vue.js 的开发技术。

本书共 7 个项目，项目 1 主要介绍 Vue.js 的定义、特点、应用场景，Vue.js 的 CDN 引入和本地引入，开发工具 HBuilder X 的安装等知识；项目 2 主要介绍 Vue.js 实例对象创建的多种方法，常用内置指令的用法，data 数据、methods 方法和 computed 计算属性的定义和用法，以及使用 v-model 进行双向数据绑定、使用 v-on 进行事件绑定的方法；项目 3 主要介绍 Node.js 的下载、安装及环境配置，使用脚手架 Vue CLI 和 Vite 创建项目，使用 Vue.js 原生方法和第三方库 Howler.js 实现音频的播放、暂停播放、停止播放等知识；项目 4 主要介绍 Vue.js 创建项目的方式、Vue.js 的项目结构、Vue.js 组件的创建方法、Vue.js 组件的通信方式、第三方组件库 Element-Plus 的使用、Axios 网络请求库的使用、Vue 3 路由配置等知识；项目 5 主要介绍响应式网页的设计方法、Swiper 轮播组件的基本用法、Vue 3 组合式 API 的基本用法等知识；项目 6 主要介绍嵌套路由、路由守卫、Redis 的安装和使用、验证码的产生方法、百度编辑器 UEditor 的配置和使用等知识；项目 7 主要介绍 Spring Boot 单元测试、Spring Boot 应用打包及部署、Vue.js 应用打包及部署等知识。

本书内容通俗易懂，案例丰富，实用性强，特别适合有网页前端框架基础的读者和进阶读者阅读，也适合前端工程师、网站开发工程师及其他编程爱好者阅读。另外，本书还适合作为相关培训机构，以及高职高专院校计算机相关专业的教材。

图书在版编目（CIP）数据

Vue.js 前端框架基础项目式教程 / 钱游，梁修荣，曹勇主编. -- 北京 : 电子工业出版社，2025. 4.

ISBN 978-7-121-50039-8

Ⅰ. TP393.092.2

中国国家版本馆 CIP 数据核字第 2025MH0533 号

责任编辑：康　静
印　　刷：涿州市京南印刷厂
装　　订：涿州市京南印刷厂
出版发行：电子工业出版社
　　　　　北京市海淀区万寿路 173 信箱　　邮编：100036
开　　本：787×1092　1/16　印张：21.5　字数：550.4 千字
版　　次：2025 年 4 月第 1 版
印　　次：2025 年 4 月第 1 次印刷
定　　价：59.80 元

凡所购买电子工业出版社图书有缺损问题，请向购买书店调换。若书店售缺，请与本社发行部联系，联系及邮购电话：（010）88254888，88258888。

质量投诉请发邮件至 zlts@phei.com.cn，盗版侵权举报请发邮件至 dbqq@phei.com.cn。

本书咨询联系方式：（010）88254178，liujie@phei.com.cn。

前　　言

Vue.js 是目前十分流行的 Web 前端框架之一，是一款构建用户界面的渐进式框架，采用 MVVM（MoDel-View-ViewModel）设计模式，支持数据驱动和组件化开发。与 Angular、React 等前端框架相比，Vue.js 提供了更加简洁、更易于理解的 API（应用程序接口），使得用户可以快速上手使用，因此使用 Vue.js 框架开发前端项目的人越来越多。Vue.js 技术以其易用性、灵活性、强大的生态系统和广泛的社区支持等优势，在前端开发领域中取得了巨大的成功，并持续保持着火爆和流行的态势。Vue.js 框架之所以强大且流行，主要得益于其多方面的优势，这些优势使其成为前端开发者在进行快速迭代项目，尤其是单页应用（SPA）开发时的首选框架。

本书从初学者的角度出发，循序渐进地介绍学习 Vue.js 框架需要掌握的基础知识和核心技能，以及使用 Vue.js 框架开发网站应用的基本步骤，以帮助读者快速掌握 Vue.js 前端框架开发的相关技能，使其能够独立编写 Vue.js 应用程序，从而成为一个合格的 Web 前端开发工程师，并能胜任相关岗位的工作。

在内容编排上，本书采用“理论知识+实例代码+任务进阶”的模式，既介绍了普适性内容，又提供了实战案例，确保读者在理解核心知识的前提下可以学以致用；在知识配置上，书中涵盖了 Vue.js 的基础知识、路由、Vuex、网络请求、后端 API 的开发。希望读者通过学习本书，可以熟练掌握 Vue.js 前端框架的核心知识，具备开发企业网站的能力。

本书共 7 个项目，项目 1 和项目 2 主要介绍 Vue.js 的基础知识，项目 3～项目 7 主要介绍使用脚手架开发复杂应用的思路和步骤。各项目具体内容如下。

扫一扫

微课：课程介绍

项目 1 主要介绍 Vue.js 的定义、特点、应用场景，Vue.js 的 CDN 引入和本地引入，开发工具 HBuilder X 的安装等知识；项目 2 主要介绍 Vue.js 实例对象创建的多种方法，常用内置指令的用法，data 数据、methods 方法和 computed 计算属性的定义和用法，以及使用 v-model 进行双向数据绑定、使用 v-on 进行事件绑定的方法；项目 3 主要介绍 Node.js 的下载、安装及环境配置，使用脚手架 Vue CLI 和 Vite 创建项目，使用 Vue.js 原生方法和第三方库 Howler.js 实现音频的播放、暂停播放、停止播放等知识；项目 4 主要介绍 Vue.js 创建项目的方式、Vue.js 的项目结构、Vue.js 组件的创建方法、Vue.js 组件的通信方式、第三方组件库 Element-Plus 的使用、Axios 网络请求库的使用、Vue 3 路由配置等知识；项目 5 主要介绍响应式网页的设计方法、Swiper 轮播组件的基本用法、Vue 3 组合式 API 的基本用法等知识；项目 6 主要介绍嵌套路由、路由守卫、Redis 的安装和使用、验证码的产生方法、百度编辑器 UEditor 的配置和使用等知识；项目 7 主要介绍 Spring Boot 单元测试、Spring Boot 应用打包及部署、Vue.js 应用打包及部署等知识。

本书特色如下。

- 思政融入：本书通过设置“能量小贴士”显性引导式融入课程思政内容，通过项目案例植入等方法隐性渗透式融入思政内容，将思政元素融入专业内容，形成显隐结合、多维立体的思政育人体系，实现了知识传授与价值引领的有机统一。
- 由浅入深：本书从日常生活中常见的实例入手，通过对项目案例的不断迭代和优化，引领读者体验 Vue.js 从入门到项目实战的全流程。
- 实操性强：本书选用多个具有代表性的任务作为学习目标，通过项目驱动来帮助读者学习和消化 Vue.js 的多个知识和技术。
- 代码详解：为了便于读者理解相应的知识点，本书对核心知识点提供了完整、详细的代码，并对核心代码进行了详细讲解。读者在编写代码的同时，结合书中大量详细的代码讲解，可以很好地掌握各种 Vue.js 前端应用程序的开发思想。
- 配套资源丰富：编者为本书制作了专业的教学 PPT、教案、授课进度计划、课程标准等，以便相关学校或培训机构的教师授课。
- 代码及时更新：实例代码可从本书配套资源中获取。

本书读者对象如下：

- 具有网页前端框架基础的读者和进阶读者；
- 高职高专院校计算机相关专业的学生；
- 网站开发工程师；
- 前端工程师；
- 编程爱好者。

本书主要针对 Vue 3 进行介绍，需要读者具有 Web 前端框架基础知识，若具有 Spring Boot 基础知识，则学习效果会更佳；若不具有 Spring Boot 基础知识也没有关系，读者直接使用本书配套的开发好的 API 服务器即可，至于本书介绍的使用 Spring Boot 开发 API 的部分，可以直接跳过。

本书由重庆城市职业学院的钱游、梁修荣、曹勇担任主编，万军、廖丽担任副主编，并特别邀请来自科大讯飞股份有限公司、拥有资深项目开发实战经验的高级工程师黄天春担任副主编。曹勇编写项目 1，黄天春编写项目 2，万军编写项目 3，梁修荣编写项目 4，廖丽编写项目 5，钱游编写其余项目并负责统稿。

由于本书需要编写的代码很多，许多问题也存在多种解决方案，而且本书篇幅、编者水平和学识有限，因此不能列出所有相关代码。本书提供的源码在开发环境中已全部调试通过。

本书采用黑白印刷，无法呈现彩色效果，请读者结合程序实际运行效果进行学习。

尽管编者竭尽全力，但书中难免存在疏漏之处，敬请广大读者批评和指正。

编　者

2024 年 8 月

目　录

项目 1　Vue.js 实现单页应用

项目描述

本项目主要使用 HBuilder X 开发工具，并采用 Vue.js 的 CDN 引入和本地引入两种方式开发单页应用（SPA）。通过单页应用的开发来帮助读者体会使用 Vue.js 操作网页 DOM 的强大。

项目分析

要完成项目任务，需要掌握 Vue.js 的定义、特点、应用场景，Vue.js 的 CDN 引入和本地引入方式，开发工具 HBuilder X 的基本安装和用法等知识。

学习目标

知识目标

1. 了解网页 DOM 的树状结构；
2. 了解 Vue.js 的引入方式；
3. 掌握 Vue.js 的应用场景。

扫一扫

微课

技能目标

1. 能使用 Vue.js 的引入方式开发简单的网页；
2. 能掌握 HBuilder X 的基本用法。

素养目标

1. 培养按标准做事的习惯；
2. 培养独立完成任务的品格素质、技能素质；
3. 能够找到适合自己的学习方法并正确运用；
4. 培养团队合作精神；
5. 培养努力拼搏、踔厉奋发的精神；
6. 树立社会主义核心价值观。

能量小贴士

同学们，“千里之行，始于足下”，今天我们以国产技术生态开启 Vue.js 学习征程。Vue.js 作为国产开源框架的典范，其渐进式设计与 HBuilder X 国产 IDE 的结合，正是“九层之台，起于累土”的创新实践。从创建首个.vue 文件开始，每个 v-on 指令的掌握、每次“{{数据}}”的动态渲染，都在践行着《考工记》中“材美工巧”的工匠精神。

组件化开发与“致广大而尽精微”的东方智慧不谋而合，数据驱动的 MVVM 模式诠释着“以简驭繁”的哲学。当 watch 监听器精准捕捉状态变化时，恰似《论语》中“见微知著”的治学态度。HBuilder X 的云端一体特性，体现了“工欲善其事，必先利其器”的工具理性，更承载着“器以载道”的技术自强使命。

此刻，请创建你们的首个 Vue.js 实例。当“你好，世界!”在浏览器中跃动时，这不仅是编程起点，更是参与国产技术生态建设的庄严启航。让我们以响应式系统搭建数字世界的“榫卯结构”，用代码诠释新时代工程师的匠心担当。

任务　输出“Hello world”

Vue.js 诞生于 2014 年，是一款针对前后端分离开发模式构建用户界面的渐进式框架。它关注视图层逻辑，采用自下向上、增量开发的设计方式。Vue.js 的目标是通过尽可能简单的操作实现响应的数据绑定和组合的视图组件。本任务通过 CDN 引入方式使用 Vue.js 输出“Hello world”，让读者对 Vue.js 有一个初步了解。

任务演示

本项目讲述如何在不使用项目构建工具的条件下，安装和引入 Vue.js。本项目的任务是使用 Vue.js 在网页上输出“Hello world”，如图 1-1 所示。

图 1-1　输出“Hello world”

知识准备

扫一扫

微课：Vue.js 基础

1. Vue.js 基础

Vue.js 是一款流行的前端框架，最初由尤雨溪（Evan You）于 2014 年创建。Vue.js 的设计目标是使开发过程更加简单、灵活和高效。Vue.js

的核心库专注于视图层，易于与其他库或已有项目整合。Vue.js 的文件扩展名为 vue，该文件默认包含 HTML、CSS 和 JavaScript 代码块，并使用 Vue.js 提供的语法来定义应用程序的交互式组件。

Vue.js 主要具有以下特点。

- 响应式数据：Vue.js 使用双向绑定的数据流，当数据发生变化时，视图也会自动更新，从而提升用户体验。
- 组件化开发：Vue.js 将页面拆分为多个可重用的组件，提高了代码的复用性和维护性，有利于团队协作开发。
- 轻量级：Vue.js 的核心库体积小巧，加载速度快，适用于开发轻量级的单页应用。
- 虚拟 DOM（文档对象类型）：Vue.js 使用虚拟 DOM 技术，将页面的操作映射到虚拟 DOM 上，减少了对真实 DOM 的直接操作，提高了性能。
- 生态系统丰富：Vue.js 拥有庞大的生态系统，包括大量的第三方库和插件，可以轻松地扩展功能和集成第三方库。

Vue.js 具有以下应用场景。

- 单页应用：Vue.js 特别适合构建单页应用，即整个应用只有一个页面，但页面内容会根据用户的交互动态变化。Vue.js 的组件化开发模式使得单页应用的开发更加高效和模块化。
- 数据驱动视图：当应用中的数据发生变化时，Vue.js 可以自动检测和更新 DOM，以反映数据的最新状态。

Vue.js 具有如下优点。

- 简单易用：Vue.js 的语法简洁明了，易于理解和学习，降低了用户的学习门槛。特别是有一定 JavaScript 和 HTML/CSS 知识基础的开发者，上手更加容易。
- 高效灵活：Vue.js 的响应式数据和组件化开发模式使得开发过程更加高效和灵活。同时，它支持与现代工具链和构建工具集成，如 Webpack 或 Gulp，使其具有更高的可扩展性。
- 快速更新：Vue.js 凭借其轻量级和组件化特性，更新和迭代速度非常快。这有助于开发团队快速响应市场需求和用户反馈。

2. Vue.js 安装

Vue.js 设计的初衷就包括可以被渐进式地采用。这意味着用户可以根据需求以多种方式将其集成到一个项目中，主要有以下 4 种方式。

- 在页面上以 CDN 包的形式引入。
- 下载 JavaScript 文件并自行托管。
- 使用 npm（Node.js 的包管理器）安装。
- 使用官方的 Vue CLI（命令行工具）构建一个项目。

（1）在页面上以 CDN 包的形式引入。

- 这种方式适用于快速原型设计或 Vue.js 的初学者。

- Vue.js 提供了相关的 CDN 链接，用户可以直接在 HTML 文件中通过<script>标签引用。

（2）下载 JavaScript 文件并自行托管。

- 如果用户不想使用 CDN，或者想要在生产环境中使用特定版本的 Vue.js，则可以下载 Vue.js 的 JavaScript 文件并将其托管在自己的服务器上。
- 下载 JavaScript 文件后，可以通过<script>标签在 HTML 文件中引用。

（3）使用 npm 安装。

- 如果要构建大型应用程序或复杂的项目，则推荐使用 npm 安装 Vue.js。
- 用户可以通过 npm 命令行工具来安装 Vue.js，并且可以很容易地与其他 npm 包进行集成。
- 示例命令（这将会安装最新版本的 Vue.js）：

```
npm install vue
```

（4）使用官方的 Vue CLI 构建一个项目。

- Vue CLI 是一个功能强大的工具，可以帮助用户快速搭建 Vue.js 项目的脚手架。
- CLI 提供了许多内置的配置和插件，可以大大简化项目的构建和部署过程。
- 示例命令：首先使用 npm install -g @vue/cli 命令安装 Vue CLI 全局包，然后使用 vue create my-project 命令创建一个新的 Vue.js 项目。

3. HBuilder X 软件的安装

HBuilder X 是一款为前端开发量身定制的多功能代码编辑器，具有编码速度快、完整的语法库、浏览器兼容数据、能够方便制作手机 App，以及保护眼睛的绿柔设计等特点。它支持 HTML、CSS、JavaScript、PHP 的快速开发。开发 Vue.js 推荐使用 HBuilder X 软件，下面简单介绍一下该软件的安装和用法。HBuilder X 软件的安装步骤如下。

进入 HBuilder 官网，单击“HBuilder X 极客开发工具”按钮，如图 1-2 所示。

图 1-2　单击“Hbuilder X 极客开发工具”按钮

单击“Download for Windows”按钮，选择合适的版本进行下载，如图 1-3 所示。

图 1-3　单击“Download for Windows”按钮

下载好之后对安装包进行解压缩，找到 HBuilderX.exe 文件，如图 1-4 所示。

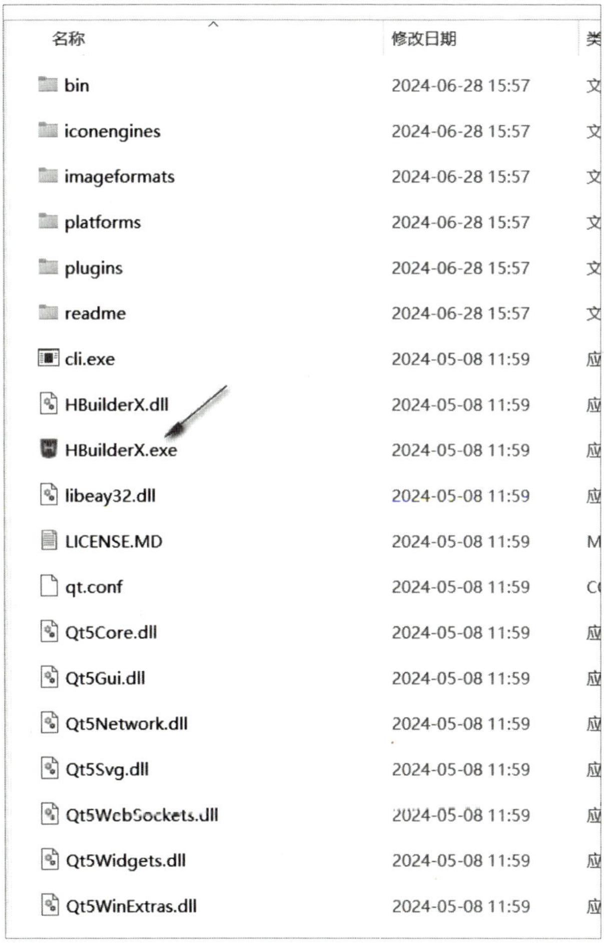

图 1-4　找到 HBuilderX.exe 文件

创建 HBuilder X 软件的桌面快捷方式，步骤如图 1-5 所示。

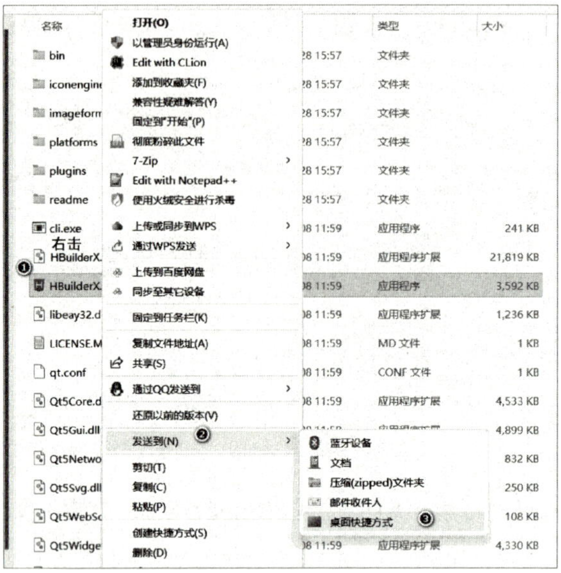

图 1-5　创建 HBuilder X 软件的桌面快捷方式的步骤

接下来，简单介绍 HBuilder X 软件的用法。

- 打开 HBuilder X 软件后，选择自己喜欢的主题。
- 进入项目建立阶段，单击“新建项目”按钮，如图 1-6 所示。

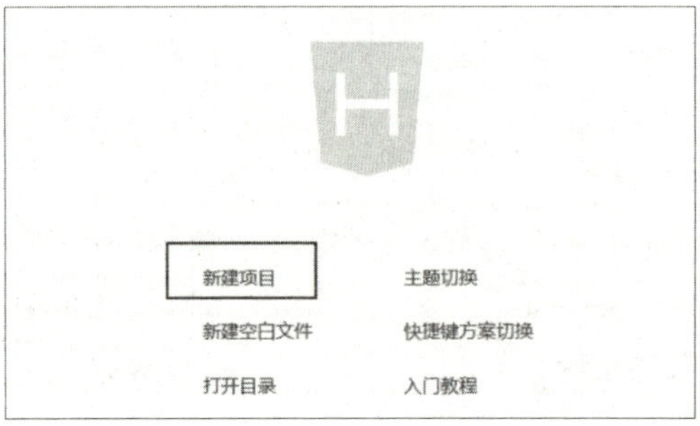

图 1-6　单击“新建项目”按钮

- 输入项目名称，设置项目所在的位置，选择模板，并单击“创建”按钮，如图 1-7 所示。完成之后在左边的项目栏管理器中将出现该项目名称。

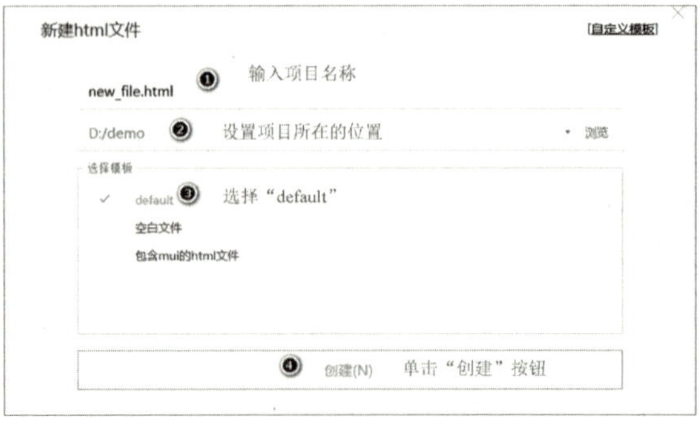

图 1-7　设置项目参数

- 模板网页的默认内容如图 1-8 所示。

```
<!DOCTYPE html>
<html>
	<head>
		<meta charset="utf-8">
		<title></title>
	</head>
	<body>
	</body>
</html>
```

图 1-8 模板网页的默认内容

- 按图 1-9 所示的步骤运行网页。

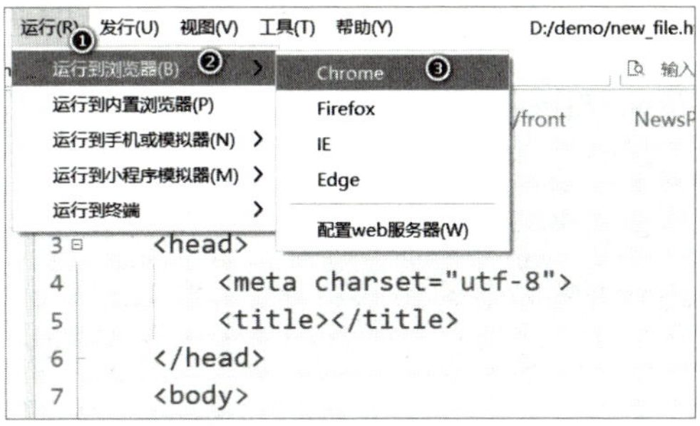

图 1-9 运行网页的步骤

4. 初识 Vue 2

要想学习 Vue.js，需要学会查看其官网上的资料，可以从本书的配套资源中找到 vue.js 文件，该文件与 jQuery.js 是类似的，可以将图 1-10 所示的网址复制到地址栏中进行访问。

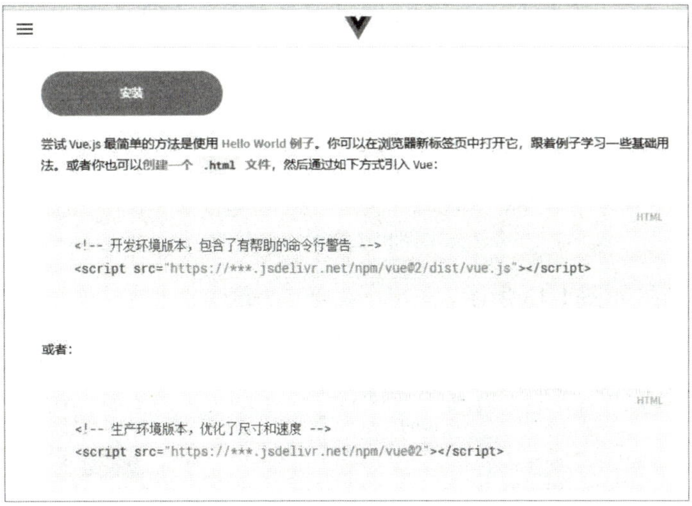

图 1-10 复制网址

将网址粘贴到地址栏后按回车键进行访问，并将该文件保存为后缀为“.js”的本地文件，这里编者保存的.js 文件的名字为 vue2.js，如图 1-11 所示。

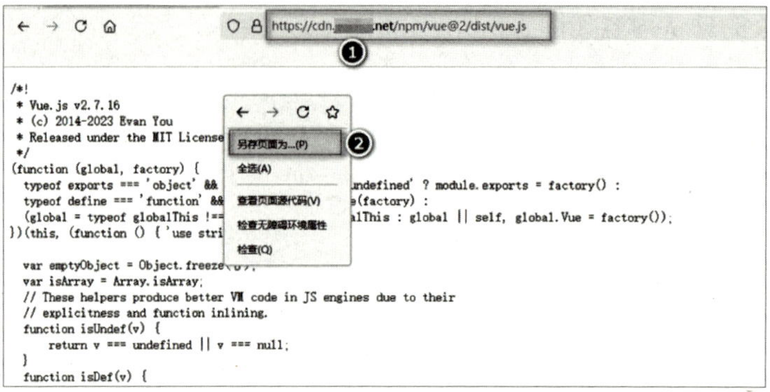

图 1-11　得到本地.js 文件的方法

使用 HBuilder X 软件创建一个 demo01.html 网页文件，在其中输入如下代码。

```
<!DOCTYPE html>
<html>
 <head>
      <meta charset="utf-8">
      <title>Vue.js 的引入</title>
      <script src="vue2.js"></script>
 </head>
 <body>
           <script type="text/javascript">
               alert("引入 vue2.js 有效")
           </script>
 </body>
</html>
```

注意：请确保 vue2.js 文件和 demo01.html 文件在同一个目录中，如图 1-12 所示。

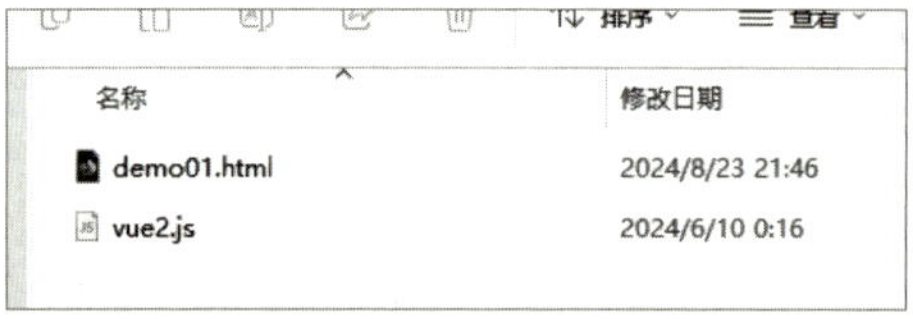

图 1-12　vue2.js 文件和 demo01.html 文件的位置关系

运行程序，结果如图 1-13 所示。

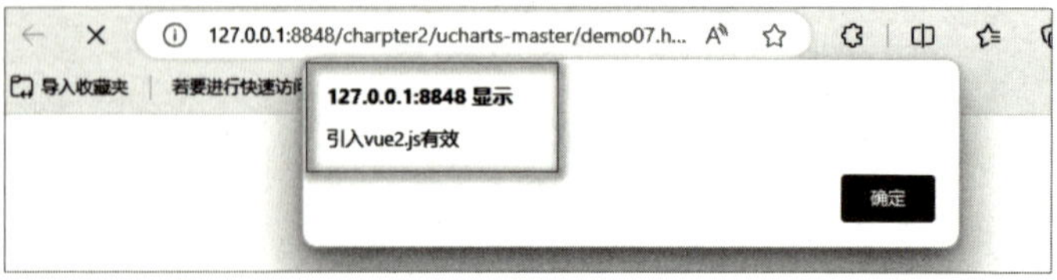

图 1-13　结果弹出了警告框

如果弹出了图 1-13 所示的警告框，则表示本地文件 vue2.js 加载成功，可以进行开发了。接下来，进行 Vue.js 实例对象的创建。

（1）定义一个挂载点（本质是一个有 id 的 div 容器）。

```
01  <div id="app">
02      {{ message }}
03  </div>
```

- 01 行表示这是一个 HTML 元素，其 id 被设置为“app”。在 Vue.js（或类似的框架）中，这个 id 经常被用作挂载点（Mount Point），即框架将在这里开始管理 DOM 的更新和渲染。
- 02 行表示 Vue.js 的插值表达式语法。它用于告诉 Vue.js 在这里插入变量 message 的当前值。如果 message 的值发生变化，则 Vue.js 会自动更新 DOM 以反映新的值，而无须用户手动操作 DOM 或刷新页面。

（2）定义 el 唯一根标签。

```
<script type="text/javascript">
    var app = new Vue({//Vue.js 实例化
      el: '#app',// 告诉 Vue.js 这个实例对象将挂载到哪个 DOM 元素上
      data: {//data 对象中可以定义多个不同名字和类型的属性
        message: 'Hello Vue!'// 定义数据对象中的 message 属性
      }
    })
</script>
```

在上面的代码中，Vue.js 实例对象被创建并挂载到 id 为“app”的 DOM 元素上。Vue.js 实例对象的 data 对象包含了 message 属性，其初始值为 Hello Vue!。因此，当页面加载时，<div id="app">中的{{ message }}将被替换为 Hello Vue!，页面上最终显示的将是“Hello Vue!”。

5. 初识 Vue 3

Vue 3 是目前流行的 JavaScript 框架 Vue.js 的最新版本。它于 2020 年 9 月被正式发布，并带来了许多新功能和改进。Vue 3 的主要目标是提供更好的性能、更好的开发体验和更小的包。获取 Vue 3 系列的 JavaScript 文件同样可通过本地引入，当然也可以通过远程 CDN 引入。

（1）定义挂载点。

```
<div id="app">
    {{ message }}
</div>
```

（2）使用 createApp 方法创建 Vue.js 应用实例。

```
<script>
    // 使用 Vue 3 的 createApp 方法创建 Vue.js 应用实例
    const { createApp } = Vue;
    // 创建一个新的 Vue.js 应用实例
    const app = createApp({
```

```
06          data() {
07              return {
08                  message: 'Hello world' // 定义在 Vue.js 应用实例中的数据
09              }
10          }
11      });
12      // 挂载 Vue.js 应用实例到 id 为 "app" 的 DOM 元素上
13      app.mount('#app');
14  </script>
```

这段代码演示了如何在 Vue 3 中创建一个简单的 Vue.js 应用实例，包括定义数据并将其挂载到 DOM 元素上。

- 03 行表示从 Vue 对象解构出 createApp 方法；
- 05～11 行表示使用 createApp 方法创建一个新的 Vue.js 应用实例。这个实例通过传递一个对象来定义应用的状态和行为，这里只定义了一个名为“message”的数据属性；
- 13 行表示使用 mount 方法将 Vue.js 应用实例挂载到 DOM 中的某个元素上。这里，它被挂载到 id 为“app”的 DOM 元素上。这意味着 Vue.js 将接管这个元素及其子元素，并根据 Vue.js 应用的状态和模板来渲染它们。

注意：读者需掌握 Vue 2 和 Vue 3 在网页结构上的联系和区别，本任务同时对 Vue 2 和 Vue 3 进行介绍，后续章节不再介绍 Vue 2，将主要基于 Vue 3 进行介绍。

任务示范

这里将 Vue.js 集成到项目中，主要介绍在页面中以 CDN 形式引入 Vue 2 和 Vue 3 的方法。

1. 在页面中以 CDN 形式引入 Vue 2

```
<!DOCTYPE html>
<html lang="en">
<head>
    <meta charset="utf-8">
    <meta name="viewport" content="width=device-width, initial-scale=1.0">
    <title>Vue 2 CDN Demo</title>
    <!-- 引入 Vue 2 的 CDN 链接 -->
    <script src="https://**.jsdelivr.net/npm/vue@2.6.14/dist/vue.js"></script>
</head>
<body>
<!-- Vue.js 实例对象将要挂载的元素 -->
<div id="app">
```

```
13      {{ message }}
14  </div>
15  <!-- Vue.js 实例对象的 JavaScript 代码 -->
16  <script>
17      // 创建一个新的 Vue.js 实例对象
18      var app = new Vue({
19          el: '#app', // 挂载到 id 为“app”的元素上
20          data: {
21              message: 'Hello world' // 定义在 Vue.js 实例对象中的数据
22          }
23      });
24  </script>
25  </body>
26  </html>
```

- 01 行用于告诉浏览器这是一个 HTML5 文档。
- 01 行中的 DOCTYPE（文档类型定义）不是 HTML 标签，它用于告诉浏览器文档使用哪种 HTML 或 XHTML 规范。
- 04 行指定网页的编码为“utf-8”。
- 05 行定义移动设备的视口设置，以确保页面能在各种设备上正确显示。
- 06 行定义网页的标题。
- 08 行通过 CDN 链接引入 Vue 2 的 JavaScript 库，这里使用的是 jsdelivr CDN，并指定了 Vue.js 的版本号为 2.6.14。
- 12 行定义一个 div 容器，它有一个 id 属性，值为“app”，Vue.js 实例对象将被挂载到这个元素上。
- 18 行定义一个名为“app”的变量，该变量是一个新的 Vue.js 实例对象。
- 19 行是 Vue.js 实例对象的一个选项，该选项用于告诉 Vue.js 实例对象要挂载到哪个 DOM 元素上，这里指定了 id 为“app”的 div 容器。
- 20 行定义 Vue.js 实例对象的 data 选项，该选项是一个对象，包含 Vue.js 实例对象的状态（在这个例子中，有一个名为“message”的属性，其值为“Hello world”）。

注意：CDN 引用的完整网址代表的 CSS 和 JavaScript 等文件，请读者参考本书配套资源，只要是 CDN 引用的 CSS 和 JavaScript 等文件，就一定可以使用本地方式进行引入。

运行结果如图 1-14 所示。

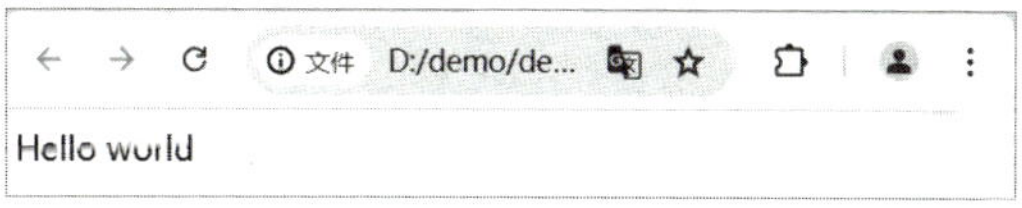

图 1-14 运行结果

2. 在页面中以 CDN 形式引入 Vue 3

```
<!DOCTYPE html>
<html lang="en">
<head>
```

```
04      <meta charset="utf-8">
05      <meta name="viewport" content="width=device-width, initial-scale=1.0">
06      <title>Vue 3 CDN Demo</title>
07      <!-- 引入 Vue 3 的 CDN 链接（包含运行时编译器） -->
08      <script src="https:// **.jsdelivr.net/npm/vue@3.2.27/dist/vue.global.prod.js"></script>
09   </head>
10   <body>
11   <!-- Vue.js 实例对象将要挂载到的元素 -->
12   <div id="app">
13       {{ message }}
14   </div>
15   <!-- Vue.js 实例对象的 JavaScript 代码 -->
16   <script>
17       // 使用 Vue 3 的 createApp 方法创建 Vue.js 应用实例
18       const { createApp } = Vue;
19       // 创建一个新的 Vue.js 应用实例
20       const app = createApp({
21           data() {
22               return {
23                   message: 'Hello world' // 定义在 Vue.js 应用实例中的数据
24               }
25           }
26       });
27       // 挂载 Vue.js 应用实例到 id 为“app”的元素上
28       app.mount('#app');
29   </script>
30   </body>
31   </html>
```

- 08 行引入 Vue 3 的 CDN 链接。
- 12 行定义 id 为“app”的 div 容器。
- 13 行使用插值表达式引用变量 message 的值。
- 18 行使用 Vue 3 的 createApp 方法创建 Vue.js 应用实例。
- 21～25 行定义 data 函数，返回变量 message 的值。
- 28 行将 Vue.js 应用挂载到 id 为“app”的元素上。

任务进阶

本例使用本地的 Vue 2 或 Vue 3 对应的 JavaScript 文件，在网页上显示“社会主义核心价值观”。直接在 HTML 文件中引入 Vue.js 的方法适用于简单的项目，可以通过<script>标签引入本地 JavaScript 文件。

1. 本地引入 Vue 2

```
01  <!DOCTYPE html>
02  <html lang="en">
03  <head>
04      <meta charset="utf-8">
05      <meta name="viewport" content="width=device-width, initial-scale=1.0">
06      <title>Vue 2 CDN Demo</title>
07      <!--本地引入 Vue 2 -->
08      <script src="./js/vue2.6.14.js"></script>
09    <style>
10     #app {
11              display: flex;
12              justify-content: center; /* 水平居中 */
13              align-items: center; /* 垂直居中 */
14              height: 100vh; /* 设置容器高度为视口高度，以使内容垂直居中 */
15              flex-direction: column; /* 使子元素垂直排列 */
16         }
17    .box{
18       font-size:28px;
19        text-align:center;
20    }
21    </style>
22  </head>
23  <body>
24  <!-- Vue.js 实例对象将要挂载到的元素 -->
25  <div id="app">
26  <h1>社会主义核心价值观</h1>
27      <p class="box">{{ message }}  </p>
28  </div>
29  <!-- Vue.js 实例对象的 JavaScript 代码 -->
30  <script>
31      // 创建一个新的 Vue.js 实例对象
32      var app = new Vue({
33          el: '#app',  // 挂载到 id 为“app”的元素上
34          data: {        // 定义在 Vue.js 实例对象中的数据
35              message: '富强、民主、文明、和谐，自由、平等、公正、法治，爱国、敬业、诚信、友善'
36          }
37      });
38  </script>
39  </body>
40  </html>
```

08 行引入本地的 JavaScript 文件。

运行结果如图 1-15 所示。

图 1-15　社会主义核心价值观网页结果

2. 本地引入 Vue 3

这里使用本地引入方式引入 Vue 3（具体文件名为 vue.3.2.27.js），实现一个学习贯彻党的二十大精神的宣传页面，具体代码如下。

```
<!DOCTYPE html>
<html lang="en">
  <head>
      <meta charset="utf-8">
      <meta name="viewport" content="width=device-width, initial-scale=1.0">
          <title>Vue3 Demo</title>
          <!-- 本地引入 Vue 3（包含运行时编译器） -->
          <script src="./js/vue.3.2.27.js"></script>
          <style>
          #app {
              display: flex;
              /* 水平居中 */
              justify-content: center;
              text-align: center;
              /* 使子元素垂直排列 */
              flex-direction: column;
          }
          .box {
              width: 40%;
              margin: 0 auto;
              min-height: 100px;
          }
          p {
              text-indent: 2em;
              font-size: 32px;
              text-align: left;
          }
      </style>
  </head>
  <body>
      <!-- Vue.js 实例对象将要挂载到的元素 -->
      <div id="app">
          <h1 style="text-align: center;">学习贯彻党的二十大精神</h1>
```

```
            <div class="box">
              <p> {{ message }} </p>
            </div>
        </div>
        <!-- Vue.js 实例对象的 JavaScript 代码 -->
        <script>
            // 使用 Vue 3 的 createApp 方法创建 Vue.js 应用
            const {
                createApp
            } = Vue;
            // 创建一个新的 Vue.js 应用
            const app = createApp({
                data() {
                    return {
                        message: '高举中国特色社会主义伟大旗帜，全面贯彻新时代中国特色社会主义思想，弘扬伟大建党精神，自信自强、守正创新，踔厉奋发、勇毅前行，为全面建设社会主义现代化国家、全面推进中华民族伟大复兴而团结奋斗。' // 定义在 Vue.js 应用中的数据
                    }
                }
            });
            // 挂载 Vue.js 应用到 id 为“app”的元素上
            app.mount('#app');
        </script>
    </body>
</html>
```

运行结果如图 1-16 所示。

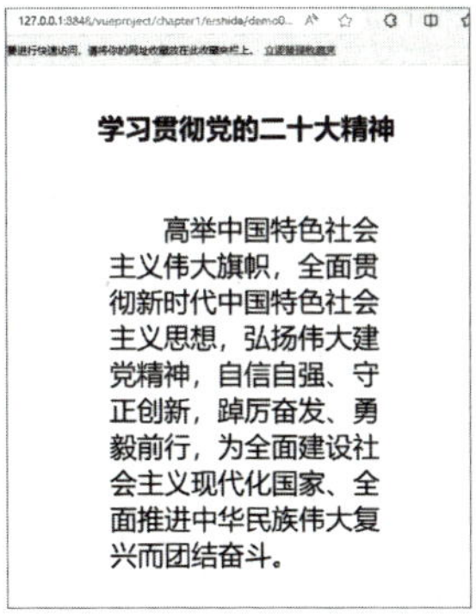

图 1-16　学习贯彻党的二十大精神宣传网页结果

任务实施

任务步骤	任务要点	实施记录
任务准备	1. 更换实训服、鞋套等 2. 检查机房软硬件环境	是否完成：是□　否□

续表

<table>
<tr><th>任务步骤</th><th>任务要点</th><th>实施记录</th></tr>
<tr><td>工具准备</td><td>教材、参考资料、纸、笔、特殊工具</td><td>是否完成：是□ 否□</td></tr>
<tr><td>制订计划</td><td colspan="2">根据任务目标，制订任务实施计划
<table><tr><th>序号</th><th>作业项目</th><th>实施要点</th></tr><tr><td></td><td></td><td></td></tr><tr><td></td><td></td><td></td></tr><tr><td></td><td></td><td></td></tr><tr><td></td><td></td><td></td></tr><tr><td></td><td></td><td></td></tr><tr><td></td><td></td><td></td></tr><tr><td></td><td></td><td></td></tr><tr><td></td><td></td><td></td></tr></table></td></tr>
<tr><td>收集资讯</td><td>1．什么是 Vue.js 框架
2．Vue.js 框架的优缺点是什么
3．Vue.js 官方为支持 Vue.js 项目开发提供了哪些插件和工具
4．如何在静态网页中引入 Vue.js</td><td>检索记录：
______
______
______
______
______
______</td></tr>
<tr><td>任务实施过程记录</td><td colspan="2">任务示范实现的关键步骤记录：
______
______
______
______
______
______
任务进阶实现的关键步骤记录：
______
______
______
______
______
______</td></tr>
<tr><td>设备断电并整理现场</td><td>将现场设备、工具等物品按 6S（整理、整顿、清扫、清洁、素养、安全）标准清理归位</td><td>是否完成：是□ 否□</td></tr>
</table>

评价反馈

<table>
<tr><td>任务总结</td><td colspan="7">对 Vue.js 的认知总结：

工作实施情况反思：</td></tr>
<tr><td rowspan="5">质量评价</td><td>评分项目</td><td>学生出勤
（20 分）</td><td>工作过程
（30 分）</td><td>成果汇报
（30 分）</td><td>职业素养
（10 分）</td><td>工作规范
（10 分）</td><td>总评</td></tr>
<tr><td>自我评分</td><td></td><td></td><td></td><td></td><td></td><td></td></tr>
<tr><td>小组评分</td><td></td><td></td><td></td><td></td><td></td><td></td></tr>
<tr><td>教师评分</td><td></td><td></td><td></td><td></td><td></td><td></td></tr>
<tr><td>合计</td><td></td><td></td><td></td><td></td><td></td><td></td></tr>
</table>

拓展阅读

HBuilder X 领航：国产软件繁荣景象下的创新力与生态构建

以 HBuilder X 为代表的国产软件，正引领着国内软件开发领域的繁荣发展。HBuilder X 作为一款功能强大、易于使用的集成开发环境（IDE），以其对多平台开发的全面支持、丰富的插件生态系统、智能的代码编辑与调试功能，以及高效的团队协作能力，深受广大开发者的青睐。它不仅支持包括 HTML、CSS、JavaScript、Vue.js 在内的多种前端技术，还能通过 uni-app 框架实现一次编写、多端发布，极大地提高了开发效率和质量。此外，HBuilder X 还以其清爽简洁的界面设计、流畅的操作体验，以及不断优化的性能和资源监控功能，为用户提供了卓越的开发体验。随着国内软件开发市场的不断扩大和技术创新的不断推进，以 HBuilder X 为代表的国产软件正展现出越来越强的竞争力和影响力，推动着整个行业的繁荣发展。

国产软件的繁荣景象蔚为壮观，呈现出百花齐放、蓬勃发展的态势。从基础软件到应用软件，从个人用户到企业级市场，国产软件以其不断创新的技术、日益丰富的功能和不断提升的用户体验，得到了广泛的认可与应用，正逐步构建起一个完善、安全、自主可控的软件生态体系，为数字化转型和智能社会发展提供了强有力的支撑。

项目小结

本项目主要讲解了 Vue.js 的定义、特点、应用场景，Vue.js 的 CDN 引入和本地引入方式，HBuilder X 的安装和用法。

课后习题

一、单项选择题

1．Vue.js 是（　　）。

A．一种后端开发语言　　　　B．一种 JavaScript 框架

C．一种数据库管理系统　　　　D．一种网络协议

2．Vue.js 的主要特点不包括（　　）。

A．响应式数据绑定　　　　B．组件化

C．服务器端渲染　　　　D．静态类型检查

3．Vue.js 的 CDN 引入方式通常应用于（　　）场景。

A．本地开发　　　　B．线上生产环境

C．服务器端部署　　　　D．离线应用

4．在本地 HTML 文件中引入 Vue.js 的方法为（　　）。

A．使用<link>标签

B．使用<script>标签并指定本地路径

C．在 HTML 文件中直接编写 Vue.js 代码

D．使用 import 语句在 JavaScript 文件中引入

二、判断题，正确的画“√”，错误的画“×”

1．Vue.js 是一款用于构建用户界面的渐进式 JavaScript 框架。（　　）

2．Vue.js 的特点之一是强制使用组件化开发。（　　）

3．Vue.js 的应用场景仅限于构建单页应用。（　　）

4．在 HTML 文件中通过 CDN 引入 Vue.js 时，需要指定 Vue.js 的版本号。（　　）

5．HBuilder X 是一款专门针对 Vue.js 开发的集成开发环境。（　　）

项目 2　Vue.js 实现简易数字计数器和简易购物车

项目描述

本项目利用 Vue.js 的内置指令与特性，首先实现一个简易的数字计数器组件。该计数器通过直观的加减按钮让用户能够轻松地增加或减少数值，展示了 Vue.js 如何通过响应式数据绑定和事件处理来简化用户界面交互的实现。在成功构建简易数字计数器的基础上，我们进一步拓展功能，将其应用于简易购物车的场景。在购物车的应用中，首先定义购物车所需的数据，如商品列表、商品数量、总价等。该购物车可以实现商品的添加、删除，显示商品的总价。当单击“+”或“-”按钮时，购物车内的数量会随之增加或减少，同时总价会随之增加或减少。

扫一扫

微课

项目分析

要完成项目任务，需要掌握 Vue.js 实例对象创建的多种方法、常用内置指令的用法等。还需要掌握 data 数据、methods 方法和 computed 计算属性的定义和用法，能够使用 v-model 进行双向数据绑定、使用 v-on 进行事件绑定等。

学习目标

知识目标

1．了解网页 DOM 的树状结构；
2．掌握 Vue.js 实例对象的创建方法；
3．掌握插值表达式的基本用法；
4．掌握指令的基本用法。

技能目标

1．能使用 Vue.js 的指令实现简易数字计数器；
2．能使用 Vue.js 的指令实现简易购物车。

素养目标

1. 培养按标准做事的习惯；
2. 培养独立完成任务的品格素质、技能素质；
3. 能够找到适合自己的学习方法并正确运用；
4. 培养团队合作精神；
5. 培养理性消费观念；
6. 树立正确的“三观”和培养良好的品格。

能量小贴士

同学们，在实现简易数字计数器与购物车的实践中，我们不仅是在学习 Vue.js 的数据绑定和计算属性，更是在体验“人生如代码，规划即算法”的深层逻辑。当你们用“v-on”为按钮绑定加减事件时，每一次点击都是对“量变产生质变”的生动诠释——正如人生目标的实现需要拆解为可计算的阶段性步骤。当购物车中的商品数量与总价通过“computed”动态关联时，恰似职业生涯中“资源投入”与“价值产出”的精准平衡。《礼记·中庸》有言，“凡事预则立，不预则废”，Vue.js 的响应式系统教会我们，人生需要像 data 属性一样明确核心变量，像 watch 监听器一样实时评估状态，更需要像购物车结算般对选择进行全局统筹。

计数器从零起步的递增过程隐喻着职业发展要脚踏实地、步步为营；购物车清空功能的 reset 方法则启示我们要定期复盘、及时调整规划。希望你们在编写购物车的添加商品方法时，能思考如何为人生“添加价值”；在实现统计商品总价时，学会用“代码思维”量化成长轨迹——毕竟，人生没有“撤销操作”，但我们可以用 Vue.js 教会我们的数据驱动理念为自己的未来编写一份可维护、可扩展的“生涯规划系统”。

任务 1　实现简易数字计数器

在 Vue.js 中实现一个简易数字计数器（一个可以增加和减少数值的计数器），需要用到以下 Vue.js 和 JavaScript 的基础知识：数据属性（data）、方法（methods）、事件监听（v-on 或 @）、模板语法（插值表达式、指令等）、双向数据绑定（v-model）等。

任务演示

本任务使用插值表达式和指令，编写一个简易数字计数器，其可以实现单击相应按钮加 1 或减 1 的功能，如图 2-1 所示。

图 2-1　简易数字计数器

知识准备

1. DOM 基础知识

DOM 的全称为 Document Object Model，即文档对象模型。它是一个用于表示和操作网页文档的编程接口，由万维网联盟（W3C）制定。DOM 将网页文档视为一个由节点组成的树状结构，每个节点代表文档中的一个元素、属性、文本或注释等。这些节点之间存在层级关系，形成了一个层次结构。

通过 DOM，开发者可以使用编程语言（如 JavaScript）来访问、操作、修改网页的内容、结构和样式。例如，开发者可以获取、修改、添加和删除元素，以及处理事件等。DOM 提供了对网页内容的编程与访问接口，使得开发者可以在客户端实现丰富的用户交互和动态效果，从而提升用户体验。

HTML DOM 模型被结构化为对象树，对象的 HTML DOM 树如图 2-2 所示。

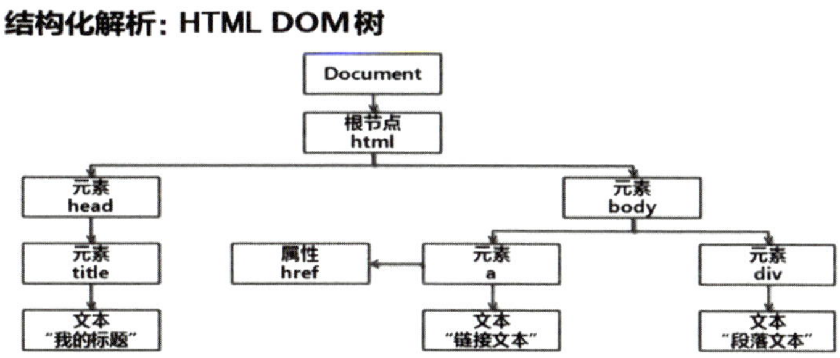

图 2-2　HTML DOM 树

2. Vue.js 的模板语法之插值表达式

扫一扫

微课：2.1 Vue.js 的模板语法之插值表达式

插值表达式是一种用于模板引擎中的表达式，可以方便地将数据与页面内容绑定起来，使得页面展现更具动态性。

通常情况下，插值表达式会被包含在特定的标签中，如{{}}，表示将表达式的结果插入标签所在的位置。Vue.js 的模板语法有两大类。

（1）插值表达式。

功能：用于解析标签体内容。

写法：{{×××}}。×××是 JavaScript 表达式，可以直接读取到 data 中的所有属性。

（2）指令。

Vue.js 提供了 14 个核心指令，每个指令都有特殊的作用，它们可以应用于模板中的元素，并且指定了 Vue.js 如何处理 DOM 元素。

Vue.js 指令实质上就是 HTML 标签的特殊属性。Vue.js 给 HTML 标签增加了一些自定义的属性，这些属性都是以 v-开头的，被称为 Vue.js 指令。

Vue.js 指令的主要功能总结为一句话就是用于解析标签（包括标签属性、标签体内容、绑定事件等）。

本节主要介绍 Vue.js 的插值表达式。

实际上，插值表达式的主要作用是进行数据绑定，常见的形式是使用双大括号的文本插值，如 Message:{{msg}}，{{msg}}将会被替代为对应 data 函数上 msg 属性（msg 定义在 data 函数中）的值。无论何时，只要绑定的 data 函数上的 msg 属性发生了改变，插值处的内容就都会更新。

{{}}支持 JavaScript 表达式，例如：

```
<div id="app">
<h2>插值表达式</h2>
<h4>你好,{{msg}}</h4>
</div>
<script>
const {createApp} =Vue
createApp({
data(){
return{
msg:'Hello world'
}
}
}).mount('#app')
</script>
```

在 JavaScript 模板中，插值机制允许用户将 JavaScript 表达式的计算结果直接嵌入由双大括号{{}}标记的位置。简言之，插值操作本质上是利用 JavaScript 代码来生成一个值，并将这个值自动填充到模板的指定位置（即双大括号内部），从而实现数据的动态渲染。

Vue.js 可以通过 data 提供数据。data 函数是 Vue.js 实例对象的一个选项，用于存储该 Vue.js 实例对象的响应式数据。Vue.js 会自动追踪这些数据，并在数据发生变化时更新 DOM。在 Vue.js 组件中，data 必须是一个函数，这个函数返回一个对象，对象中包含所有需要在组件中使用的响应式数据。这样做是为了确保每个组件实例都可以维护一份被返回对象的独立的副本，从而避免多个组件实例之间共享同一个数据对象。

```
<script>
    export default{
        data(){
            return{
                money:100,
                msg:'hello'
            }
```

```
            }
    }
</script>
```

使用{{}}显示数据。

```
01  <template>
02        <div class="app">
03        <div>{{money}}</div>
04        <div>{{msg}}</div>
05        <div>{{obj.name}}</div>
06        <div>{{msg.toUpperCase()}}</div>
07        <div>{{obj.age>18?'成年': '未成年'}}</div>
08        </div>
09  </template>
```

- 01～09 行定义页面 template 部分。
- 02 行定义类名为“app”的 div 容器。
- 03 行在 div 容器中显示变量 money 的内容。
- 04 行在 div 容器中显示变量 msg 的内容。
- 05 行在 div 容器中显示对象 obj 的 name 属性值。
- 06 行在 div 容器中显示变量 msg 的值全部转换为大写字母的结果。
- 07 行在 div 容器中使用三元表达式显示对象 obj 的 age 属性值。

下面来看一个具体的例子。

首先，创建一个 demo.html 文件，用于实现交互。

```
<!DOCTYPE html>
<html>
    <head>
        <meta charset="utf-8">
        <title></title>
    </head>
    <body>
    </body>
</html>
```

然后，引入 Vue 3 的相关包，直接在 head 部分引入即可。

```
<!-- 引入Vue3 -->
    <script src="https://**.com/vue@next"></script>
```

注意：https://**.com/vue@next 代表的网站可能会失效，可以使用 https://**.com/vue@3.4.20/dist/vue.global.js，当然也可以将该网址对应的内容下载到本地，进行本地引入。例如，将上面的网址对应的内容下载到本地并保存后，使用<script src="vue.global.js"></script>引入。需要提醒的是，此 JavaScript 文件需要和 demo.html 位于同一个目录。

接着在<body>标签中添加模板，用于将数据渲染到 DOM 元素上。

```
const app={
    data(){
        return{
            message:'Hello world!'
        }
    }
}
    Vue.createApp(app).mount('#app')
```

Vue.createApp(app)表示创建 Vue.js 的实例对象。Vue.createApp(app).mount('#app')表示创建一个 Vue.js 的实例对象并将其挂载到 id 属性值为“app”的 DOM 元素上。

最后得到的完整文件如下。

```
<!DOCTYPE html>
<html>
 <head>
      <meta charset="utf-8">
      <title>Vue 3 入门实例</title>
      <!-- 引入 Vue 3 -->
      <script src="https:// **.com/vue@3.4.20/dist/vue.global.js"></script>
 </head>
 <body>
      <div id="app">
        {{message}}
     </div>
     <script>
        const app={
            data(){
                return{
                    message:'Hello world!'
                }
            }
        }
        Vue.createApp(app).mount('#app')
    </script>
 </body>
</html>
```

用浏览器打开该文件，在页面中就会显示图 2-3 所示的信息。

图 2-3　Vue.js 输出“Hello world!”

再来看一个例子。

```
<!DOCTYPE html>
<html>
 <head>
     <meta charset="utf-8">
     <title>Vue 3 入门实例</title>
     <!-- 引入 Vue 3 -->
     <script src="vue.global.js"></script>
 </head>
 <body>
     <div id="app">
            <p>{{message}}</p>
            <p>{{count+1}}</p>
            <p>{{message.toUpperCase()}}</p>
                <p>{{this.age >=18 ?'成年':'未成年'}}</p>
     </div>
     <script>
            const {createApp}=Vue
            createApp({
                data(){
                    return {
                        message:'Hello world!',
                        count:1,
                        age:18
                    }
                }
        }).mount('#app')
     </script>
 </body>
</html>
```

运行结果如图 2-4 所示。

图 2-4　运行结果

（1）在插值表达式中除了可以写模型变量，还可写其他内容。例如，可以按照字面量进行输出。

```
<div id="box">
    {{'abc'}}<!-- 字符串、数字等 -->
```

```
03        {{123}}
04    </div>
```

- 01 行定义 id 为“box”的 div 容器。
- 02 行通过插值表达式输出字符串 abc。
- 03 行通过插值表达式输出整数 123。

（2）通过插值表达式可以输出四则运算的结果。

```
01    <div id="box">
02          <!-- 插值表达式可以提供一个简单的 JavaScript 语境 -->
03          {{'1+2'}}  <!-- 结果为 3 -->
04          {{'hello'+'world'}}  <!-- helloworld -->
05          {{10*2}}  <!-- 20 -->
06    </div>
```

- 01 行定义 id 为“box”的 div 容器。
- 03 行通过插值表达式输出 1+2 的结果，结果为 3。
- 04 行通过插值表达式输出字符串 hello 拼接字符串 world 的结果，结果为 helloworld。
- 05 行通过插值表达式输出 10×2 的结果，结果为 20。

（3）通过插值表达式可以输出逻辑运算的结果。

```
01    <div id="box">
02        {{true &&false}}  <!-- false -->
03        {{true || false}}  <!--true -->
04        {{!true}}  <!-- false -->
05    </div>
```

- 01 行定义 id 为“box”的 div 容器。
- 02 行通过插值表达式输出逻辑变量 true 与逻辑变量 false 的结果，结果为 false。
- 03 行通过插值表达式输出逻辑变量 true 或逻辑变量 false 的结果，结果为 true。
- 04 行通过插值表达式输出对逻辑变量 true 进行取反的结果，结果为 false。

（4）通过插值表达式可以输出三目运算的结果。

```
01    <div id="box">
02        <p>{{this.age >=18 ?'成年':'未成年'}}</p><!-- 成年 -->
03    </div>
```

- 01 行定义 id 为“box”的 div 容器。
- 02 行通过插值表达式输出三目运算的结果。

三目运算的一般形式为“表达式 1?表达式 2:表达式 3”。其表示先执行表达式 1，表达式 1 的结果如果为真，则执行表达式 2，并且这个整体运算式的结果是表达式 2 的结果，否则执行表达式 3，并且整体运算式的结果是表达式 3 的结果。

由上面的表述可以知道，插值表达式的最终结果为成年。

（5）在插值表达式中也可以使用全局函数。

```
01    <div id="box">
```

```
02      <p>{{Math.random()}}</p>
03      <p>{{parseInt(12.23)}}</p>
04  </div>
```

- 01 行定义 id 为“box”的 div 容器。
- 02 行通过插值表达式输出一个随机数。
- 03 行将实数 12.23 转换成整数后输出，得到的结果是 12。

扫一扫

微课：2.2 Vue.js 的模板语法之指令

3. Vue.js 的模板语法之指令

什么是 Vue.js 指令呢？Vue.js 指令实际上就是专门在 HTML 中实现分支、循环等程序功能的特殊的自定义属性。Vue.js 包含了很多内置指令，这些内置指令均以 v-为前缀，这是 Vue.js 指令的一个显著特征，它可以帮助开发者快速识别出哪些是 Vue.js 特有的功能。

在 Vue.js 中，指令（Directives）是 Vue.js 模板语法的一个重要组成部分，它们提供了一套强大的功能来增强 HTML 元素的能力。虽然 Vue.js 生态中可能会不断引入新的指令或第三方扩展库，但提到“常用的指令”时，我们通常指的是 Vue.js 提供的那些基础且广泛使用的指令。Vue.js 提供了 14 个核心指令，用于在模板中高效地处理数据绑定、事件监听、条件渲染、列表渲染等多种操作。这些核心指令包括 v-text、v-html、v-show、v-if、v-else、v-else-if、v-for、v-on、v-bind、v-model、v-slot、v-pre、v-cloak 和 v-once。下面对其中的部分指令进行讲解。

1）v-text 指令

在 Vue.js 中，v-text 指令的作用是在容器标签内直接控制并替换其内部的字符串内容，且这个过程输出的是纯文本。这意味着，v-text 指令会忽略 HTML 标签，只将绑定的数据作为纯文本渲染到页面上。因此，当需要输出不含有 HTML 标签的文本时，v-text 指令是一个高效且直接的选择。看一个例子：

```
<!DOCTYPE html>
<html>
 <head>
     <meta charset="utf-8">
     <title>v-text</title>
     <!-- 引入 Vue 3 -->
     <script src="vue.global.js"></script>
 </head>
 <body>
     <div id="app" class="demo">
         <p>使用双大括号的文本插值：{{rawHtml}}</p>
         <p>使用 v-text 指令：<span v-text="rawHtml"></span></p>
     </div>
     <script>
         const App={
             data(){
```

```
17                  return{
18                      rawHtml:'<span style="color:red">这里会显示成红色！</span>'
19                  }
20              }
21          }
22          Vue.createApp(App).mount("#app")
23      </script>
24  </body>
25 </html>
```

- 07 行用于引入 Vue 3。
- 10 行定义 id 为“app”的 div 容器（DOM 节点）。
- 11～12 行使用了文本插值。
- 15 行定义实例对象。
- 16～20 行定义 data 函数，并定义变量 rawHtml 的值。
- 22 行将 app 节点挂载到 App 实例对象上。

运行结果如图 2-5 所示。

图 2-5　v-text 指令输出纯文本的运行结果

这里，v-text 指令和文本插值都将定义的字符串变量进行了原样输出。实际上，这里给出的是网页的代码，如果要使网页中的代码起作用，就要使用 v-html 指令。

2）v-html 指令

v-html 指令可以输出解析后的文本，插入的 HTML 内容会被解析成 HTML 元素，请看下面的例子。

```
<!DOCTYPE html>
<html>
 <head>
     <meta charset="utf-8">
     <title>v-text</title>
     <!-- 引入 Vue3 -->
     <script src="vue.global.js"></script>
 </head>
 <body>
     <div id="app" class="demo">
         <p>使用双大括号的文本插值：{{rawHtml}}</p>
         <p>使用 v-text 指令：<span v-text="rawHtml"></span></p>
         <p>使用 v-html 指令：<span v-html="rawHtml"></span></p>
     </div>
```

```
15        <script>
16            const App={
17                data(){
18                    return{
19                        rawHtml:'<span style="color:red">这里会显示成红色!</span>'
20                    }
21                }
22            }
23            Vue.createApp(App).mount("#app")
24        </script>
25    </body>
26 </html>
```

- 07 行引入 Vue 3。
- 10 行定义 id 为“app”的 div 容器（DOM 节点）。
- 11 行使用了文本插值。
- 12 行使用 v-text 指令将字符串变量原样输出。
- 13 行使用 v-html 指令将字符串变量解析后输出。
- 16～22 行定义一个名为“App”的对象，该对象包含一个 data 函数，该函数返回一个对象，该对象中包含一个名为“rawHtml”的属性，其值为一个 HTML 字符串，表示一段红色文本的<span>标签内容。
- 17 行定义 data 函数。
- 19 行定义属性 rawHtml 的值。
- 23 行将 app 节点挂载到 App 实例对象上。

运行结果如图 2-6 所示。

图 2-6　v-html 指令输出解析后的文本的运行结果

3）v-show 指令

Vue.js 中常用的两个条件指令是 v-show 和 v-if。v-show 指令用于根据条件显示 DOM 元素，可以动态控制 DOM 元素的显示和隐藏。v-show 指令后面跟的是判断条件，不管初始条件是什么，元素都会被渲染。

```
v-show="判断变量"
```

在 Vue.js 中，v-show 指令根据绑定值的真假来动态地切换元素的 display CSS 属性。当值为 true 时，元素保持其原有的 display 样式（或默认为可见）；而当值为 false 时，元素通过 display: none 属性设置被隐藏。该过程是自动的，无须开发者手动干预元素的 display 属性设置。

从实现效果可以看出 DOM 元素始终是存在的，v-show 指令只是利用元素的 display 属性控制了元素的显示与隐藏。

```
01  <!DOCTYPE html>
02  <html>
03      <head>
04          <meta charset="utf-8">
05          <title>v-show 指令</title>
06          <script src="vue.global.js"></script>
07      </head>
08      <body>
09    <div id="app" >
10              <p v-show="flag2">v-show 指令的使用 true 显示</p>
11              <p v-show="flag1">v-show 指令的使用 false 不显示</p>
12       </div>
13      </body>
14      <script>
15        const App={
16              data(){
17                  return{
18                        flag1:false,
19                        flag2: true,
20                  }
21              }
22        }
23        Vue.createApp(App).mount("#app")
24      </script>
25  </html>
```

- 06 行引入 vue 3。
- 09 行定义 id 为“app”的 div 容器。
- 10 行在<p>标签中使用 v-show 指令显示或隐藏元素，此时 v-show 指令的值实际为 true，所以应该显示<p>标签中的内容。
- 11 行在<p>标签中使用 v-show 指令显示或隐藏元素，此时 v-show 指令的值实际为 false，所以此时不显示<p>标签中的内容。
- 15～22 行实例化 App 对象，定义 data 函数，并定义属性 flag1 和 flag2。
- 23 行将 app 节点挂载到 App 实例对象上。

运行结果如图 2-7 所示。

图 2-7 v-show 指令的运行结果

4）v-if 指令

看到 v-if，我们可以想到 if...else 条件判断语句，没错，Vue.js 中还提供了 v-else 指令和 v-else-if 指令，学会 v-if 指令后，其他两个指令也就会用了。

v-if 指令用于根据表达式值的真假来删除或者重建一个绑定的 DOM 元素。当表达式的值为假时，DOM 元素被删除；当表达式的值为真时，就重建一个绑定的 DOM 元素。

下面来看一个直观的例子：

```
<!DOCTYPE html>
<html>
    <head>
        <meta charset="utf-8">
        <title>v-if 指令</title>
        <script src="vue.global.js"></script>
    </head>
    <body>
  <div id="app" >
      <p v-if=true>您考了{{score}}</p> <!-- true 会直接显示 -->
      <p v-if=false>您考了{{score}}</p>    <!-- false 不会渲染和显示 -->
     </div>
    </body>
    <script>
      const App={
          data(){
              return{
                  score:95
              }
          }
      }
      Vue.createApp(App).mount("#app")
    </script>
</html>
```

在上面的例子中，首先定义了变量 score 的值为 95，然后使用 v-if 指令直接给定 true 和 false 条件，这里的第一个<p>标签会显示，第二个<p>标签则不会显示。

v-if 指令用于对语句进行判断，v-else 指令则和 v-if 指令一起出现，当 v-if 指令判断为 true 时，v-else 指令不执行；当 v-if 指令判断为 false 时，v-else 指令则会执行，示例如下。

```
<!DOCTYPE html>
<html>
    <head>
        <meta charset="utf-8">
        <title>v-if 和 v-else 指令</title>
        <script src="vue.global.js"></script>
    </head>
    <body>
  <div id="app" >
```

```
        <h2 v-if="isShow">
            {{message}}
        </h2>
        <h1 v-else>当 v-if 指令判断为 false 时显示</h1>
    </div>
</body>
<script>
    const App={
        data(){
            return{
                isShow:false,
                message:'Hello world!'
            }
        }
    }
    Vue.createApp(App).mount("#app")
</script>
</html>
```

在上面的例子中，变量 isShow 的值为 false，那么当 v-if 指令对 isShow 代表的条件进行判断时，v-if 指令代表的 h2 标题不会被执行，而下面的 h1 标题则会被执行。

运行结果如图 2-8 所示。

图 2-8　v-if 和 v-else 指令结合使用的运行结果

接下来，对比 v-if 和 v-show 指令的异同。

v-if 和 v-show 指令的作用看起来差不多，即当条件不成立时，其所对应的标签元素都不可见，但这两个指令是有区别的。

- v-if 指令在进行条件切换时，会对标签进行适当的创建和销毁，而 v-show 指令则仅在初始化时加载一次，因此 v-if 指令的开销相对来说会比 v-show 指令要大。
- v-if 指令是惰性的，只有当条件为真时，才会真正渲染标签。v-show 指令则无论初始条件是否成立，都会渲染标签。v-show 指令做的只是简单的 CSS（display）切换。

它们的适用场景分别如下。

- v-if 指令适用于不需要频繁设置元素的显示和隐藏的场景。
- v-show 指令适用于需要频繁设置元素的显示和隐藏的场景。

下面来介绍 v-else-if 指令的用法。v-else-if 指令用于具有多个判断语句的场景，但不常用。

v-else-if 指令充当 v-if 指令的“else-if 块”，可以连续多次使用，下面通过一个具体的例子来说明。

```
01 <!DOCTYPE html>
02 <html>
03     <head>
04         <meta charset="utf-8">
05         <title>v-else-if 指令</title>
06         <script src="vue.global.js"></script>
07     </head>
08     <body>
09   <div id="app" >
10  <p v-if="grade === 'A'">
11    A
12  </p>
13  <p v-else-if="grade  === 'B'">
14    B
15  </p>
16  <p v-else-if="grade  === 'C'">
17    C
18  </p>
19  <p v-else>
20    Not A/B/C
21  </p>
22       </div>
23     </body>
24     <script>
25       const App={
26           data(){
27               return{
28                     grade:'C',
29                      message:'Hello world!'
30                }
31           }
32       }
33       Vue.createApp(App).mount("#app")
34     </script>
35 </html>
```

- 变量 grade 的值是字符 C。10～12 行用于判断 grade 的值是否等于字符 A，显然此时不会输出 A。
- 13～15 行用于判断 grade 的值是否等于字符 B，显然此时的条件也是不满足的。
- 16～18 行用于判断 grade 的值是否等于字符 C，此时条件满足，将输出字符 C。

运行结果如图 2-9 所示。

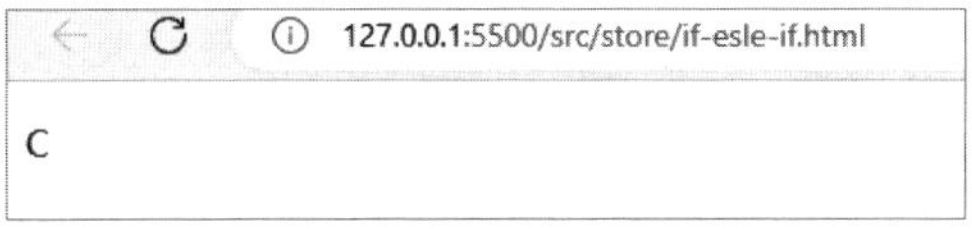

图 2-9　v-else-if 指令的运行结果

5）v-on 指令

Vue.js 提供了事件绑定指令 v-on，用来辅助程序员为 DOM 元素绑定事件监听。原生的 DOM 对象有 onclick、oninput 等原生事件，在 Vue.js 中为 v-on:click、v-on:input 等，“v-on:”可以简写为@。下面来看一个简单的例子。

```
01 <!DOCTYPE html>
02 <html lang="en">
03 <head>
04     <meta charset="utf-8">
05     <meta name="viewport" content="width=device-width, initial-scale=1.0">
06     <title>v-on 指令的使用</title>
07 </head>
08 <body>
09     <div id="app">
10         <input type="button" value="单击" v-on:click="add">
11     </div>
12     <script src="https:// **.jsdelivr.net/npm/vue@2/dist/vue.js"></script>
13     <script>
14         const vm = new Vue({
15             el: "#app",
16             data: {
17                 tips: "请输入……"
18             },
19             methods: {
20                //声明方法 1
21                 // add: function() {
22                 //     alert('11111')
23                 // }
24                 // 或
25                 //声明方法 2
26                 add() {
27                     alert('单击了')
28                 }
29             }
30         })
31     </script>
32 </body>
33 </html>
```

- 09～11 行定义 id 为“app”的 div 容器，在该容器中放置<input>标签，并使用 v-on 方法设置单击事件，关联到函数 add。
- 12 行引入 Vue.js。
- 13～31 行在<script>标签内部通过 new Vue({...})创建一个新的 Vue.js 实例对象，这个实例对象是 Vue.js 应用的核心，管理着应用的数据和逻辑。

- 15～18 行指定 Vue.js 实例对象将要挂载到（管理）的 DOM 元素。

这里的#app 是一个 ID 选择器，意味着 Vue.js 实例对象将会接管 id 为“app”的 DOM 元素（通常是一个 div 元素），并管理其内部的 DOM，使用 data 函数定义了 Vue.js 实例对象的数据对象。在这个数据对象中，定义了一个名为“tips”的属性，其初始值为“请输入……”。这个数据对象是响应式的，这意味着 Vue.js 会追踪它的变化，并在数据更新时重新渲染 DOM。

- 19～29 行定义一组可以在 Vue.js 实例对象中调用的方法。在这个例子中，定义了一个名为“add”的方法。methods 属性在 Vue.js 中用于定义组件内可以调用的方法，主要用于处理用户交互、响应事件和执行逻辑操作。它是组件逻辑的核心部分，能够对数据进行处理和操作，并且可以在模板中直接调用这些方法。

methods 属性是 Vue.js 实例对象的另一个选项，包含了 Vue.js 实例对象上所有的方法。这些方法可以在模板中通过表达式调用，或者在 Vue.js 实例对象的生命周期钩子函数中调用。methods 属性中的方法可以直接访问 data 中的数据，并且可以执行一些逻辑操作，如更新数据、处理用户输入等。

注意：这里使用的是 Vue 2 的语法。

运行结果如图 2-10 所示。

图 2-10　v-on 指令的运行结果

注意：下面的代码

```
<input type="button" value="单击" v-on:click="add">
```

也可以改写为：

```
<input type="button" value="单击" @click="add">
```

扫一扫

微课：2.3 使用 Vue.js 3 编写计数器

任务示范

下面使用前面学习的知识，通过编写一个简易数字计数器来进一步体验 Vue.js 的编程方式。

```
<!DOCTYPE html>
<html>
    <head>
        <meta charset="utf-8">
        <title>简易数字计数器</title>
            <script src="vue.global.js"></script>
    </head>
```

```
08      <body>
09          <div id="app">
10              <button @click="add()">+1</button>
11            <span>{{count}}</span>
12             <button @click="sub()">->-1</button>
13
14          </div>
15      </body>
16   <script>
17   Vue.createApp({
18               data: function() {
19                   return {
20                       count : 0
21                   }
22               },
23               methods: {
24                  add() {
25                       this.count++;
26                       console.log("单击了+1");
27                   },
28                   sub() {
29                       this.count--;
30                       consloe.log("单击了-1");
31                   }
32               }
33   //挂载到 id 属性值为“app”的节点上
34           }).mount("#app")
35   </script>
36  </html>
```

- 06 行引入 vue 3。
- 09 行定义 id 为“app”的 div 容器。
- 10 行定义 button 按钮，并绑定单击 add 事件。
- 11 行使用插值表达式显示 count 变量的值。
- 12 行定义 button 按钮，并绑定单击 sub 事件。
- 17 行创建 Vue.js 应用实例。
- 18 行定义 data 函数。
- 19～21 行定义 count 变量。
- 23～32 行定义 methods 属性，在该属性中可以定义多个方法，执行相应的功能。
- 24～27 行定义 add 方法，用于对 count 变量加 1，并在控制台打印输出相应的信息。
- 28～31 行定义 sub 方法，用于对 count 变量减 1，并在控制台打印输出相应的信息。
- 34 行将 app 节点挂载到 Vue.js 实例对象上。

运行结果如图 2-11 所示。

图 2-11 简易数字计数器的运行结果

任务进阶

扫一扫

微课：2.4 使用 v-if 指令改进计数器

扫一扫

微课：2.5 使用 Vue.js 3 改进计数器——限制最大值和最小值

在简易数字计数器的基础上，实现对最大值和最小值的限制。当累加到最大值或累减到最小值时，隐藏对应的按钮。

新建一个.html 文件，复制任务示范中的代码。在 data 函数中设置两个变量 maxNum:10 和 minNum:0，分别表示最大值和最小值。

```
data(){
return{
count:0,
maxNum:10,
minNum:0
}
},
```

网页中有时需要根据条件显示或隐藏某些元素，这时可以考虑使用 v-if 指令。

在 template 中给自减和自增按钮添加一个 v-if 指令，注意 v-if 是我们新接触的条件渲染指令，它的作用是如果元素右边的条件成立，就显示这个元素；如果右边的条件不成立，就不显示这个元素。

```
<template>
<div id="app">
    <button @click="add()" v-if="count<maxNum">+1</button>
    <span>{{count}}</span>
    <button @click="sub()" v-if="count>=minNum">-1</button>
</div>
</template>
```

这样，当 count 的值大于 minNum 的值时，显示自减按钮，当 count 的值小于 maxNum 的值时，显示自增按钮，否则将按钮隐藏，这比操作 DOM 更直接。下面给出完整的代码。

```
<!DOCTYPE html>
<html>
    <head>
        <meta charset="utf-8">
        <title>简易数字计数器</title>
            <script src="vue.global.js"></script>
```

```
        <style>
          .box{
              max-width: 80px;
              height: 200px;
              margin: 0 auto;
          }
        </style>
    </head>
    <body>
        <div id="app" class="box">
            <button @click="add()" v-if="count<maxNum">+1</button>
             <span>{{count}}</span>
             <button @click="sub()" v-if="count>=minNum">-1</button>
        </div>
    </body>
  <script>
  Vue.createApp({
              data: function() {
                  return {
                      count : 0,
                      maxNum:10,
                      minNum:0
                  }
              },
              methods: {
                add() {
                      this.count++;
                      console.log("单击了+1");
                          if(this.count==this.maxNum){
                              alert("已经是最大值了")
                          }
                  },
                  sub() {
                      this.count--;
                      consloe.log("单击了-1");
                           consloe.log(this.count);
                          if(this.count==this.minNum){
                              alert("已经是最小值了")
                          }
                  }
              }
          }).mount("#app")
        </script>
 </html>
```

运行结果如图 2-12 所示。

图 2-12　简易数字计数器实现最大值和最小值限制的运行结果

任务实施

<table>
<tr><th>任务步骤</th><th>任务要点</th><th>实施记录</th></tr>
<tr><td>任务准备</td><td>1. 更换实训服、鞋套等
2. 检查机房软硬件环境</td><td>是否完成：是□ 否□</td></tr>
<tr><td>工具准备</td><td>教材、参考资料、纸、笔、特殊工具</td><td>是否完成：是□ 否□</td></tr>
<tr><td>制订计划</td><td colspan="2">根据任务目标，制订任务实施计划
<table>
<tr><th>序号</th><th>作业项目</th><th>实施要点</th></tr>
<tr><td></td><td></td><td></td></tr>
<tr><td></td><td></td><td></td></tr>
<tr><td></td><td></td><td></td></tr>
<tr><td></td><td></td><td></td></tr>
<tr><td></td><td></td><td></td></tr>
<tr><td></td><td></td><td></td></tr>
<tr><td></td><td></td><td></td></tr>
<tr><td></td><td></td><td></td></tr>
</table></td></tr>
<tr><td>收集资讯</td><td>1. 什么是 Vue.js 的模板语法
2. 什么是插值表达式
3. 什么是 Vue.js 的 data 函数和 methods 属性
4. 什么是 v-html、v-show、v-if 和 v-on 指令</td><td>检索记录：</td></tr>
</table>

续表

任务步骤	任务要点	实施记录
任务实施过程记录	任务示范实现的关键步骤记录： ______ ______ ______ ______ ______ ______ 任务进阶实现的关键步骤记录： ______ ______ ______ ______ ______ ______	
设备断电并整理现场	将现场设备、工具等物品按 6S 标准清理归位	是否完成：是□ 否□

评价反馈

任务总结	对 Vue.js 的插值表达式和 v-html、v-show、v-if、v-on 指令的认知总结： 工作实施情况反思：						
质量评价	评分项目	学生出勤（20 分）	工作过程（30 分）	成果汇报（30 分）	职业素养（10 分）	工作规范（10 分）	总评
	自我评分						
	小组评分						
	教师评分						
	合计						

任务 2 实现简易购物车

在 Vue.js 中实现简易购物车会涉及更多的 Vue.js 特性和概念，以及一些常见的开发实践。本任务主要涉及的知识包括数据属性（data）、模板语法（插值表达式、指令等）、计算属性、监听属性等。

任务演示

本任务实现了一个简易的购物车页面，用户可以通过输入书籍名称、出版日期、价格来添加商品，还可以对购买数量进行增加和减少，也可以删除所添加的书籍，以及清空购物车，页面还显示了商品的总价，具体效果如图 2-13 所示。

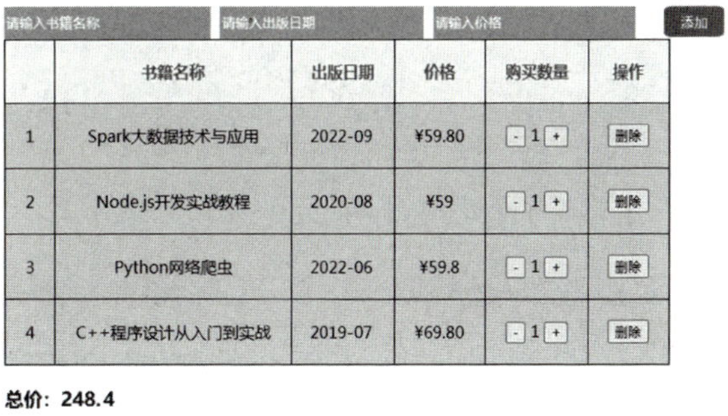

图 2-13 简易购物车页面效果

知识准备

1. v-bind 指令

v-bind 指令的主要作用是为元素绑定属性，完整写法是“v-bind:属性名”，简写可以直接省略 v-bind，只保留“:属性名”。

注意：v-bind 指令可以绑定标签的任意属性，包括 class 属性、style 属性、value 属性、href 属性，以及标签的自定义属性等。

下面通过绑定<img>标签的 src 属性来演示 v-bind 指令的用法，介绍根据组件的数据动态改变图片的源地址是如何实现的。

```
<img  v-bind: src="src"/>
<script>
   const app=Vue.create({
data:{
src:"1.jpg"
}
}
)
</script>
```

具体实现代码如下。

```
<script src="https:// **.com/vue@next"></script>
```

```
    <div id="app"><img v-bind:src="img" v-bind:alt="alt"></div>
<script>
const app=Vue.createApp({
  data() {
    return {
      img:'https://www.**.edu.cn/upload/image/20220720/6379395006328697315230168.jpg',
      alt:'这是第一张图片'
    }
  },
})
app.mount('#app')
</script>
```

运行结果如图 2-14 所示。

图 2-14　v-bind 指令的运行结果

可以增加一个按钮来实现图片的切换，在 id="app"的 div 容器中，增加如下代码。

```
<div id="app">
     <button @click="handle">按钮</button>
     <img v-bind:src="img" v-bind:alt="alt" width="300"></div>
```

上面的代码为 button 绑定了一个 handle 事件方法，如图 2-15 所示，在该方法中，实现了对 img 属性的重新赋值。

图 2-15　handle 事件方法

v-bind 指令的简写形式如下。

```
<img  :src="img" alt="">
```

扫一扫

微课：2.6 v-model 指令的使用

2. v-mode 指令

v-mode 指令在表单元素上可以创建双向数据绑定。它会根据组件类型自动选取正确的方法来更新元素。

什么是双向数据绑定呢？即数据可以被更新到视图，通过视图也可以更改数据。下面通过一个具体的例子来进行说明。

```
<script src="https://**.com/vue@next"></script>
   <div id="app">
      <input type="text" v-model="value">
   </br>
      {{value}}
   </div>
   <script>
      const app = Vue.createApp({
      data() {
         return {
            value:''
         }
      },

      })
      const vm=app.mount('#app')
   </script>
```

运行结果如图 2-16 所示。

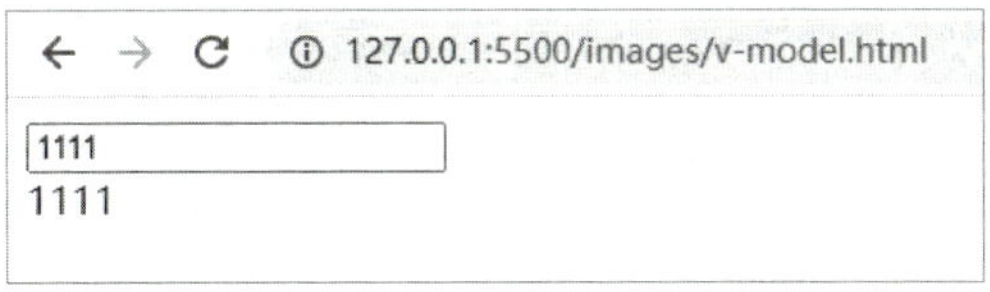

图 2-16 v-mode 指令的运行结果

在输入框中输入数据，可以通过插值方法立即获取插值表达式{{value}}，这就是当数据更新时，视图也发生了变化。在 Google 浏览器中按 F12 键，进入开发者模式，选择“Console”窗格，在图 2-17 所示的地方，输入“vm.value”并按回车键，即可获取刚刚在输入框中输入的值。

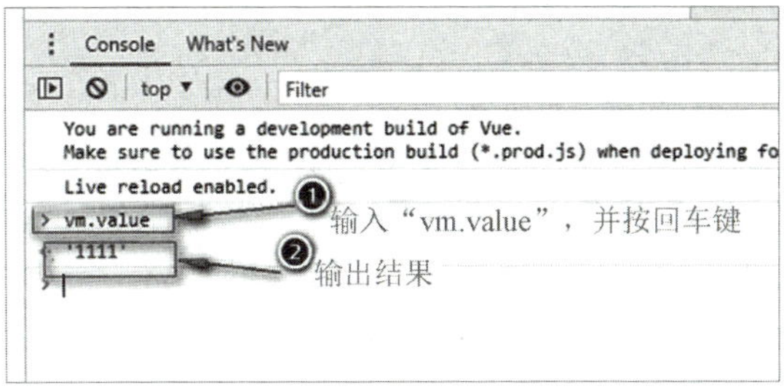

图 2-17 视图发生变化（1）

还可以直接给 vm.value 赋值，令 vm.value="zhangsan"，输入命令后按回车键，观察网页的变化，如图 2-18 所示。

图 2-18　视图发生变化（2）

这就是所谓的通过视图可以更改数据。

扫一扫

微课：2.7 v-for 指令的使用

3. v-for 指令

v-for 指令可以实现页面列表渲染，常用来循环遍历列表、对象、字符串、数字等。v-for 指令需要使用 item in items 形式的特殊语法，其中 items 是源数据数组，而 item 则是被遍历的数组元素的别名。下面来看一个具体的例子。

```
<!DOCTYPE html>
<html>
    <head>
        <meta charset="utf-8">
        <title>v-for 指令</title>
        <script src="vue.global.js"></script>
    </head>
    <body>
    <div id="app" >
     <!-- 1.对列表的循环遍历 -->
     <h3>列表的循环遍历</h3>
     <h4 v-for="i in data1">{{i}}</h4>
     <!-- 2.对对象的循环遍历 -->
     <h3>对象带 kv 的循环遍历</h3>
     <span>key 变量放后面，value 变量放前面</span>
     <h4 v-for="(val,key) in data2">key 是{{key}}，value 是{{val}}</h4>
    <!--3.对字符串的循环遍历 -->
     <h4 v-for="i in data3">{{i}}</h4>
     <h3>字符串的循环遍历，带索引</h3>
     <h4 v-for="(i， index) in data3">索引{{index}}的字符是{{i}}</h4>
     <!-- 4.对数字的循环遍历 ，变量是 5，相当于 1...5-->
     <h4 v-for="i in data4">{{i}}</h4>
     <h3>数字的循环遍历，带索引</h3>
     <h4 v-for="(i,index) in data4">索引{{index}}的数字{{i}}</h4>
     </div>
    </body>
    <script>
     const App={
         data(){
             return{
                 data1: [1, 2, 3],
                 data2: {name: 'jack', age: 18},
```

```
                    data3: 'hello world',
                    data4: 5
                }
            }
        }
        Vue.createApp(App).mount("#app")
    </script>
</html>
```

运行结果如图 2-19 所示。

图 2-19　v-for 指令循环遍历列表、对象等的运行结果（部分）

任务示范

在前面属性绑定指令 v-bind、双向数据绑定指令 v-mode、数据遍历指令 v-for 的基础上，给出简易购物车的代码。

```
<!DOCTYPE html>
<html lang="en">
<head>
<meta charset="utf-8">
<meta http-equiv="X-UA-Compatible" content="IE=edge">
<meta name="viewport" content="width=device-width, initial-scale=1.0">
<title>简易购物车案例</title>
<style>
        .car{
            width: 800px;
            min-height: 200px;
            margin: 0 auto;
        }
table {
text-align: center;
border-color: #EAEAEA;
                border-collapse:collapse;
```

```
}
        table,th, td
                {
                    border: 1px solid black;
                }
thead {
background-color: #F7F7F7;
height: 60px;
color: #596D79;
}
tbody>tr {
height: 60px;
background-color: rgba(33,229,209,.6);
}
.addStyle {
width: 60px;
height: 30px;
color: white;
margin-left: 20px;
background-color: rgb(255, 0, 0);
border: none;
border-radius: 15%;
}
.addStyle:hover {
background-color: rgba(255, 0, 0, .5);
}
.inpStyle {
width: 202px;
height: 30px;
border: none;
background-color: rgba(0, 0, 0, 0.3);
}
::placeholder {
color: white;
}
.is-disabled {
cursor: not-allowed;
}
.emptyBox {
display: none;
}
</style>
</head>
<body>
<div id="app" class="car">
<input class="inpStyle" v-model="inpName" type="text" placeholder="
```

```
请输入书籍名称"> 
<input class="inpStyle" v-model="inpDate" type="text" placeholder="请输入出版日期"> 
<input class="inpStyle" v-model="inpMoney" type="text" placeholder="请输入价格"> 
<button @click="add" class="addStyle">添加</button>
<table cellpadding=20 border="2">
<thead>
<tr>
<th></th>
<th>书籍名称</th>
<th>出版日期</th>
<th>价格</th>
<th>购买数量</th>
<th>操作</th>
</tr>
</thead>
<tbody>
<tr v-for="(item,index) in list">
<td class="numBox">{{index+1}}</td>
<td class="bookBox">{{item.bookName}}</td>
<td class="dateBox">{{item.pubDate}}</td>
<td class="priceBox">¥{{item.price}}</td>
<td>
<button :class="item.num == 1? 'is-disabled':''" @click="subNumber(index)">-</button>
{{item.num}}
<button @click="addNumber(index)">+</button>
</td>
<td>
<button @click="del(index)">删除</button>
</td>
</tr>
</tbody>
</table>
<h2>{{emptyBox()}}</h2>
<h3>总价：{{allmoney()}}</h3>
  </div>
<!-- 引入 Vue.js 插件 -->
<!-- CDN -->
<script src="https:// **.com/vue@3/dist/vue.global.js"></script>
<script>
const app = Vue.createApp({
data(){
return{
inpName:'',
```

```
inpDate:'',
inpMoney:'',
list: [
{
bookName:"Spark 大数据技术与应用",
pubDate:"2022-09",
price: "59.80",
num:1
},
{
bookName:"Node.js 开发实战教程",
pubDate:"2020-08",
price: "59",
num:1
},
{
bookName:"Python 网络爬虫",
pubDate:"2022-06",
price: "59.8",
num:1
},
{
bookName:"C++程序设计从入门到实战",
pubDate:"2019-07",
price: "69.80",
num:1
},
]
}
},
methods: {
add(){
if(this.inpName == '' || this.inpDate == '' || this.inpMoney ==
''){
return
}
let obj = {
bookName:this.inpName,
pubDate:this.inpDate,
price:this.inpMoney,
num:1
}
this.list.push(obj)
this.inpName = ''
this.inpDate = ''
this.inpMoney = ''
```

```
151 },
152 //删除当前项
153 del(index){
154 this.list.splice(index,1);
155 },
156 subNumber(index){
157 if(this.list[index].num == 1){
158 return
159 }else{
160 this.list[index].num -= 1
161 }
162 },
163 addNumber(index){
164 this.list[index].num += 1
165 },
166 allmoney(){
167 let num = 0;
168 for (var i in this.list){
169 num +=this.list[i].price*1*this.list[i].num;
170 }
171 return num
172 },
173 emptyBox(){
174 if(this.list.length == 0){
175 return "购物车为空～"
176 }
177 }
178 }
179 })
180 app.mount('#app')
181 </script>
182 </body>
183 </html>
```

- 08～59 行定义 CSS 样式。
- 62 行定义 id 为“app”的 div 容器，并设置 CSS。
- 63 行设置输入框，并和变量 inpName 进行双向数据绑定。
- 64 行设置输入框，并和变量 inpDate 进行双向数据绑定。
- 65 行设置输入框，并和变量 inpMoney 进行双向数据绑定。
- 66 行设置输入框，并绑定单击事件函数 add。
- 79 行使用 v-for 指令对列表 list 进行遍历。
- 80 行使用插值表达式显示序号。
- 81 行使用插值表达式显示书籍名称。
- 82 行使用插值表达式显示书籍的出版日期。

- 83 行使用插值表达式显示书籍的价格。
- 85 行设置 button 按钮，以及单击事件函数 subNumber，并给该函数传递了参数 index。
- 86 行使用插值表达式显示商品的数量。
- 87 行设置 button 按钮，以及单击事件函数 addNumber，并给该函数传递了参数 index。
- 90 行设置 button 按钮，以及单击事件函数 del，并给该函数传递了参数 index。
- 95 行使用插值表达式显示变量 emptyBox 的值。
- 96 行使用插值表达式显示变量 allmoney 的值。
- 100 行使用 CDN 方式引入 Vue.js。
- 102 行创建 Vue.js 函数实例对象。
- 103～135 行定义 data 函数，并定义 inpName、inpDate、inpMoney 变量。
- 108～133 行定义 list 列表，并在该列表中定义多个书籍信息，包含名称、出版日期、价格、数量等。
- 136～178 行定义 methods 属性。
- 138 行表示只要书籍名称、出版日期、价格有任意一项为空就返回。
- 141～146 行定义对象 obj，键为 bookName 的值为 inpName，键为 pubDate 的值为 inpDate，键为 price 的值为 inpMoney，键为 num 的值为 1。
- 147～150 行将对象 obj 放到 list 集合中，并将 inpName、inpDate、inpMoney 三个变量清空。
- 153～155 行定义删除函数 del，其根据索引进行删除，splice(index,1)表示从列表 index 中删除一个元素。
- 156～162 行定义 subNumber 函数，该函数用于对指定的某个商品的数量进行减 1 操作，如果商品数量为 1，就直接返回，否则执行减 1 操作。
- 163～165 行定义购物车的某个商品数量的加 1 操作。
- 166～172 行定义计算商品总价的函数，首先定义变量 num，然后遍历 list 集合，将每个记录的价格和数量相乘，并进行累加，最后返回总价。
- 173～177 行定义函数 emptyBox，如果列表为空，则直接返回“购物车为空～”的内容。
- 180 行将 Vue.js 应用挂载到 id 为“app”的元素上。

任务进阶

当某个数据属性发生变化时，程序可能需要从这个变化中触发一些异步操作，比如从服务器获取新的数据。在这些情况下，使用 watch 可以确保在数据真正发生改变时触发这些操作，而不是在每次组件重新渲染时都触发。

扫一扫

微课：2.8 监听属性（watch）的使用

1．监听属性

监听属性（watch）用来监听 data 中的数据是否发生变化，一般是监听 data 中的某个属性。在 watch 中可以执行任何操作，如函数节流、AJAX 异步获取数据，甚至操作 DOM。下面来看一个具体的例子。

```
<!DOCTYPE html>
<html>
<head>
<meta charset="utf-8">
<title>监听属性</title>
<script src="vue.global.js"></script>
</head>
<body>
  <div id="app" >
   用户名：<input type="text" v-model="username"><br>
  {{username}}<br>
   年龄：<input type="text" v-model="age"><br>
   {{age}}<br>
</div>
</body>
<script>
   const app = Vue.createApp({
     data(){
         return{
                 username: '许',
                       age: '多多'
         }
     },
                watch:{
                        // 监听 username 的变化
                        // 有两个参数，newValue 表示变化后的值，oldValue 表示变化前的值
                                username:function(newValue,oldValue){
                                     console.log('修改前的值：'+oldValue);
                                     console.log('修改后的值：'+newValue);
                                },
                                // 监听 age 的变化
                                age:function(newValue,oldValue){
                                     console.log('修改前的值：'+oldValue);
                                     console.log('修改后的值：'+newValue);
                                }
  },
    })
  app.mount('#app')
 </script>
 </html>
```

- 06 行引入 Vue 3。
- 09 行定义 id 为 “app” 的 div 容器。
- 10 行设置输入框，并和变量 username 进行双向数据绑定。
- 11 行使用插值表达式显示变量 username 的值。
- 12 行设置输入框，并和变量 age 进行双向数据绑定。
- 13 行使用插值表达式显示变量 age 的值。
- 17 行创建 Vue.js 实例对象。
- 18～23 行定义 data 函数，并定义变量 username 和 age 的值。
- 24～36 行设置监听属性。
- 27 行设置对变量 username 的监听，newValue 表示变化后的值，oldValue 表示变化前的值。
- 28～29 行打印输出 oldValue 和 newValue 的值。
- 32 行设置对变量 age 的监听。
- 33～34 行打印输出 oldValue 和 newValue 的值。

运行结果如图 2-20 所示。

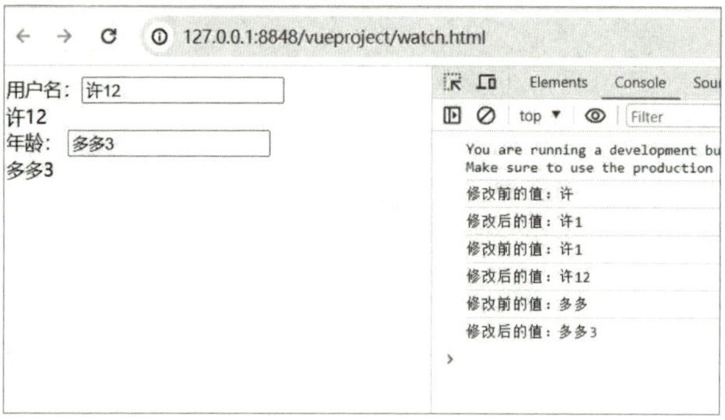

图 2-20　监听属性的使用

2. 计算属性

在模板内使用表达式非常便利，但其设计初衷是用于简单运算的。在模板内放入太多的逻辑会让模板过重且难以维护。而在一个计算属性里可以完成各种复杂的逻辑，包括运算、函数调用等，只要最终返回一个结果就可以。那么什么是计算属性呢？在 Vue.js 中，计算属性（computed）通常用于处理基于其他响应式数据的复杂逻辑，并且当依赖的数据发生变化时，其会自动重新计算。各位同学可以计算一下每个学期自己所有的消费明细，以及每年的消费明细，学会理性消费，尊重父母的劳动成果，不盲目攀比，形成正确的消费观。

首先来看下面的例子。

```
<!DOCTYPE html>
<html>
    <head>
        <meta charset="utf-8">
```

```
05          <title>computed</title>
06          <script src="vue.global.js"></script>
07      </head>
08      <body>
09    <div id="app" >
10    <p>原始信息为: "{{ message }}"</p>
11    <p>使用计算属性处理后的数据: "{{ reversedMessage }}"</p>    <!--把复杂处理逻辑放在了计算属性里面 -->
12       </div>
13      </body>
14      <script>
15        const App={
16            data(){
17                return{
18                    message: 'Hello'
19                }
20            },
21            computed: {
22                reversedMessage: function () {
23                // 将 this.message 字符串中的字符顺序反转，并返回一个新的字符串
24                return this.message.split('').reverse().join('')
25                }
26            }
27        }
28        Vue.createApp(App).mount("#app")
29      </script>
30  </html>
```

- 06 行引入 Vue 3。
- 09 行定义 id 为“app”的 div 容器。
- 10 行使用插值表达式调用变量 message 的值。
- 11 行显示计算属性 reversedMessage 的值。
- 15 行定义名为“App”的常量。
- 16～20 行定义 data 函数，并在该属性中定义 message 变量。
- 21～26 行定义计算属性 reversedMessage。
- 24 行将 message 变量进行字符翻转来作为计算属性的值。

计算属性还可以依赖多个 Vue.js 实例对象的数据，只要其中任意一个数据发生变化，计算属性就会重新执行，视图也会随之更新。

注意：计算属性实际上可以理解为能够在里面写一些计算逻辑的属性。其作用有两点：一是减少模板中的计算逻辑；二是可以进行数据缓存，当数据没有发生变化时，其不会再次执行计算。

每个计算属性都包含一个 getter 和一个 setter 方法，其中 getter 方法用来获取值，setter 方法用来设置值，它们只有在为计算属性直接赋值的时候才会被触发。在实际使用时，getter

方法的名字一般可以自定义，这里简记为 get。setter 方法的名字也可以自定义，这里简计为 set。在计算属性中，当计算属性的依赖数据发生变化时会调用 getter 方法，并且会将返回结果缓存起来。如果 setter 方法没有改变 getter 方法中的依赖数据，则 getter 函数不会被再次调用，而是直接使用缓存值。当手动修改计算属性的值就像修改一个普通数据那样时，就会触发 setter 方法，执行一些自定义的操作。例如：

```
<!DOCTYPE html>
<html>
    <head>
        <meta charset="utf-8">
        <title>computed</title>
        <script src="vue.global.js"></script>
    </head>
    <body>
  <div id="app" >
      <button @click="updateName">修改计算属性的值</button><br>
  姓：<input type="text" v-model="name1"><br> 名：
          <input type="text" v-model="name2"><br> 全称：
 <input type="text" v-model="fullname"><br>
 <input type="text" v-model="fullname"><br>
 <input type="text" v-model="fullname"><br>
 <input type="text" v-model="fullname"><br>
     </div>
    </body>
    <script>
        const app = Vue.createApp({
           data(){
               return{
                     name1: 'zhang',
                     name2: 'san'
               }
           },
           computed: {
                 fullname: {
                           // getter
                           get: function () {
                                  console.log("有人读取了 fullname");
                               return this.name1 + '-' + this.name2
                           },
                           // setter
                           set: function (newValue) {
                             this.message=newValue;
                             console.log("set 方法被触发了");
                               var names = newValue.split('-');
                               this.name1 = names[0];
                               this.name2 = names[names.length - 1];
```

```
41                     }
42                 }
43             },
44             methods: {
45                 getName() {
46                 console.log("通用方法 getName 被调用了");
47                 return this.name1 + '-' + this.name2
48                 },
49                 updateName(){
50                     // 直接修改 computed 属性的值
51                     this.fullname="zhang_san"
52             }
53             },
54     })
55     app.mount('#app')
56   </script>
57 </html>
```

- 10 行设置单击事件，直接修改计算属性的值。
- 11 行表示输入框输入的内容直接与变量 name1 进行双向数据绑定。
- 12 行表示输入框输入的内容直接与变量 name2 进行双向数据绑定。
- 13～16 行表示输入框和计算属性进行双向数据绑定，并调用了 4 次。
- 21～26 行定义 data 函数，并在该属性中定义两个变量，分别是 name1 和 name2。
- 27～43 行定义计算属性 fullname，并为其设置 get 和 set 方法，get 方法在调用时被触发，set 方法在修改计算属性的值时被触发。
- 44～53 行定义 methods 属性，并定义 getName 方法及 updateName 方法，getName() 方法用于获取姓名，updateName 方法用于直接修改计算属性 fullname 的值。

运行结果如图 2-21 所示。

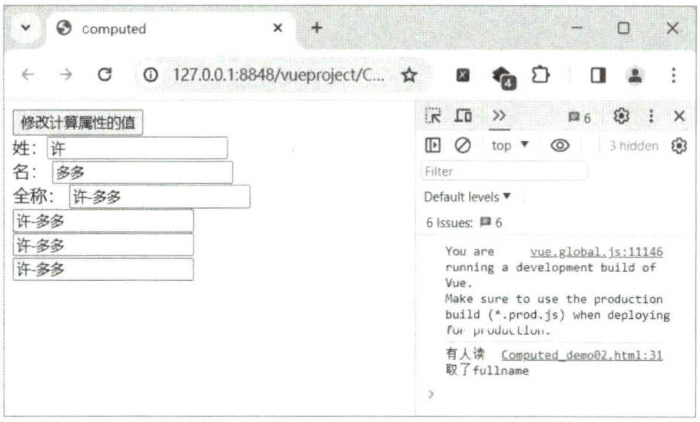

图 2-21　计算属性的使用

从运行结果可知，“console.log("有人读取了 fullname")”只输出了一次。在代码中对其进行了三次调用，按理应该被打印输出三次，但其只输出了一次，这是怎么回事呢？这就涉及了计算属性的缓存特性。

计算属性是基于它的响应式依赖进行缓存的，只有在相关响应式依赖发生改变时，它才会重新请求值。这就意味着只要 name1 和 name2 还没有发生改变，多次访问 fullname 计算属性，就会立即返回之前缓存的计算结果，而不是调用计算属性重新进行计算。如果此时我们在“姓”或“名”输入框中输入任意值，就会看到计算属性重新计算值，如图 2-22 所示。

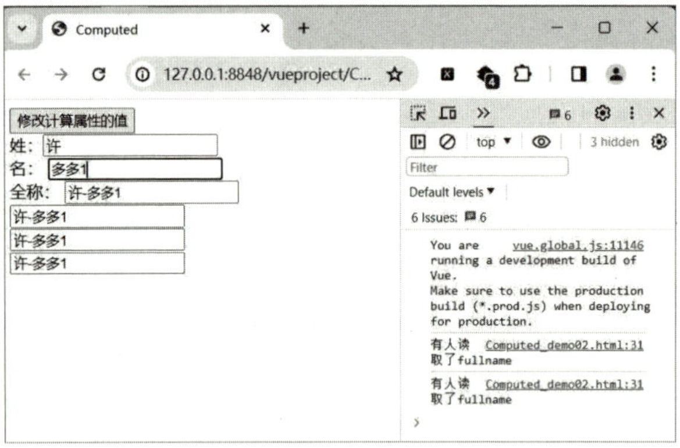

图 2-22　改变变量值后计算属性被动执行

计算属性的 set 方法是在计算属性被修改时触发的。这里在网页中设置了一个“修改计算属性的值”按钮，为该按钮设置了 updateName 方法，只要单击该按钮，计算属性的值就被修改为 zhang_san，运行结果如图 2-23 所示。

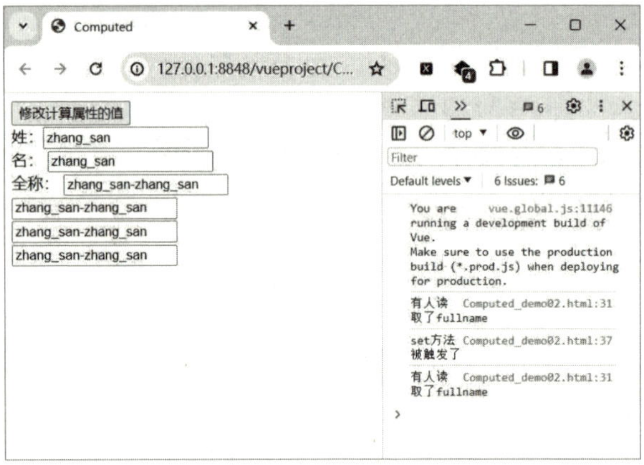

图 2-23　计算属性的 set 方法被触发

计算所有加入购物车的商品的总价也可以使用计算属性来实现。

在 methods 属性之前，添加如下代码：

```
            computed: {
                all_money() {
                    let num = 0;
                    for (var i in this.list){
                        num +=this.list[i].price*1*this.list[i].num;
                    }
                    return num
```

```
                        }
                    },
```

找到如下代码：

```
<h3>总价：{{allmoney()}}</h3>
```

将其修改为：

```
<h3>总价：{{all_money}}</h3>
```

这样就可以使用计算属性计算商品的总价，运行程序，会发现运行结果仍然是正确的。

任务实施

<table>
<tr><th>任务步骤</th><th colspan="3">任务要点</th><th>实施记录</th></tr>
<tr><td>任务准备</td><td colspan="3">1. 更换实训服、鞋套等
2. 检查机房软硬件环境</td><td>是否完成：是□ 否□</td></tr>
<tr><td>工具准备</td><td colspan="3">教材、参考资料、纸、笔、特殊工具</td><td>是否完成：是□ 否□</td></tr>
<tr><td rowspan="10">制订计划</td><td colspan="4">根据任务目标，制订任务实施计划</td></tr>
<tr><td>序号</td><td>作业项目</td><td colspan="2">实施要点</td></tr>
<tr><td></td><td></td><td colspan="2"></td></tr>
<tr><td></td><td></td><td colspan="2"></td></tr>
<tr><td></td><td></td><td colspan="2"></td></tr>
<tr><td></td><td></td><td colspan="2"></td></tr>
<tr><td></td><td></td><td colspan="2"></td></tr>
<tr><td></td><td></td><td colspan="2"></td></tr>
<tr><td></td><td></td><td colspan="2"></td></tr>
<tr><td></td><td></td><td colspan="2"></td></tr>
<tr><td>收集资讯</td><td colspan="3">1. 什么是属性绑定指令 v-hind、双向数据绑定指令 v-mode、数据遍历指令 v-for
2. 什么是监听属性
3. 什么是计算属性</td><td>检索记录：</td></tr>
</table>

续表

任务步骤	任务要点	实施记录
任务实施 过程记录	任务示范实现的关键步骤记录： ______ ______ ______ ______ ______ ______ 任务进阶实现的关键步骤记录： ______ ______ ______ ______ ______ ______	
设备断电并 整理现场	将现场设备、工具等物品按 6S 标准清理归位	是否完成：是□ 否□

评价反馈

任务总结	对属性绑定指令 v-bind、双向数据绑定指令 v-mode、数据遍历指令 v-for、监听属性和计算属性的认知总结： 工作实施情况反思：						
质量评价	评分项目	学生出勤 （20 分）	工作过程 （30 分）	成果汇报 （30 分）	职业素养 （10 分）	工作规范 （10 分）	总评
	自我评分						
	小组评分						
	教师评分						
	合计						

拓展阅读

大国重器之中国第三代自主超导量子计算机成功实现

我国科学家在中国第三代自主超导量子计算机“本源悟空”上，成功完成了全球最大规模的量子计算流体动力学仿真，这标志着国产量子算力在解决实际问题方面取得重要进展。相关成果被发表在国际期刊《应用力学与工程中的计算机方法》上。

中国科学院量子信息重点实验室副主任、“本源悟空”科研团队主要负责人郭国平表示：“此次研究不仅证明我国自主超导量子计算机具备开展大规模、高精度流体动力学研究的能力，也为我们探索更多复杂科学问题提供了新工具和新方法。”

2024 年 1 月在全球上线的“本源悟空”，是目前我国先进的可编程、可交付超导量子计算机。

项目小结

本项目主要讲解了 Vue.js 实例对象的创建、常用内置指令的使用等。通过对本项目的学习，读者应重点掌握 data 函数、methods 属性、computed 属性和 watch 属性的定义，能够使用 v-model 指令进行双向数据绑定，以及使用 v-on 指令进行事件的绑定。

课后习题

一、单项选择题

1．下列关于 Vue.js 实例对象的说法不正确的是（　　）。

A．Vue.js 实例对象是通过 new Vue{{}}方式创建的

B．Vue.js 实例对象只允许有唯一的根标签

C．通过 methods 属性可以定义事件处理函数

D．Vue.js 实例对象中的 data 数据不具有响应特性

2．在 Vue.js 中，能够实现双向数据绑定的指令是（　　）。

A．v-bind　　B．v-for　　C．v-model　　D．v-if

3．在 Vue.js 中，能够实现页面单击事件绑定的代码是（　　）。

A．v-on:enter　　B．v-on:click　　C．v-on:mouseenter　　D．v-on:doubleclick

二、判断题，正确的画“√”，错误的画“×”

1．在项目中引入了 Vue.js，就可以创建 Vue.js 实例对象。（　　）

2．Vue.js 实例对象指令主要包括自定义指令和内置指令，通过指令可以省去 DOM 操作。（　　）

3．v-hidden 是 Vue.js 的内置指令。（ ）

4．v-for 指令可以遍历对象。（ ）

5．计算属性有数据缓存功能。（ ）

三、编程题

1．使用 v-show 指令等，实现单击按钮显示文字，再次单击按钮隐藏文字的功能。

2．某学校的学生成绩对应的不同等级如下：

（1）“优秀”，大于或等于 90 分；

（2）“良好”，大于或等于 75 分且小于 90 分；

（3）“及格”，大于或等于 60 分且小于 75 分；

（4）“不及格”，小于 60 分。

从网页表单中输入成绩，并输出成绩对应的等级（请使用 Vue 3 编程来实现）。

项目 3　使用脚手架创建 Vue.js 项目并实现音频文件的播放

项目描述

本项目主要使用 Vue CLI 和 Vite 构建工具创建 Vue.js 项目，使用 Vue.js 原生方法和 Vue.js 第三方库 Howler.js 实现 MP3 等音频文件的播放、暂停播放、停止播放功能。

项目分析

要完成项目任务，需要掌握 Node.js 的下载、安装及环境配置，使用 Vue CLI 和 Vite 构建工具创建项目，使用 Vue.js 原生方法和 Vue.js 第三方库 Howler.js 实现音频文件的播放、暂停播放、停止播放等知识。

学习目标

扫一扫

微课

知识目标

1. 了解 Vue.js 创建项目的方式；
2. 掌握 Node.js 的安装和环境配置方法；
3. 掌握使用 Vue CLI 创建项目的步骤；
4. 掌握使用 Vite 构建工具创建项目的步骤；
5. 掌握 Vue.js 播放音频文件的方法。

技能目标

1. 能使用 Vue.js 创建项目；
2. 能安装和配置 Node.js；
3. 能使用 Vue.js 实现音频文件的播放。

素养目标

1. 培养按标准做事的习惯；
2. 培养独立完成任务的品格素质、技能素质；

3．能够找到适合自己的学习方法并正确运用；
4．培养团队合作精神；
5．培养学习探究精神；
6．树立爱国主义精神。

能量小贴士

同学们，在本项目的实践中，我们不仅能掌握现代化工程化开发的钥匙，更能领悟“善假于物”的智慧精髓。脚手架如同《劝学》中“登高而招”的臂膀，它用标准化模板、自动化配置为开发者扫除基建琐碎，恰似匠人运用墨斗规尺——真正的高手从不徒手造轮，而是懂得站在工具的肩膀上眺望远方。

当我们用 vue create 命令瞬间生成项目骨架时，这背后凝聚着开源社区“前人栽树”的奉献精神；当通过<audio>标签与 Vue.js 响应式数据联动实现播放控制时，精准的 play()与 pause()方法切换恰似人生乐章中“谋定而后动”的节奏把控。

庄子云“吾生也有涯，而知也无涯”，脚手架的模块化思想启示我们，面对技术海洋，既要如 npm install 般积极吸纳优质资源，也要如 components 拆分般将宏大目标分解为可执行的单元。希望你们在调试音频进度条与音量控制时，既能感受数据驱动视图的技术之美，更能在职业生涯中践行“工欲善其事，必先利其器”的古训。毕竟，人生的精彩“视听体验”，始于对工具价值的认知，成于对技术生态的敬畏与善用。

任务 1　使用 Vue CLI 和 Vite 创建项目

Vue.js 可以直接在网页中引入，也可以使用项目构建工具 Vue CLI（脚手架）进行创建。该工具可以快速构建一个“开箱即用”的大型单页应用，并提供了优秀的构建配置。开发者只需要关注业务本身和核心代码的编写。

任务演示

本任务使用 Vue CLI 和 Vite 创建项目，结果如图 3-1 所示。

图 3-1　使用 Vue CLI 和 Vite 创建项目的结果

知识准备

扫一扫

微课：Vue.js 前端开发的准备

Node.js 是一个开源的、跨平台的 JavaScript 运行时环境，基于 Google 的 V8 引擎，允许 JavaScript 代码在服务器端运行。要使用组件式开发，就必须安装 Node.js。

选择长期支持版本或最新版本进行下载，如图 3-2 所示。

图 3-2　Node.js 版本选择

双击下载的安装包，打开安装向导，单击“Next”按钮，如图 3-3 所示。

勾选“I accept the terms in the License Agreement”复选框，同意许可协议后，单击“Next”按钮，如图 3-4 所示。

图 3-3　单击“Next”按钮（1）

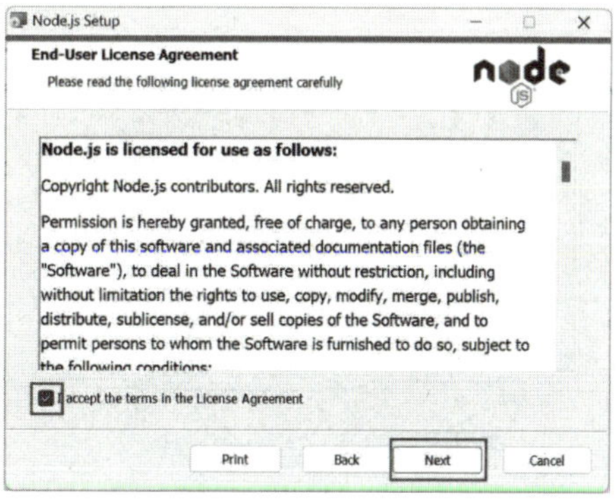

图 3-4　同意许可协议

确认安装路径（建议修改安装路径，不要使用默认路径），如图 3-5 所示。

单击“Next”按钮，如图 3-6 所示。

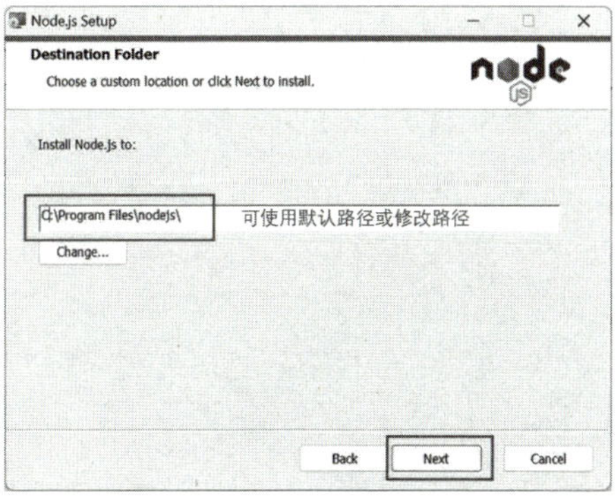

图 3-5　确认安装路径

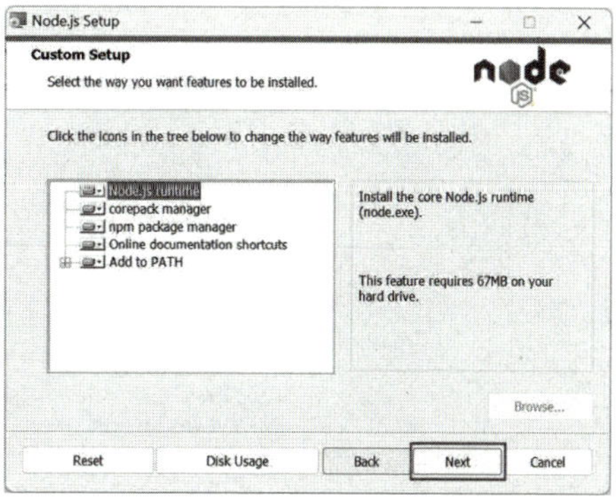

图 3-6　单击“Next”按钮（2）

勾选图 3-7 所示的复选框，使系统自动安装必要的工具，并单击“Next”按钮。

单击“Install”按钮，开始安装，如图 3-8 所示。

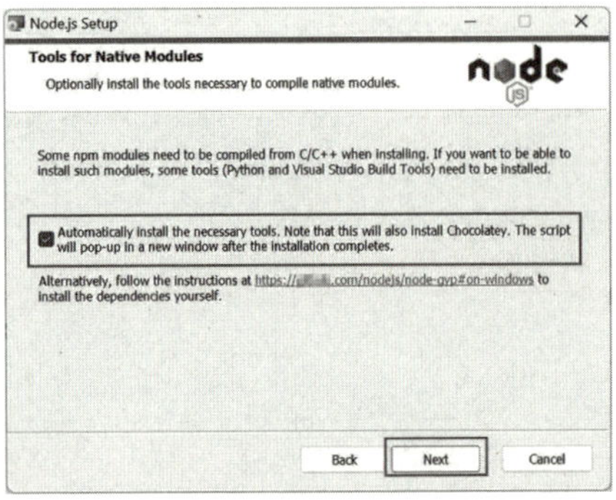

图 3-7　自动安装必要的工具

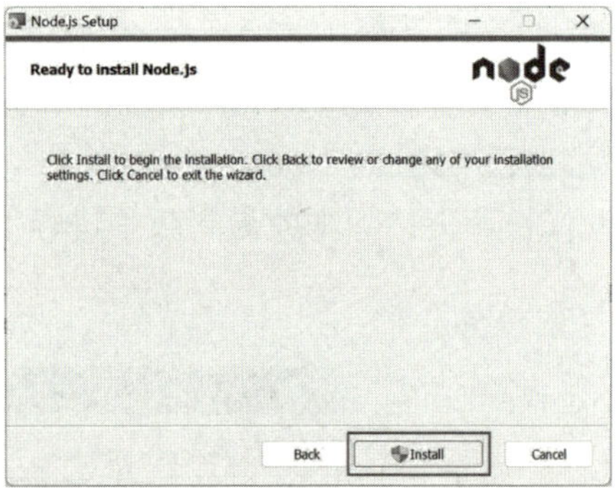

图 3-8　单击“Install”按钮

安装完成后，单击“Finish”按钮结束安装，如图 3-9 所示。

打开 cmd 窗口，在命令行中输入命令“node -v”和“npm -v”，检查 Node.js 是否安装成功，若正常输出对应版本号，则表示安装成功，如图 3-10 所示。

图 3-9　单击“Finish”按钮

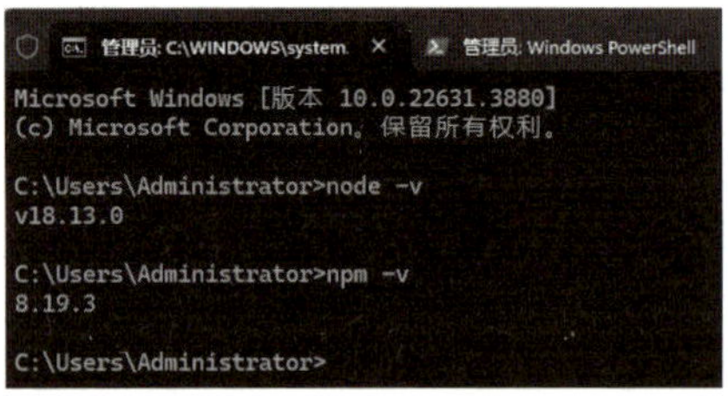

图 3-10　Node.js 安装成功

接下来，介绍 Node.js 环境配置方法，主要有以下步骤。

（1）在 Node.js 的安装目录中（也可以是其他目录），创建两个子目录 node_global 和 node_cache，如图 3-11 所示。

图 3-11　创建 node_global 和 node_cache 子目录

node_global 和 node_cache 子目录分别用来存放安装的全局模块和全局缓存信息。

（2）创建完子目录后，在命令行窗口中输入以下命令，如图 3-12 所示。

```
npm config set prefix "node_global 子目录的绝对路径"
npm config set cache "node_cache 子目录的绝对路径"
```

图 3-12　命令行设置

（3）创建环境变量。在“系统属性”对话框的“高级”选项卡中单击“环境变量”按钮，在弹出的“编辑系统变量”对话框中创建一个环境变量，如图 3-13 所示。

- 变量名：NODE_PATH。
- 变量值：D:\configuration\nodejs\node_global\node_modules。D:\configuration\nodejs\node_global 是新建的全局模块安装路径。

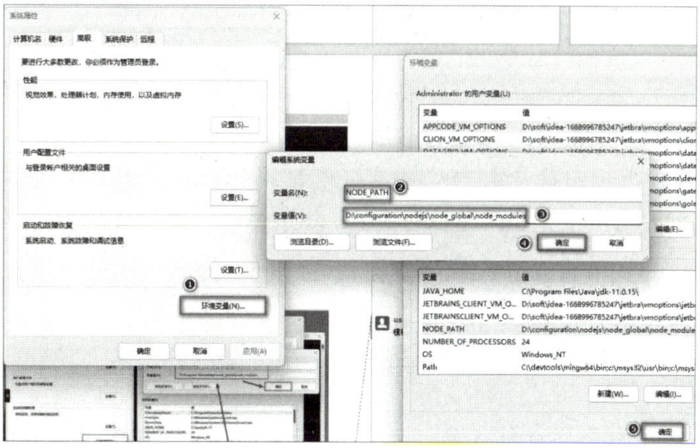

图 3-13　创建 NODE_PATH 环境变量

编辑“系统变量”中的 Path 变量，如图 3-14 所示。

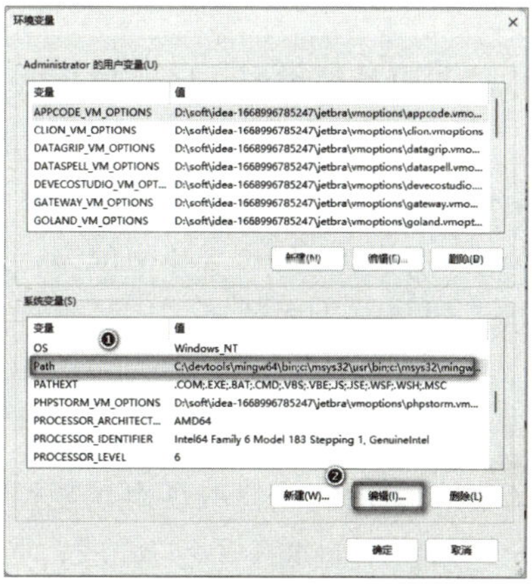

图 3-14　编辑 Path 变量

单击“新建”按钮，并填入图 3-15②所示的内容。

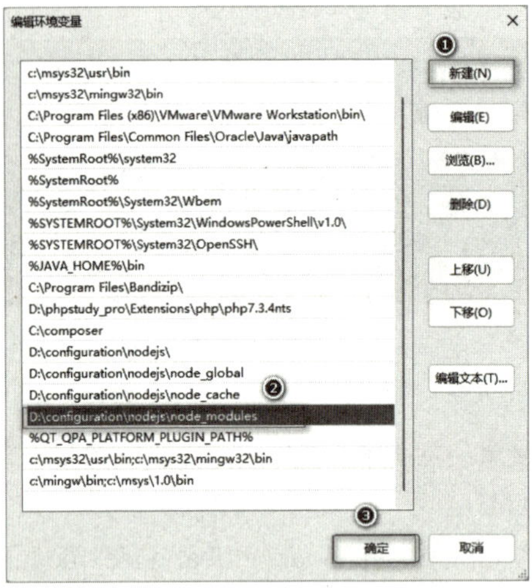

图 3-15　修改指定的值

任务示范

Vue.js 可以用于进行组件式开发。那么什么是组件式开发呢？在 Vue.js 中，组件是可复用的 Vue.js 实例对象，具有独立的模板、逻辑和样式。组件式开发允许开发者将页面或应用分割成独立、可复用的部分，从而简化代码结构，提高代码的可读性和可维护性。

组件式开发具有如下特点。

- 模块化：组件可以根据特定的功能或 UI 部分来划分，从而使代码更具模块化，更易于管理。
- 可复用性：由于组件是独立的，因此其可以在不同的页面或应用中被多次使用，提升了代码的复用率。
- 独立性：组件之间是相互独立的，一个组件的状态或逻辑变化不会影响其他组件，这有助于代码的解耦。
- 单文件组件：Vue.js 支持将组件的模板、样式和逻辑封装在一个.vue 文件中，使得组件结构更加清晰。

使用组件式开发的优势和作用如下。

- 提高开发效率：通过复用现有组件，减少了重复编写代码的流程，从而加速开发过程。
- 增强团队协作：团队成员可以分别专注于不同的组件开发，实现并行工作，从而提高工作效率。
- 易于维护和扩展：由于代码是模块化的，因此当需求变更时，开发者更容易找到并修改相关代码。同时，添加新功能或修改现有功能也更加方便。

学习了组件式开发的概念之后，下面准备进行 Vue.js 项目的创建。Vue.js 项目的创建主要有三种方式，即使用 Vue CLI、使用 Vite 和使用 Vue init，下面介绍其中的两种。

1. 使用 Vue CLI 创建 Vue.js 项目

要使用 Vue CLI 创建 Vue.js 项目，需要使用如下命令在命令行窗口中安装该工具：

```
npm i -g @vue/cli
```

可以在命令行窗口中使用如下命令查看 Vue CLI 是否安装成功：

```
vue -V
```

接下来，在命令行窗口中输入“vue create vue_project1”命令创建项目，如图 3-16 所示。

图 3-16　使用 Vue CLI 创建项目

2. 使用 Vite 创建 Vue.js 项目

Vite 是一款现代、超快速的前端构建工具，显著改善了前端开发体验。Vite 的优势如下：

- 轻量快速的热重载，能实现极速的服务启动；
- 对 TypeScript、JSX、CSS 等支持开箱即用；
- 真正的按需编译，无须等待整个应用编译完成。

要使用 Vite 创建 Vue.js 项目，需要在命令行窗口中使用如下命令安装 Vite，如图 3-17 所示。

```
cnpm init -y vite
```

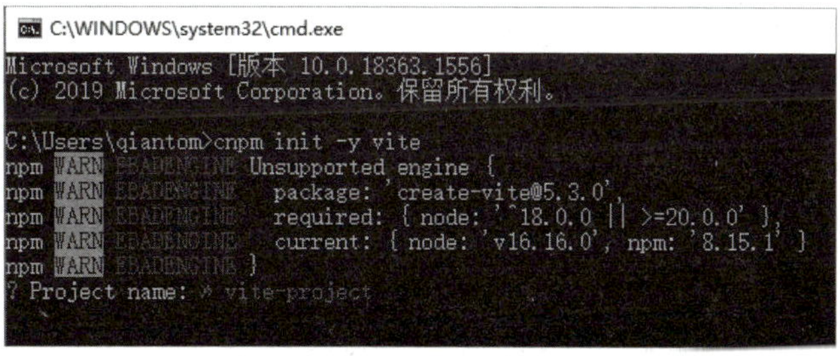

图 3-17　安装 Vite

输入项目名称，如图 3-18 所示。

图 3-18　输入项目名称

选择 Vue 框架，如图 3-19 所示。

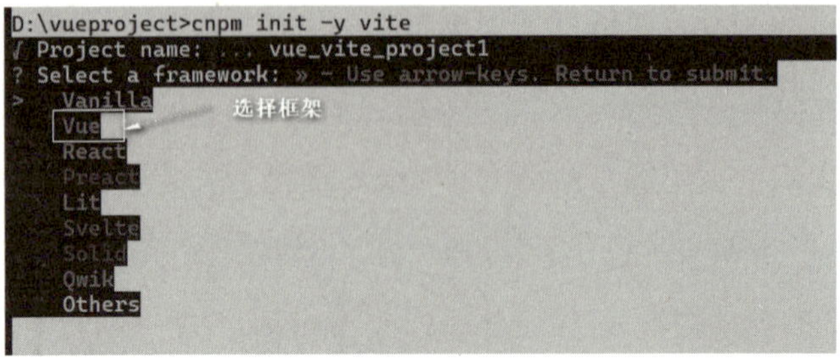

图 3-19　选择 Vue 框架

选择 TypeScript 或 JavaScript（此处选择 JavaScript），如图 3-20 所示。

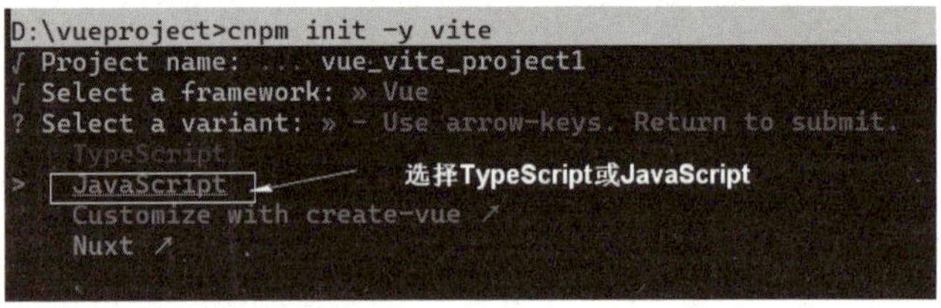

图 3-20　选择 JavaScript

按回车键，项目即创建成功，如图 3-21 所示。

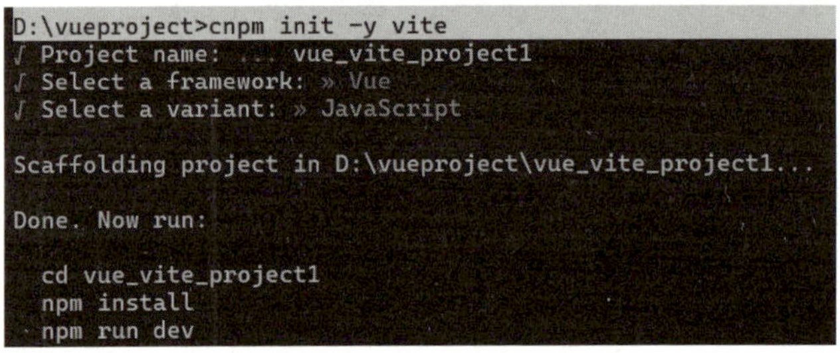

图 3-21　项目创建成功

任务进阶

除了使用 Vue CLI 和 Vite 创建 Vue.js 项目，还可以使用 Vue init 创建 Vue.js 项目，步骤如下。

（1）使用 npm init vue@3 命令创建项目，如图 3-22 所示。

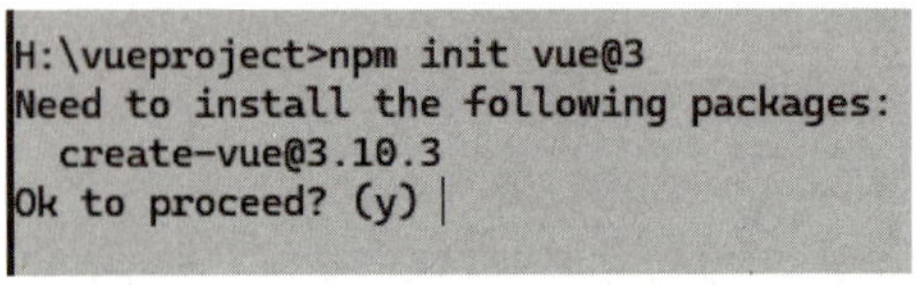

图 3-22　创建项目

（2）按回车键，输入项目名称，如图 3-23 所示。

（3）输入项目名称后，按回车键，结果如图 3-24 所示。

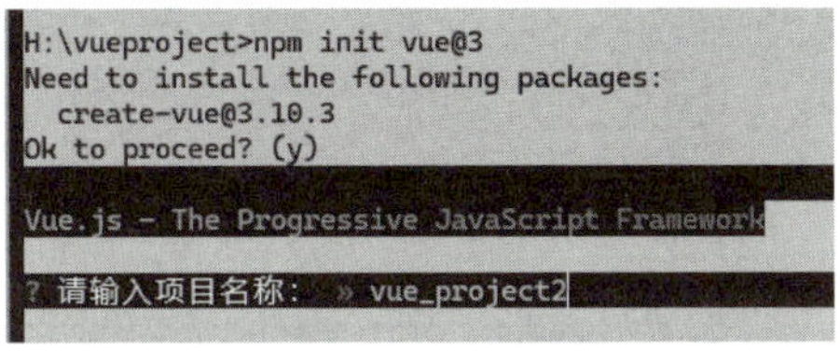

图 3-23　输入项目名称

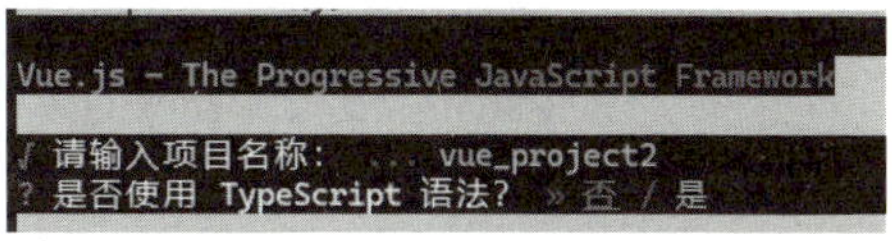

图 3-24　按回车键后的结果

（4）按回车键，表示不使用“TypeScript 语法”，如图 3-25 所示。

（5）继续按回车键，在“是否引入 Vue Router 进行单页面应用开发？”步骤中，选择“是”选项，如图 3-26 所示。

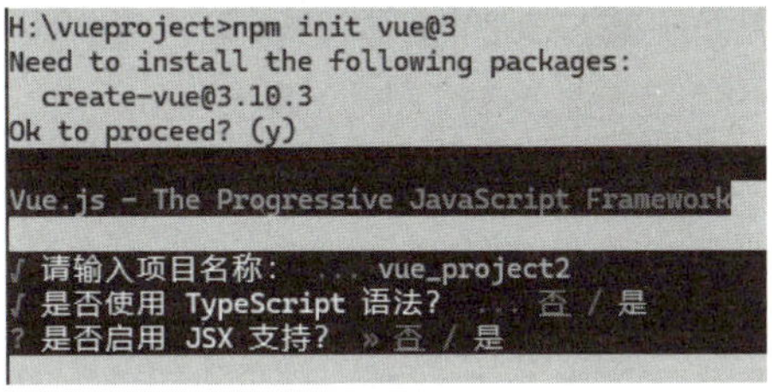

图 3-25　不使用“TypeScript 语法”

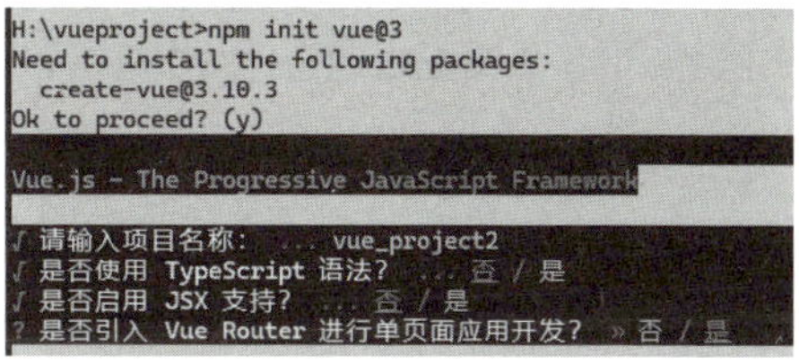

图 3-26　使用 Vue-Router

（6）继续按回车键，在“是否引入 Pinia 用于状态管理？”步骤中，选择“是”选项，如图 3-27 所示，Pinia 相当于 Vue 2 的 Vuex。

（7）继续按回车键，在“是否要引入一款端到端（End to End）测试工具？”步骤中，选择“不需要”选项，如图 3-28 所示。

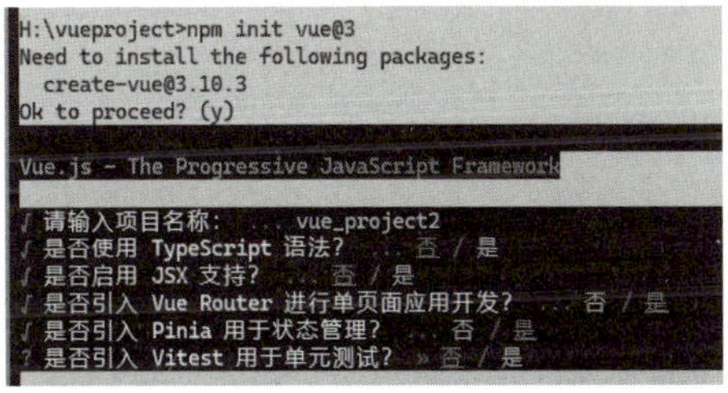

图 3-27　使用 Pinia 状态管理工具

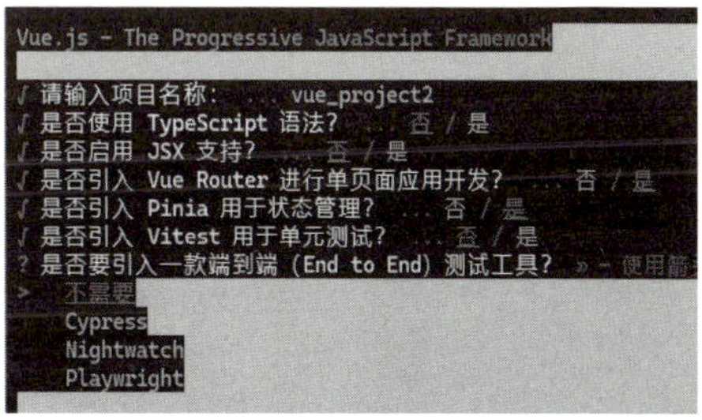

图 3-28　不引入端到端测试工具

（8）继续按回车键，在“是否引入 ESLint 用于代码质量检测？”步骤中，选择“是”选项，如图 3-29 所示。

（9）继续按回车键，在“是否引入 Prettier 用于代码格式化？”步骤中，选择“是”选项，如图 3-30 所示。

（10）继续按回车键，在“是否引入 Vue DevTools 7 扩展用于调试？”步骤中，选择“是”选项，如图 3-31 所示。

（11）项目创建成功，如图 3-32 所示。

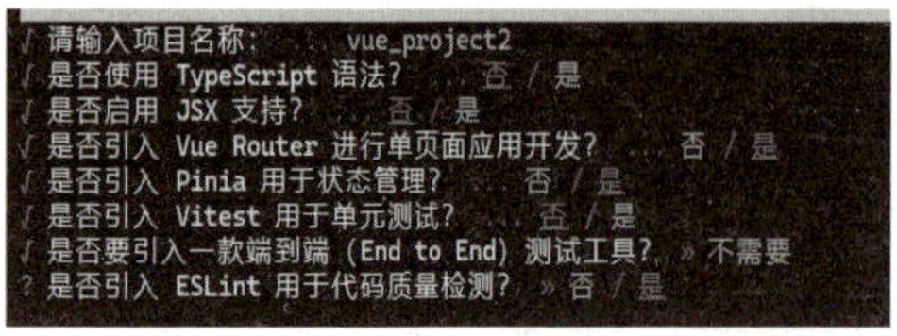

图 3-29　引入 ESLint 代码质量检测工具

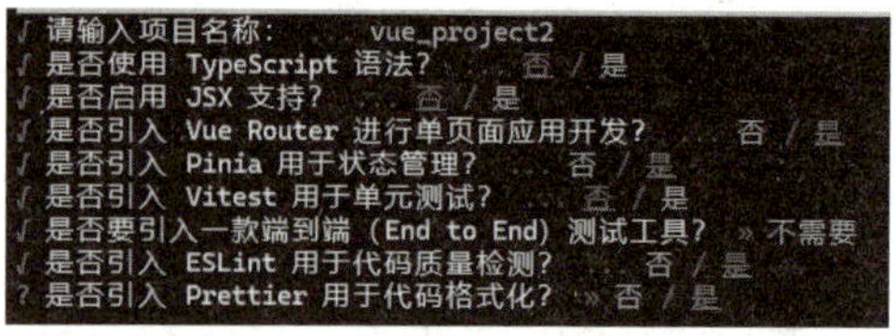

图 3-30　引入 Prettier 代码格式化工具

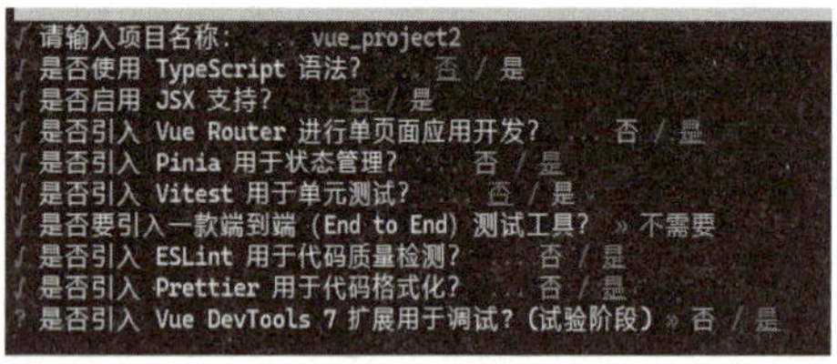

图 3-31　引入 Vue DevTools 7 扩展工具

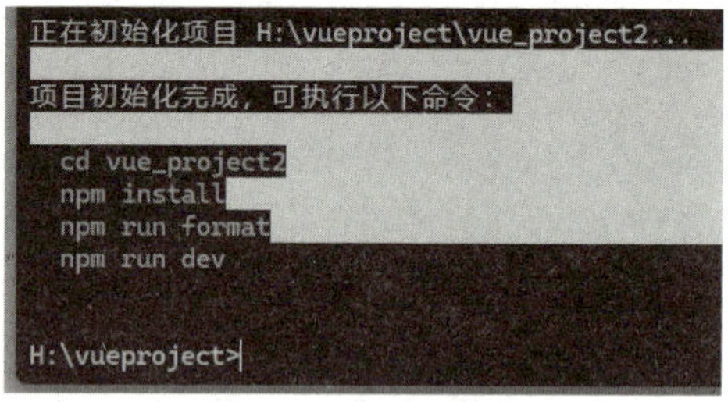

图 3-32　项目创建成功

运行结果如图 3-33 所示。

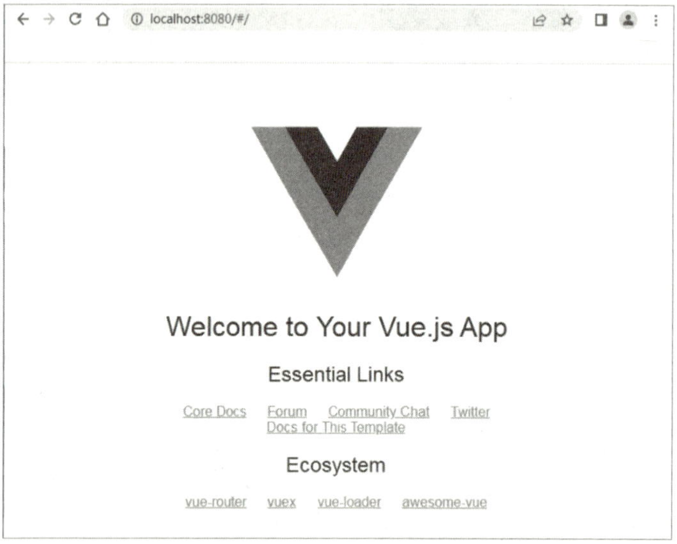

图 3-33　使用 Vue init 创建 Vue.js 项目的结果

任务实施

任务步骤	任务要点	实施记录
任务准备	1. 更换实训服、鞋套等 2. 检查机房软硬件环境	是否完成：是□ 否□
工具准备	教材、参考资料、纸、笔、特殊工具	是否完成：是□ 否□

续表

<table>
<tr><th>任务步骤</th><th>任务要点</th><th>实施记录</th></tr>
<tr><td>制订计划</td><td colspan="2">根据任务目标，制订任务实施计划
<table><tr><th>序号</th><th>作业项目</th><th>实施要点</th></tr><tr><td></td><td></td><td></td></tr><tr><td></td><td></td><td></td></tr><tr><td></td><td></td><td></td></tr><tr><td></td><td></td><td></td></tr><tr><td></td><td></td><td></td></tr><tr><td></td><td></td><td></td></tr><tr><td></td><td></td><td></td></tr><tr><td></td><td></td><td></td></tr></table></td></tr>
<tr><td>收集资讯</td><td>1. 什么是 Vue CLI
2. 什么是 Vite 构建工具
3. 什么是 Vue init</td><td>检索记录：
______
______
______
______
______
______</td></tr>
<tr><td>任务实施
过程记录</td><td colspan="2">任务示范实现的关键步骤记录：
______
______
______
______
______
______

任务进阶实现的关键步骤记录：
______
______
______
______
______
______</td></tr>
<tr><td>设备断电并
整理现场</td><td>将现场设备、工具等物品按 6S 标准清理归位</td><td>是否完成：是□　否□</td></tr>
</table>

评价反馈

<table>
<tr><td>任务总结</td><td colspan="7">对使用 Vue CLI、Vite 等创建 Vue.js 项目的认知总结：

工作实施情况反思：</td></tr>
<tr><td rowspan="5">质量评价</td><td>评分项目</td><td>学生出勤
（20 分）</td><td>工作过程
（30 分）</td><td>成果汇报
（30 分）</td><td>职业素养
（10 分）</td><td>工作规范
（10 分）</td><td>总评</td></tr>
<tr><td>自我评分</td><td></td><td></td><td></td><td></td><td></td><td></td></tr>
<tr><td>小组评分</td><td></td><td></td><td></td><td></td><td></td><td></td></tr>
<tr><td>教师评分</td><td></td><td></td><td></td><td></td><td></td><td></td></tr>
<tr><td>合计</td><td></td><td></td><td></td><td></td><td></td><td></td></tr>
</table>

任务 2　Vue.js 播放音频

在现代化的 Web 应用程序中，音乐是吸引用户关注并提升用户体验的重要组成部分。在本节中，我们将探讨如何使用 Vue.js 原生方法和第三方库来实现音频的播放。我们将使用 Vue.js 框架作为前端开发工具来实现音频的播放。

任务演示

本任务使用 Vue.js 原生方法和 Vue.js 第三方库实现 MP3 等音频的播放，可以实现播放、暂停播放、停止播放等功能，效果如图 3-34 所示。

图 3-34　Vue.js 实现音频的播放效果

知识准备

Vue.js 项目创建完成后，使用 HBuilder X 软件或 WebStorm 等 IDE 软件打开该项目，项目目录如图 3-35 所示。

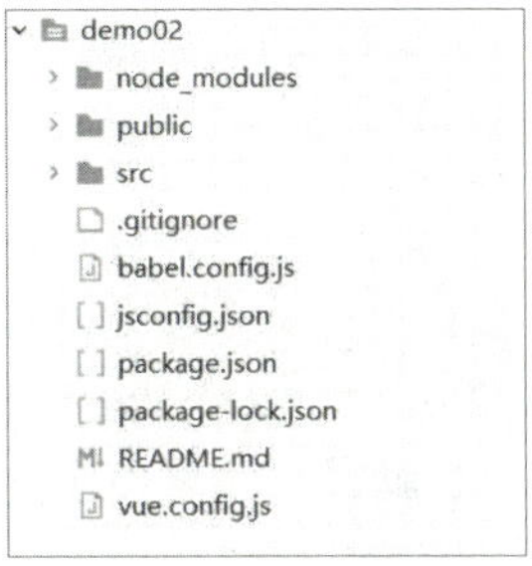

图 3-35 Vue.js 项目目录

- node_modules：Vue.js 项目的运行依赖目录。
- public：资源目录。
- src：源码目录。
- .gitignore：git 忽略文件。
- index.html：HTML 入口文件，位于 public 目录下。
- package.json：信息描述文件。
- README.md：注释文件。
- vue.config.js：Vue.js 配置文件。

在 Vue.js 项目中，src 目录通常包含图 3-36 所示的子目录和文件。

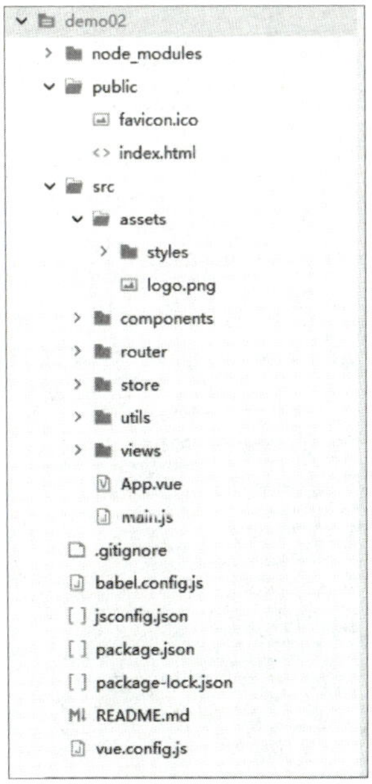

图 3-36 src 目录下的子目录和文件

- assets：用于存放静态资源，如图片、CSS、字体等。
- components：用于存放自定义组件。
- router：用于存放与 Vue-Router 相关的路由配置。该目录需要自己手动创建。
- store：用于存放 Vuex 状态管理配置。该目录需要自己手动创建。
- utils：用于存放工具函数。该目录需要自己手动创建。
- views：用于存放 Vue.js 视图组件，即页面级组件。该目录需要自己手动创建。
- styles：用于存放 CSS 样式文件，可以是 SCSS、LESS 等。该目录需要自己手动创建，可以创建在 assets 目录下。
- App.vue：项目的根组件，包含页面的顶级模板和样式。
- main.js：项目打包的入口文件，用于创建 Vue.js 实例对象并配置全局组件、插件等。
- vue.config.js：项目的 Vue CLI 配置文件，用于配置 Webpack 等。

这只是一种常见的目录结构，具体结构可能会根据项目的需求有所不同。

1）main.js 文件

该文件主要用于创建 Vue.js 实例对象并配置全局组件、插件等，具体内容如下。

```
01  { createApp } from 'vue'
02  App from './App.vue'
03  createApp(App).mount('#app')
```

- 01 行从 Vue.js 中导入 createApp 函数。
- 02 行表示待渲染的 App.vue 组件。
- 03 行调用 createApp 函数，创建单页应用的实例对象，并使用 mount()方法将实例对象挂载到 DOM 节点中（这里表示 id 为“app”的 div 容器，具体请参考 public 目录下 index.html 文件的内容）。

2）App.vue 文件

App.vue 是项目的根组件，该文件实际上是用于编写待渲染的模板结构的，具体内容如下。

```
<template>
  <img alt="Vue logo" src="./assets/logo.png">
  <HelloWorld msg="Welcome to Your Vue.js App"/>
</template>
<script>
import HelloWorld from './components/HelloWorld.vue'
export default {
  name: 'App',
  components: {
    HelloWorld
  }
}
</script>
<style>
```

```
15 #app {
16   font-family: Avenir, Helvetica, Arial, sans-serif;
17   -webkit-font-smoothing: antialiased;
18   -moz-osx-font-smoothing: grayscale;
19   text-align: center;
20   color: #2c3e50;
21   margin-top: 60px;
22 }
23 </style>
```

每个 APP.vue 组件都由三部分组成，分别是 template 组件、script 组件、style 组件。

- 01～04 行定义 template 组件。
- 02 行使用<img>标签引入 assets 文件夹下名为“logo”的图片。
- 03 行调用组件 HelloWorld，并传递 msg 信息，其内容为“Welcome to Your Vue.js App”。
- 05～13 行定义 script 组件。
- 06 行从 components 文件夹下的 HelloWorld.vue 文件中导入 HelloWorld 组件。
- 07 行导出一个默认的变量、函数或类。
- 08 行指定名字。
- 09～11 行指定 components 组件的内容，声明 HelloWorld 组件。
- 14～23 行定义 style 组件。

<template> </template>区域表示组件的模板结构，可以简记为 template 组件，该区域实际上放置了网页的很多 DOM 节点，主要用来承载网页的具体内容，<template> </template>标签本身不会被渲染到网页中。<script></script>区域表示组件的 JavaScript 的行为，可以简记为 script 组件，与该组件相关的 data 数据、methods 方法等，都需要定义到 export default{}内进行默认导出，其内部有 name 节点、data 节点、methods 节点等。<style></style>区域是用来放置整个应用的 CSS 样式文件的，可以简记为 style 组件。<style>标签上的 lang="css"属性是可选的，它表示所使用的样式语言，默认只支持普通的 CSS 语法，可选值还有 less、scss 等。选择 less 则需要运行 npm install less -D 命令安装依赖包，以提供 less 语法的编译支持。

3）components 文件夹

该文件夹用来存放自定义组件，如果应用需要复用某些功能或界面，则可以先将其封装为一个组件，然后在需要使用的页面中引入。目前在该文件夹中放置了一个名为“HelloWorld”的文件，该文件实际上就是一个自定义组件，其内容如下。

```
<template>
  <div class="hello">
    <h1>{{ msg }}</h1>
    <p>
      For a guide and recipes on how to configure / customize this project,<br>
```

```
      check out the
      <a href="https://**.vuejs.org" target="_blank" rel="noopener">vue-cli documentation</a>.
    </p>
    <h3>Installed CLI Plugins</h3>
    <ul>
      <li><a href="https://**.com/vuejs/vue-cli/tree/dev/packages/%40vue/cli-plugin-babel" target="_blank" rel="noopener">babel</a></li>
      <li><a href="https://**.com/vuejs/vue-cli/tree/dev/packages/%40vue/cli-plugin-eslint" target="_blank" rel="noopener">eslint</a></li>
    </ul>
    <h3>Essential Links</h3>
    <ul>
      <li><a href="https:// **.org" target="_blank" rel="noopener">Core Docs</a></li>
      <li><a href="https:// **.vuejs.org" target="_blank" rel="noopener">Forum</a></li>
      <li><a href="https:// **.vuejs.org" target="_blank" rel="noopener">Community Chat</a></li>
      <li><a href="https://**.com/vuejs" target="_blank" rel="noopener">Twitter</a></li>
      <li><a href="https:// **.vuejs.org" target="_blank" rel="noopener">News</a></li>
    </ul>
    <h3>Ecosystem</h3>
    <ul>
      <li><a href="https:// **.vuejs.org" target="_blank" rel="noopener">Vue-Router</a></li>
      <li><a href="https:// **.vuejs.org" target="_blank" rel="noopener">vuex</a></li>
      <li><a href="https:// **.com/vuejs/vue-devtools#vue-devtools" target="_blank" rel="noopener">vue-devtools</a></li>
      <li><a href="https:// **.vuejs.org" target="_blank" rel="noopener">vue-loader</a></li>
      <li><a href="https://**.com/vuejs/awesome-vue" target="_blank" rel="noopener">awesome-vue</a></li>
    </ul>
  </div>
</template>
<script>
export default {
  name: 'HelloWorld',
  props: {
    msg: String
  }
}
```

```
39  </script>
40
41  <!-- 为限制 CSS 仅应用于当前组件，添加“scoped”属性 -->
42  <style scoped>
43  h3 {
44    margin: 40px 0 0;
45  }
46  ul {
47    list-style-type: none;
48    padding: 0;
49  }
50  li {
51    display: inline-block;
52    margin: 0 10px;
53  }
54  a {
55    color: #42b983;
56  }
57  </style>
```

- 01～31 行定义 template 组件。
- 03 行使用插值表达式引用 msg 变量的值。
- 04～29 行设置显示的文字和链接内容。
- 32～39 行定义 script 组件。
- 34 行定义名为“HelloWorld”的组件。
- 42～57 行定义 style 组件。

任务示范

我们可以给程序加上一个“停止播放”按钮，当单击该按钮时，就停止播放。同时给系统加载音频文件，并启动播放。启动播放后，要判断初始化是否成功，如果成功，就循环等待，让其播放。在循环等待中，检测有无用户的停止播放事件，如果有，则退出系统。下面给出示例代码。

```
<template>
  <!-- 音乐播放器 -->
  <div class="music">
          <!--音乐播放开始-->
          <audio id="audio" :src="require('@/assets/music/whwdzg.mp3')"></audio>
          <!--音乐播放结束-->
          <span @click="stopMusic()" v-if="stopBackgroundMusic">
              <img src="@/assets/music/声音.png" /></span>
```

```
        <span @click="playMusic()" v-if="!stopBackgroundMusic"><img src="@/assets/music/播放.png" /></span>
  </div>
</template>
<script>
 export default {
        data() {
            return {
                // 假设使用一个名为“state”的对象来管理音乐状态，但在 Vue.js 中
                // 通常直接使用 data 函数
                // 如果有一个外部状态管理库（如 Vuex），那么这里不会定义 state
                stopBackgroundMusic: false, // 直接在 data 函数中定义状态
            };
        },
        mounted() {
            // 在组件挂载后自动播放音乐（如果有需要）
            this.musicNow();
        },
        methods: {
            audioAutoPlay() {
                let audio = document.getElementById("audio");
                if (audio) {
                    audio.play();
                    // 假设在某个地方添加了 touchstart 事件监听器，并希望在这里移除它
                    // document.removeEventListener("touchstart", this.audioAutoPlay);
                }
            },
            musicNow() {
                let oAudio = document.querySelector("#audio");
                if (oAudio) {                         // 绑定播放完成事件
                    oAudio.onended = this.handleAudioEnded;
                    this.audioAutoPlay(); // 播放音乐
                }
            },
            handleAudioEnded() {
                let oAudio = document.querySelector("#audio");
                if (oAudio && this.stopBackgroundMusic) {
                    // 通常不需要设置 load，除非更换了音频源
                    // oAudio.load();
                    oAudio.play(); // 重新循环播放
                }
            },
            stopMusic() {
                let oAudio = document.querySelector("#audio");
```

```
                if (oAudio) {
                    oAudio.pause();
                    this.stopBackgroundMusic = false;
                    console.log("停止播放");
                }
            },
            playMusic() {
                this.musicNow();
                console.log("继续播放");
                this.stopBackgroundMusic = true;
            },
        },
};
</script>
<!-- 为限制 CSS 仅应用于当前组件，添加“scoped”属性 -->
<style scoped>
 h3 {
         margin: 40px 0 0;
 }
 ul {
         list-style-type: none;
         padding: 0;
 }
 li {
         display: inline-block;
         margin: 0 10px; }
 a {
         color: #42b983;
 }
</style>
```

运行结果如图 3-37 所示。

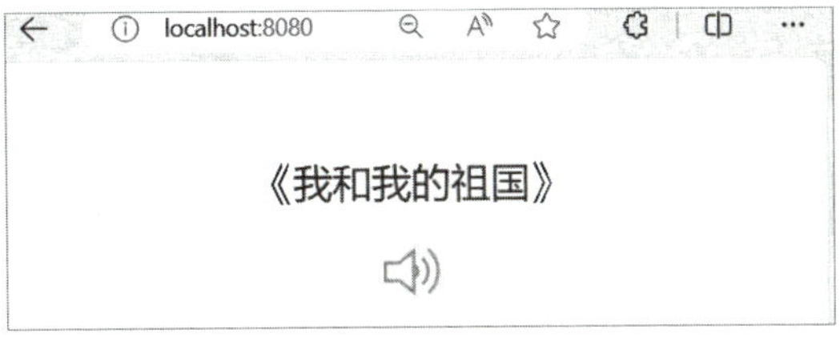

图 3-37　播放歌曲《我和我的祖国》

任务进阶

作为 Web 前端开发人员，想要在 Vue 3 项目中实现音频播放功能时，了解如何使用强大且轻量级的音频库 Howler.js 是非常有必要的。下面将逐步讲解如何在 Vue 3 项目中集成

Howler.js 库并实现音频播放功能。

Howler.js 作为一个功能强大且简单易用的 JavaScript 音频库，支持多种音频格式，提供了声音管理、音量控制、事件监听等便于实现复杂音频需求的特性。因此，将 Vue 3 和 Howler.js 库结合使用，可以轻松实现出色的音频播放功能。要使用 Howler.js 库，可以按照下面的步骤进行。

（1）安装 Howler.js 库。

在 Vue 3 项目中可以使用 npm 或 yarn 命令来安装 Howler.js 库。

```
npm install howler
```

（2）创建音频播放组件。

在 src/components 文件夹下新建一个名为“AudioPlayer”的组件，用于音频播放。该组件的具体内容如下。

```
<template>
  <div>
    <h1>音频播放器</h1>
    <button @click="playAudio">播放</button>
    <button @click="pauseAudio">暂停播放</button>
    <button @click="stopAudio">停止播放</button>
  </div>
</template>
<script>
import { Howl } from 'howler';
export default {
  name: "AudioPlayer",
  data() {
    return {
      sound: null,
    };
  },
  mounted() {
    this.sound = new Howl({
      src: ['http://localhost:8080/music/whwdzg.mp3'],
      volume: 1.0,
    });
  },
  methods: {
    playAudio() {
      this.sound.play();
    },
    pauseAudio() {
      this.sound.pause();
    },
    stopAudio() {
      this.sound.stop();
```

```
33        },
34      },
35    };
36    </script>
37    <style scoped>
38    h1 {
39      font-size: 24px;
40      margin-bottom: 20px;
41    }
42    button {
43      margin-right: 10px;
44      padding: 10px 20px;
45      font-size: 16px;
46      cursor: pointer;
47    }
48    </style>
```

- 01～08 行定义 template 部分的代码，这是一个简单的 HTML 结构，包含一个标题（<h1>）和三个按钮，每个按钮都有一个@click 指令，用于监听单击事件。当按钮被单击时，它会触发相应的 Vue.js 方法。单击“播放”按钮会触发 playAudio 方法，单击“暂停播放”按钮会触发 pauseAudio 方法；单击“停止播放”按钮会触发 stopAudio 方法。
- 10 行从 howler 库中导入 Howl。
- 11～12 行定义一个名为“AudioPlayer”的 Vue.js 组件。
- 13～17 行在 data 函数中定义一个名为“sound”的数据属性，并将其初始化为“null”，这个属性用于存储 Howler.js 的音频实例。
- 18～23 行在 mounted 生命周期钩子函数中创建一个新的 Howler.js 音频实例，并设置其音频文件的路径（src）和音量（volume），这里假设音频文件位于 http://localhost:8080/music /whwdzg.mp3。
- 24～35 行定义三个方法：playAudio（调用 Howler.js 音频实例的 play 方法来播放音频）、pauseAudio（调用 Howler.js 音频实例的 pause 方法来暂停播放音频）、stopAudio（调用 Howler.js 音频实例的 stop 方法来停止播放音频并重置其播放位置）。
- 37～48 行定义 CSS 样式。

（3）在主应用中使用音频播放组件。

在安装 Howler.js 库及创建音频播放组件之后，就要考虑在主应用中调用该组件了，对应的代码如下。

```
<template>
  <p style="text-align: center;font-size: 26px;">歌曲欣赏：《我和我的祖国》</p>
  <AudioPlayer />
</template>
<script>
```

```
06  import AudioPlayer from './components/AudioPlayer.vue';
07  export default {
08    name: 'App',
09    components: {
10   AudioPlayer
11    }
12  }
13  </script>
14  <style>
15  #app {
16    font-family: Avenir, Helvetica, Arial, sans-serif;
17    -webkit-font-smoothing: antialiased;
18    -moz-osx-font-smoothing: grayscale;
19    text-align: center;
20    color: #2c3e50;
21    margin-top: 60px;
22  }
23  </style>
```

- 01～04 行定义 template 部分的代码，使用<AudioPlayer />标签来引入并展示 AudioPlayer 组件。这个组件应该定义在./components/AudioPlayer.vue 文件中。
- 06 行从./components/AudioPlayer.vue 路径中导入 AudioPlayer 组件。
- 07～12 行定义一个 Vue.js 组件，并将其命名为“App”。这个组件有一个 components 对象，用于注册局部组件。在这里，AudioPlayer 组件被注册为 App 组件的子组件，因此可以在 App 组件的模板中使用<AudioPlayer />标签。
- 15～22 行定义 App 组件的样式。

运行结果如图 3-38 所示。

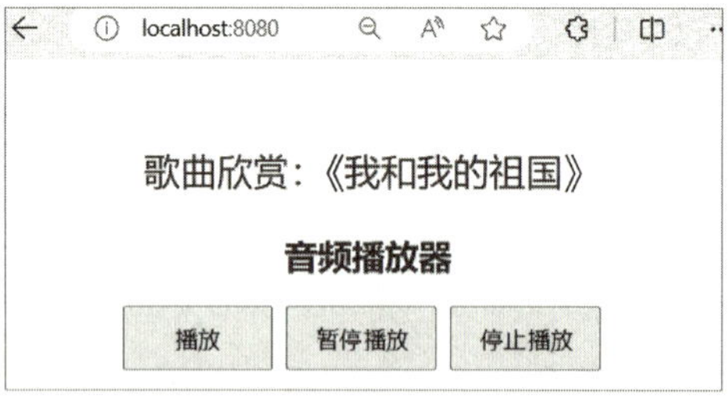

图 3-38　播放歌曲《我和我的祖国》页面效果

任务实施

任务步骤	任务要点	实施记录
任务准备	1. 更换实训服、鞋套等 2. 检查机房软硬件环境	是否完成：是□ 否□
工具准备	教材、参考资料、纸、笔、特殊工具	是否完成：是□ 否□

续表

<table>
<tr><th>任务步骤</th><th>任务要点</th><th>实施记录</th></tr>
<tr><td>制订计划</td><td colspan="2">根据任务目标，制订任务实施计划
<table><tr><th>序号</th><th>作业项目</th><th>实施要点</th></tr><tr><td></td><td></td><td></td></tr><tr><td></td><td></td><td></td></tr><tr><td></td><td></td><td></td></tr><tr><td></td><td></td><td></td></tr><tr><td></td><td></td><td></td></tr><tr><td></td><td></td><td></td></tr><tr><td></td><td></td><td></td></tr><tr><td></td><td></td><td></td></tr></table></td></tr>
<tr><td>收集资讯</td><td>1．使用 Vue.js 播放音频的方法有哪些
2．什么是 Howler.js</td><td>检索记录：
______
______
______
______
______
______</td></tr>
<tr><td>任务实施
过程记录</td><td colspan="2">任务示范实现的关键步骤记录：
______
______
______
______
______
______
任务进阶实现的关键步骤记录：
______
______
______
______
______
______</td></tr>
<tr><td>设备断电并
整理现场</td><td>将现场设备、工具等物品按 6S 标准清理归位</td><td>是否完成：是□　否□</td></tr>
</table>

评价反馈

<table>
<tr><td>任务总结</td><td colspan="7">对使用 Vue.js 原生方法和 Howler.js 第三方库播放音频的认知总结：

工作实施情况反思：</td></tr>
<tr><td rowspan="5">质量评价</td><td>评分项目</td><td>学生出勤
（20 分）</td><td>工作过程
（30 分）</td><td>成果汇报
（30 分）</td><td>职业素养
（10 分）</td><td>工作规范
（10 分）</td><td>总评</td></tr>
<tr><td>自我评分</td><td></td><td></td><td></td><td></td><td></td><td></td></tr>
<tr><td>小组评分</td><td></td><td></td><td></td><td></td><td></td><td></td></tr>
<tr><td>教师评分</td><td></td><td></td><td></td><td></td><td></td><td></td></tr>
<tr><td>合计</td><td></td><td></td><td></td><td></td><td></td><td></td></tr>
</table>

拓展阅读

我国在大模型领域中取得的巨大成就令人瞩目

近年来，我国在人工智能领域中取得了举世瞩目的成就，特别是在大模型（Large Model）的研发与应用上，更是走在了世界的前列。大模型作为人工智能领域的一个重要分支，以其庞大的参数规模、强大的学习能力和广泛的应用前景，正逐步成为推动人工智能技术发展和产业升级的关键力量。

在大模型的研发方面，我国科研机构和企业投入了大量的人力、物力和财力，取得了显著的成果。一方面，我国在算法创新上不断突破，研发出了一系列具有自主知识产权的大模型算法，如深度神经网络、Transformer 等，这些算法在图像识别、自然语言处理、语音识别等领域中展现出了强大的性能。另一方面，我国在大模型的训练上也取得了重要进展，通过利用海量的数据和高效的训练技术，成功训练出了多个具有国际领先水平的大模型，如杭州深度求索人工智能基础技术研究有限公司的 DeepSeek、阿里云的通义千问、百度的文心一言等。

这些大模型的应用领域广泛，涵盖了智能制造、智慧城市、医疗健康、金融等多个领域。在智能制造领域中，大模型可以通过对生产数据的深度分析，优化生产流程，提高生产效率；在智慧城市领域中，大模型可以实现对城市交通、环境、安全等方面的智能监控和管理；在医疗健康领域中，大模型可以辅助医生进行疾病诊断和治疗方案的制定；在金融领域中，大模型可以用于风险评估、欺诈检测等方面，从而提高金融服务的效率和安全性。

除了在应用领域中的广泛拓展，我国在大模型的开源和共享方面也做出了积极贡献。通过开源大模型的算法和代码，我国促进了全球范围内大模型技术的交流和合作，推动了人工智能技术的普及和发展。同时，我国积极参与国际大模型标准的制定和推广，为全球大模型技术的发展和应用提供了重要的支持和保障。

值得一提的是，我国在大模型领域中的成就也得到了国际社会的广泛认可和赞誉。在多个国际权威的人工智能评测和竞赛中，我国的大模型取得了优异的成绩，展现了我国在人工智能领域中的强大实力。此外，我国还积极与国际知名企业和研究机构开展合作，共同推动大模型技术的创新和应用，为全球人工智能技术的发展贡献中国智慧和中国方案。

我国在大模型领域中取得的成就令人瞩目，不仅推动了我国人工智能技术的快速发展，也为全球人工智能技术的发展贡献了中国力量。未来，随着在大模型领域中的持续投入和创新，相信我国将在全球人工智能领域中发挥更加重要的作用，为人类社会的进步和发展做出更大的贡献。

项目小结

本项目主要讲解了 Node.js 的下载、安装及环境配置，使用 Vue CLI 和 Vite 创建项目，使用 Vue.js 原生方法和 Vue.js 第三方库 Howler.js 实现音频文件的播放、暂停播放、停止播放等知识。

课后习题

一、单项选择题

1．在 Node.js 环境中，以下（　　）命令用于全局安装 Vue CLI。

A．npm install -g vue-cli　　B．npm install -g @vue/cli

C．npm install vue-cli　　D．npm install @vue/cli

2．如果想要使用 Vite 来快速搭建一个 Vue.js 项目，应该运行（　　）命令。

A．vue create my-project　　B．vite create my-project

C．npm init vite-app my-project　　D．vite init my-project

3．在 Vue.js 组件中，要播放一个音频，应该使用（　　）HTML 元素。

A．audio　　B．video

C．music　　D．sound

4．如果想要在 Vue.js 项目中使用 Howler.js 库来播放音频，则应该首先通过（　　）命令来安装它。

A．npm install howler　　　　B．npm install vue-howler

C．npm install @vue/howler　　　　D．npm install vue-audio-player

二、判断题，正确的画“√”，错误的画“×”

1．Node.js 是一个基于 V8 引擎的 JavaScript 运行时环境。（　　）

2．在 Windows 系统上安装 Node.js 后，可以直接在命令行窗口中使用 node 和 npm 命令。（　　）

3．Vue CLI 是一个全局安装的 npm 包，用于快速搭建 Vue.js 项目。（　　）

4．Vue CLI 创建的项目默认使用 Webpack 作为构建工具。（　　）

5．在 Vue.js 组件中，可以使用<audio>标签来播放音频。（　　）

6．Vue.js 提供了专门的 API 来控制<audio>标签的播放、暂停播放和停止播放。（　　）

7．Howler.js 是一个流行的 JavaScript 音频库，可以用于浏览器和 Node.js 环境。（　　）

8．在 Vue.js 组件中，可以使用 Howler.js 库的 play 方法来播放音频。（　　）

9．Howler.js 库的 pause 方法用于停止音频的播放。（　　）

10．在 Vue.js 组件中，可以通过 Howler.js 库的实例直接调用其所有方法，而无须在模板中绑定事件。（　　）

三、程序设计题

1．使用 Vue CLI 创建一个新的 Vue 3 项目，并在该项目中实现一个简单的音频播放器，包括播放、暂停播放和停止播放功能。

2．使用 Howler.js 库在 Vue.js 组件中实现一个更高级的音频播放器，包括音量控制、显示播放列表和循环播放功能。

项目 4 Vue.js 组件化开发企业官网的登录页面和注册页面

项目描述

本项目主要使用 Vue.js 的组件开发企业官网的登录页面和注册页面。在登录页面中，用户输入用户名和密码后，系统进行简单的表单验证，如果验证没有错误，则实现用户的登录；如果用户输入的用户名或密码不正确，则给出对应的提示。在注册页面中，用户名、密码及邮箱是必填项，填写完以后，可以实现用户的注册，注册完成后，可以使用刚刚注册的用户名和密码实现登录。

项目分析

要完成项目任务，需要掌握 Vue.js 创建项目的方式、Vue.js 的项目结构、Vue.js 组件的创建方法、Vue.js 组件的通信方式、第三方组件库 Element-Plus 的使用、Axios 网络请求库的使用、Vue 3 路由配置等知识。

学习目标

知识目标

扫一扫

微课

1. 了解 Vue.js 的项目结构；
2. 掌握 Vue.js 组件的创建方法；
3. 掌握 Vue.js 组件的通信方式；
4. 掌握第三方组件库 Element-Plus 的用法；
5. 掌握 Axios 网络请求库的基本用法；
6. 掌握 Vue 3 路由配置的方法。

技能目标

1. 能使用父子、兄弟组件或跨级组件间的通信方法向子组件传递数据；
2. 能使用 Element-Plus 提供的 UI 组件（如表单、按钮、对话框等）快速构建用户界面；

3．能创建可复用的 Vue.js 组件；

4．能实现用户注册、登录等页面的路由跳转和导航控制。

素养目标

1．培养按标准做事的习惯；

2．培养独立完成任务的品格素质、技能素质；

3．能够找到适合自己的学习方法并正确运用；

4．培养团队创新精神；

5．树立中国企业在世界人工智能领域中具有突出贡献、影响日益显著的意识，激发荣誉感和自豪感。

能量小贴士

同学们，在构建企业官网登录注册模块时，Element-Plus 组件库与 Axios 库的协同运用，深刻展现了“君子善假于物”的实践哲学。当我们通过 el-input 和 el-form 高效搭建表单界面时，那些预置的校验规则与优雅的交互设计，恰似《论语》所言的“工欲善其事，必先利其器”——既要如匠人般善用现成工具提升效率，也要以 v-model 为纽带理解数据与视图的共生关系。

通过 Axios 发送登录请求时，Post 请求中承载的不仅是用户信息，更体现着“一诺千金”的职业操守。正如《周易》强调的“修辞立其诚”，异步通信的 then/catch 结构教会我们在代码中践行着“承诺与响应”的契约精神。Element-Ui 的 el-message 提示框以友好交互传递系统反馈，隐喻着“己所不欲，勿施于人”的服务理念；封装 Axios 实例时对基地址与超时时间的统一配置，则暗合《孙子兵法》“凡战者，以正合，以奇胜”的全局思维。

希望你们在实现表单数据清空的方法时，既能感受组件化开发的便捷，更能在职业生涯中领悟技术生态的共生智慧——正如企业官网的每个输入框与按钮共同构建了品牌形象，我们的专业成长亦离不开对开源工具的敬畏之心、对社区资源的理性选择，以及在实践中锤炼的“为天下溪”的协作胸怀。

任务 1　用户登录功能的实现

本任务通过 Vue.js 实现用户登录功能，主要用到了 Vue.js 组件的创建、Vue.js 组件通信、表单的校验等知识。

任务演示

本任务使用 Vue.js 组件的创建、Vue.js 组件通信、表单的校验等知识，实现一个用户登录功能，如果用户输入了正确的用户名和密码，则给出“登录成功”的提示；如果用户输入的用户名和密码不正确，则给出“登录失败”的提示，如图 4-1 所示。

图 4-1　用户登录页面

知识准备

扫一扫

微课：4.1 Vue.js 组件的创建及使用

1. Vue.js 组件的创建及使用

Vue.js 单文件组件是一种特殊的文件格式，允许将 Vue.js 组件的模板、逻辑与样式封装在单个文件中。Vue.js 组件是 Vue.js 框架中用于构建用户界面的基本单元。其是一种可重用的代码块，包含了 HTML、CSS 和 JavaScript，通过组合这些组件，可以创建复杂的应用界面。

```
<template>
<h3>单文件组件</h3>
</template>
<script>
export default{
   Name:"MyComponentVue"}
</script>
<style  scoped>
  h3{
    Color:red;}
</style>
```

组件的使用主要有以下步骤。

第一步：引入组件。

```
import MyComponentVue   from './components/MyComponent.vue'
```

第二步：挂载组件。

```
components:{MyComponentVue}
```

第三步：显示组件。

```
<my-componentVue/>
```

下面进行详细讲解。

（1）在 components 文件夹下创建名为“MyComponent”的组件，如图 4-2 所示。

图 4-2　创建名为“MyComponent”的组件

（2）在 MyComponent.vue 文件中输入图 4-3 所示的内容，引入 MyComponent.vue 组件。其中，<template></template>区域用于存放 HTML 元素，是必不可少的；<script></script>区域用于存放 JavaScript 代码；而<style scoped></style>区域用于存放网页样式表内容。这里添加了 scoped 关键字，表示样式只在当前组件内生效，如果去掉 scoped 关键字，则表示样式在所有组件内生效。

图 4-3　引入 MyComponent.vue 组件

（3）在当前文件所在文件夹的./components 子文件夹中导入一个名为“MyComponent”的组件，将其改名为“MyComponentVue”，并应用该组件，如图 4-4 所示。

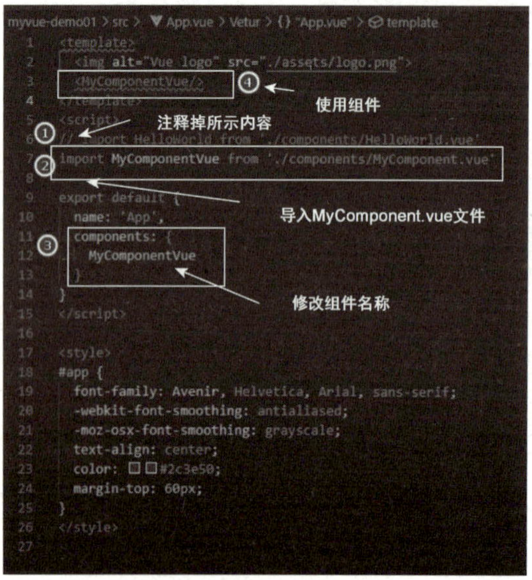

图 4-4　全局引入 MyComponent.vue 组件

运行结果如图 4-5 所示。

图 4-5 子组件的创建及使用

扫一扫

微课：项目实战-工程创建

2. 父组件向子组件传递数据

扫一扫

微课：4.2 父组件向子组件传递数据

在前面的例子中，我们创建了一个 MyComponentVue.vue 组件，其实际上就是一个子组件，而 App.vue 则相当于父组件。如果父子组件之间的数据不能传递，那么此时创建子组件是没有多少现实意义的，本小节就来讲解父子组件之间是如何传递数据的。我们首先来看看父组件是如何向子组件传递数据的。

在 App.vue 文件中增加图 4-6 所示的内容。

```
<template>
    <img alt="Vue logo" src="./assets/logo.png">
    <MyComponentVue :title="title"/><!-- 使用冒号传递键值对 -->
</template>
<script>
    import MyComponentVue from './components/MyComponentVue.vue'//导入MyComponentVue.vue组件
    export default {
        name: 'App',
        data() {
            return{
                title:"我是父组件中的内容"//定义数据的键为title,值为"我是父组件中的内容"
            }
        }
    },
    components:{//注册了组件
        MyComponentVue
    }
</script>
```

图 4-6 父组件向子组件传递数据

那么如何在子组件中接收并显示出父组件传递的数据呢？在 MyComponentVue.vue 文件中增加、修改图 4-7 所示的内容。

```
<template>
    <h3>props传递数据</h3>
    <!-- 使用插值表达式显示接收的数据 -->
    <p>{{title}}</p>
</template>
<script>
    export default{
        name:'MyComponent',
        props:{//声明props方法，准备接收数据
            title:{//准备接收名为title的数据
                type:String,//指定数据类型
                default:""//指定默认值，如果数据传递失败，则以此值进行显示
            }
        }
    }
</script>
<style>
</style>
```

图 4-7 在子组件中接收并回显内容

图 4-8　父组件向子组件传递数据的运行结果

props 是 Vue.js 组件之间通信的一种方式。通过 props，父组件可以向子组件传递数据，即父组件可以通过组件标签上的属性值把数据传递到子组件中。子组件可以根据自己的属性和方法去渲染并展示数据或执行某些操作。props 是单向数据流，只能从父组件传递数据到子组件，而子组件是无法更改 props 的值的，只能由父组件来修改。这样就保证了组件的数据传递不会出现混乱和错乱的情况。

运行结果如图 4-8 所示。

扫一扫

微课：插槽的使用

在 Vue.js 中，props 传递的参数的数据类型其实是没有限制的，这里给出 props 传递的参数常见的数据类型。

```
props:{
Title:String,//可以是字符串类型
Age:Number,//可以是数字类型
isMan:Boolean,//可以是布尔类型
Mydata:Arrary,//可以是数组类型
Author:object,//可以是对象类型
Callback:Function//可以是函数
}
```

3. 子组件向父组件传递数据

扫一扫

微课：4.3 子组件向父组件传递数据

本小节来介绍子组件是如何向父组件传递数据的。在前面的小节中，我们已经学习了利用 props 将数据从父组件传递到子组件，那么反向操作该如何进行呢？实际上，利用自定义事件$emit 就可以实现。

在 MyComponentVue.vue 文件中，增加图 4-9 所示的内容。

```
<template>
    <h3>自定义事件传递数据</h3>
    <!-- 定义单击事件 -->        ❶ 定义button单击事件
    <button @click="sendClickHandle">单击传递数据</button>
</template>
<script>
    export default{
        data() {
            return{                ❷ 定义数据
                message:"我是子组件的内容"//定义数据
            }
        },
        methods:{//在methods中定义函数
            sendClickHandle(){//自定义函数   ❸ 自定义函数
            this.$emit("onEvent",this.message)//使用emit方法传递事件及数据
            }
        }
    }
</script>
```

图 4-9　自定义事件$emit 的使用

在 App.vue 文件中使用图 4-10 所示的代码接收数据并显示。

```
<template>
    <img alt="Vue logo" src="./assets/logo.png">
    <p>{{message}}</p><!-- 通过插值表达式显示message的内容 -->
    <MyComponent @onEvent="getDataHandle"/><!-- 接收函数及数据 -->
</template>
<script>
    //导入子组件MyComponentVue.vue
    import MyComponent from './components/MyComponentVue.vue'
    export default {
        name: 'App',
        data() {
            return{
                message:""//定义数据message并初始化数据为空字符串
            }
        },
        components: {
            MyComponent//声明组件
        },
        methods:{
            //通过自定义函数获取子组件传递过来的值，使用data进行接收
            getDataHandle(data){
                this.message=data;//将接收的数据赋值给message
            }
        }
    }
</script>
<style>
</style>
```

图 4-10　在父组件中定义子组件自定义事件

在当前项目的根目录下，使用命令“npm run serve”运行程序，结果如图 4-11 所示。

图 4-11　子组件向父组件传递数据的运行结果

4．表单元素

在 Vue.js 中，v-model 指令极大地简化了表单数据绑定和更新到 JavaScript 变量的过程。使用 v-model 指令，开发者无须手动添加事件监听器（如 input 或 change）来更新数据，也无须在数据发生变化时手动更新 DOM。

1）输入框

输入框用来输入文本等信息，可以使用 v-model 指令把输入框和数据信息进行关联。

```
<template>
  <img alt="Vue logo" src="./assets/logo.png">
<!-- <HelloWorld msg="Welcome to Your Vue.js App"/> -->
```

```
04    <MyComponentVue></MyComponentVue>
05    <p>Message is: {{ message }}</p>
06    <input v-model="message" placeholder="请输入" />
07    </template>
08    <script>
09    //import HelloWorld from './components/HelloWorld.vue'
10    import MyComponentVue   from './components/MyComponent.vue'
11    export default {
12     data() {
13             return{
14                 message:""
15             }
16     },
17     name: 'App',
18     components: {
19        // HelloWorld
20         MyComponentVue
21      }
22    }
23    </script>
```

- 05 行使用插值表达式调用变量 message 的内容。
- 06 行使用 v-model 指令把输入框和 message 变量进行了关联。
- 12 行定义 data 函数。
- 13～15 行定义变量 message。

运行结果如图 4-12 所示。

图 4-12　v-model 指令的使用

2）多行文本输入框

<textarea>标签用于定义多行文本输入框，其通常用于在表单中收集用户输入的多行数据，如评论等，示例代码如下。

```
<template>
  <img alt="Vue logo" src="./assets/logo.png">
<!-- <HelloWorld msg="Welcome to Your Vue.js App"/> -->
<MyComponentVue></MyComponentVue>
```

```
<span>Multiline message is:</span>
<p style="white-space: pre-line;">{{ message }}</p>
<textarea v-model="message" placeholder="请输入多行文本"></textarea>
</template>
<script>
//import HelloWorld from './components/HelloWorld.vue'
import MyComponentVue   from './components/MyComponent.vue'
export default {
 data() {
        return{
            message:""
        }
 },
 name: 'App',
 components: {
    // HelloWorld
      MyComponentVue
  }
}
</script>
```

运行结果如图 4-13 所示。

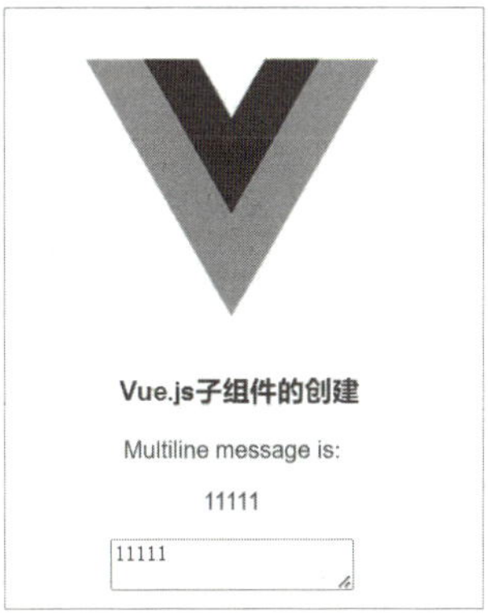

图 4-13　<textarea>标签的使用

注意：<textarea>标签不支持插值表达式，需要使用 v-model 指令来替代。

3）复选框

复选框，也叫作 CheckBox，是一种基础组件。在 HTML 中，把<input>标签中的 type 属性值设置为“checkbox”，即可实现复选框的效果。其具体语法格式如下。

```
<input type="checkbox" />
```

复选框的常用属性如下。

- checked：用来规定在页面加载时应该被预先选中的 input 元素，当复选框的属性值为 checked 时，可以省略。
- value：用来定义元素被选中时发送到服务器的值。同一组中每个复选框的 value 属性值不能相同，这样服务器才能辨别提交的是哪一项。

- id：规定 HTML 元素的唯一 id 属性值。id 属性值在整个页面中是唯一的，不能重复。

下面给出一个例子。

```
01  <template>
02  <img alt="Vue logo" src="./assets/logo.png">
03  <div>Checked names: {{ checkedNames }}</div>
04  <input type="checkbox" id="jack" value="Jack" v-model="checkedNames">
05  <label for="jack">Jack</label>
06  <input type="checkbox" id="john" value="John" v-model="checkedNames">
07  <label for="john">John</label>
08  <input type="checkbox" id="mike" value="Mike" v-model="checkedNames">
09  <label for="mike">Mike</label>
10  </template>
11  <script>
12  //import HelloWorld from './components/HelloWorld.vue'
13  import MyComponentVue   from './components/MyComponent.vue'
14  export default {
15   data() {
16           return{
17               message:"",
18               checkedNames:[]
19           }
20   },
21   name: 'App',
22   components: {
23  // HelloWorld
24           MyComponentVue
25  }
26  }
27  </script>
```

- 03 行使用插值表达式调用变量 checkedNames 的值。
- 04 行定义复选框，并定义 id 为“jack”、value（值）为“Jack”，使用 v-model 指令把复选框和变量 checkedNames 进行关联。
- 05 行将<label>标签和 id 为“jack”的复选框进行关联。
- 06 行定义复选框，并定义 id 为“john”、value 为“John”，使用 v-model 指令把复选框和变量 checkedNames 进行关联。
- 07 行将<label>标签和 id 为“john”的复选框进行关联。
- 08 行定义复选框，并定义 id 为“mike”、value 为“Mike”，使用 v-model 指令把复选框和变量 checkedNames 进行关联。
- 09 行将<label>标签和 id 为“mike”的复选框进行关联。
- 18 行定义数组变量 checkedNames。

运行结果如图 4-14 所示。

图 4-14　<checkbox>标签的使用

4）表单的提交事件

form 表单的提交可以使用@submit.prevent 方法，submit 通常与 form 结合使用，在表单中有按钮的提交事件产生时，立即触发后面紧跟的方法。.prevent 是用于阻止默认事件的修饰符，提交以后不会刷新页面。默认事件是指有些标签本身存在的事件，如<a>标签的跳转事件、form 表单中 submit 按钮的提交事件等。有时，如果用户想执行自己设置的事件，就需要阻止标签的默认事件的执行。

```
<form @submit.prevent="Demo"></form>
```

注意：prevent 不一定非要跟 submit 绑定在一起。

任务示范

学习了基本知识以后，我们就可以来开发一个简单的用户登录页面了。这里先不使用后台的登录接口，而是设置两个用户信息输入框，一个让用户输入用户名，另一个让用户输入密码。为简单起见，这里规定使用的用户名为“admin”、密码为“123456”，当单击“登录”按钮后，经过简单的判断，如果用户输入的用户名和密码与给定的用户名和密码相同，则视为登录成功，否则，视为登录失败。请看下面的代码。

```
<template>
    <div>
        <h3>用户登录页面</h3>
        <form @submit.prevent="login">
            <label for="username">用户名</label>
            <input type="text" id="username" v-model="loginForm.username" required><br />
            <label for="password">密码</label>
            <input type="password" id="password" v-model="loginForm.password" required><br />
            <button type="submit">登录</button>
        </form>
        <p v-if="error">用户名或密码错误</p>
```

```
12     </div>
13   </template>
14   <script>
15    export default {
16            data() {
17                return {
18                    loginForm: {
19                        username: '',
20                        password: ''
21                    },
22                    error: false
23                };
24            },
25            methods: {
26                //这里模拟一个简单的用户验证过程
27                login() {
28                    if (this.loginForm.username === 'admin' && this.loginForm.password === "123456") {
29                        console.log("登录成功")
30                        alert("登录成功！")
31                    } else {
32                        this.error = true
33                    }
34
35                }
36            },
37    }
38   </script>
39   <style>
40   </style>
```

- 01～13 行定义 template 组件。
- 04 行给表单绑定表单提交事件 login。
- 05 行将<label>标签和 id 为“username”的输入框进行关联。
- 06 行定义输入框，并定义 id 为“username”，使用 v-model 指令将输入框和变量 loginForm.username 进行绑定。
- 07 行将<label>标签和 id 为“password”的密码输入框进行关联。
- 08 行定义密码输入框，并定义 id 为“password”，使用 v-model 指令将密码输入框和变量 loginForm.password 进行关联。
- 09 行定义提交按钮 submit。
- 11 行定义 v-if 指令，如果其值为 error，则显示“用户名或密码错误”。
- 18～21 行定义 loginForm 集合，在集合中定义变量 username 和 password，并将其值初始化为空。
- 22 行定义变量 error，其值为 false。

- 25～36 行定义 methods 属性，并在该属性中，定义 login 函数。
- 28 行表示如果 loginForm.username 等于 admin 且 loginForm.password 等于 123456，则执行 29 行和 30 行的代码。
- 31～33 行表示如果 if 条件不满足，则执行 32 行的代码，将变量 error 赋值为 true。

将实现登录功能的文件 UserLogin.vue 作为一个组件，在 App.vue 文件中进行调用，请参考以下代码。

```
01  <template>
02    <img alt="Vue logo" src="./assets/logo.png">
03  <UserLogin></UserLogin>
04  </template>
05  <script>
06  import UserLogin from './components/UserLogin.vue'
07  export default {
08   data() {
09          return{
10              message:"",
11              checkedNames:[]
12          }
13   },
14   name: 'App',
15   components: {
16      // HelloWorld
17   //MyComponentVue,
18       UserLogin
19    }
20  }
21  </script>
```

- 01～04 行定义 template 组件。
- 03 行定义 UserLogin 组件。
- 06 行从 components 文件夹的 UserLogin.vue 文件中导出 UserLogin 组件。
- 18 行使用 UserLogin 组件。

运行结果如图 4-15 所示。

图 4-15　用户登录页面

任务进阶

1. 第三方组件库 Element-Plus 的使用

使用第三方组件库 Element-Ui/Element-Plus 可以进一步完善任务示范中实现的用户登录功能。Element-Ui 是由饿了么前端团队推出的一套面向开发者、设计师和产品经理的基于 Vue.js 2.0 的桌面组件库，移动端对应的框架是 Mint UI。Element-Plus 是由饿了么团队基于 Vue 3 研发的面向设计师和开发者的开源组件库。Element-Plus 的整个 UI 风格简约、实用，极大地提高了开发者的工作效率，是一个非常受欢迎的组件库。本项目使用的是 Vue 3，所以对应的组件库是 Element-Plus。

（1）第三方组件库 Element-Ui/Element-Plus 的安装及配置如下。

如果是 Vue 2 版本，则使用如下命令安装 Element-Ui：

```
npm install element-ui -save
```

如果是 Vue 3 版本，则使用如下命令安装 Element-Plus。

```
cnpm install element-plus --save
```

cnpm 表示使用的是国内的镜像安装源。

如果没有安装 cnpm，则可以按照如下方法进行安装。

切换到命令行窗口，输入如下命令，具体如图 4-16 所示。

```
npm install -g cnpm -registry=https:// **.npm.taobao.org
```

图 4-16　cnpm 的安装

cnpm 是企业内部搭建 npm 镜像和私有 npm 仓库的开源方案。它同时解决了现有 npm 架构的一些问题。

输入“cnpm -v”命令，查看 cnpm 是否安装成功，如图 4-17 所示。

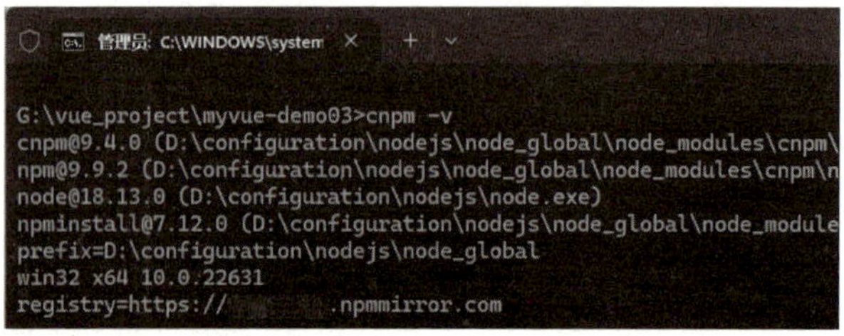

图 4-17　cnpm 安装结果查看

如果提示 cnpm 不是外部命令也不是内部命令，就需要对 cnpm 的环境变量进行配置。找到 Node.js 的安装路径（可以通过环境变量中的 path 路径得到）并复制，如图 4-18 所示。

将复制后的路径粘贴到“运行”对话框（按 Windows+R 组合键打开）的“打开”列表框中，单击“确定”按钮或直接按回车键，如图 4-19 所示。

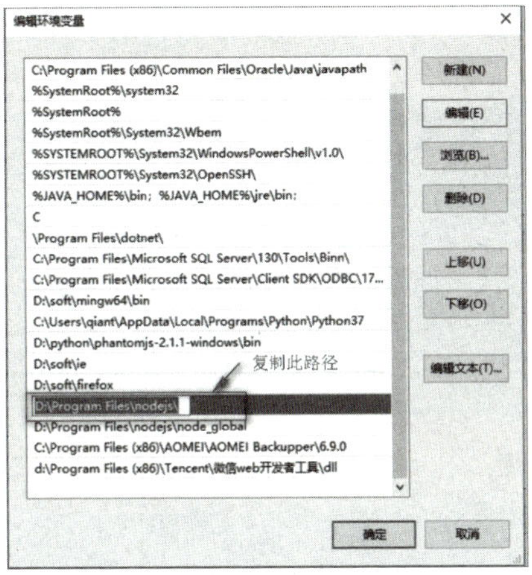

图 4-18　复制 Node.js 的安装路径

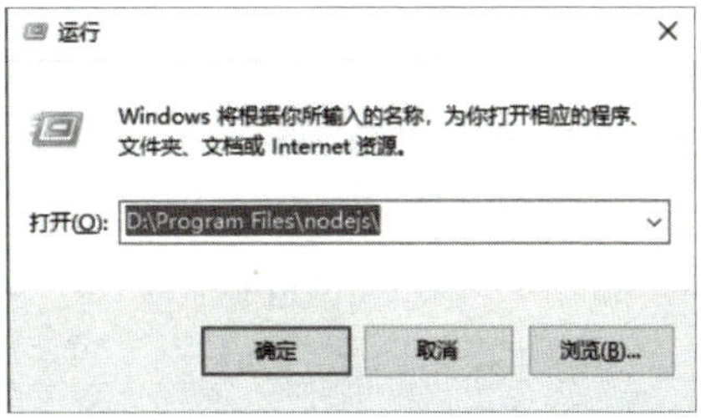

图 4-19　从“运行”对话框进入 Node.js 安装路径

找到 cnpm 的安装路径并进入，如图 4-20 所示。

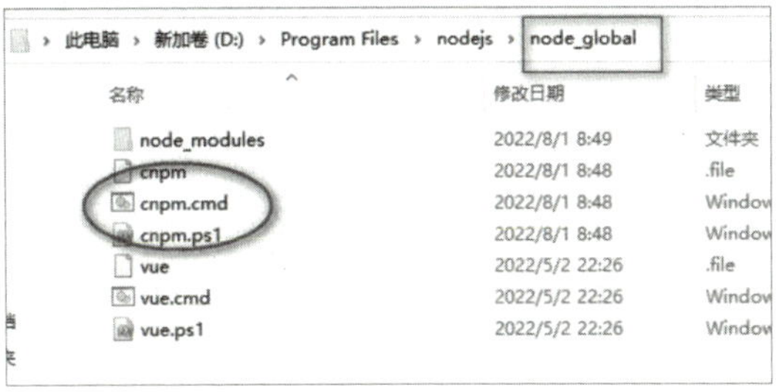

图 4-20　cnpm 安装路径查看

复制 cnpm 的安装路径，如图 4-21 所示。

新建环境变量，如图 4-22 所示。

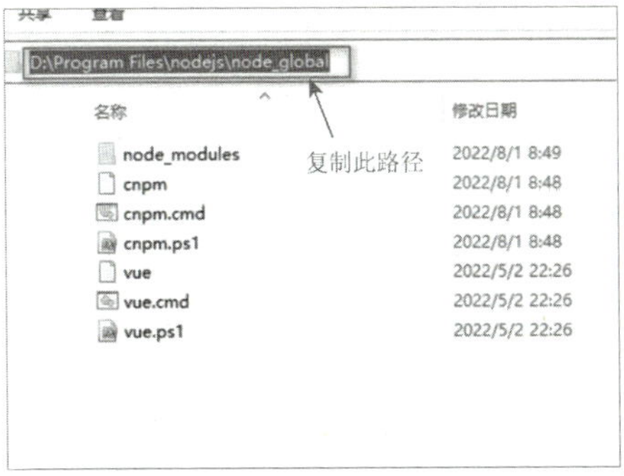

图 4-21　复制 cnpm 的安装路径

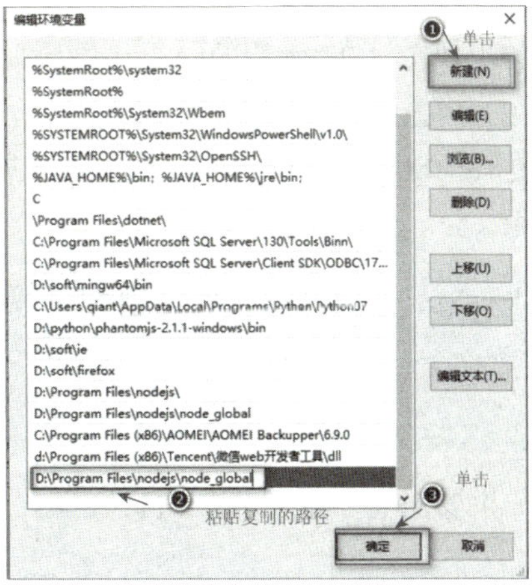

图 4-22　新建环境变量

连续单击多个“确定”按钮以后，关闭命令行窗口，然后重新打开，输入“cnpm -v”命令，就可以看到 cnpm 的版本了。

第三方组件库 Element-Plus 安装完成以后，可以使用全局方式进行引入。在 Vue.js 的入口文件 main.js 中添加如下代码。

```
import { createApp } from 'vue'
import ElementPlus from 'element-plus'
import 'element-plus/dist/index.css'
import App from './App.vue'
const app = createApp(App)
app.use(ElementPlus)
app.mount('#app')
```

在 App.vue 文件的 template 组件中添加如下代码。

```
<el-row>
     <el-button>默认按钮</el-button>
     <el-button type="primary">主要按钮</el-button>
     <el-button type="success">成功按钮</el-button>
</el-row>
```

运行结果如图 4-23 所示。

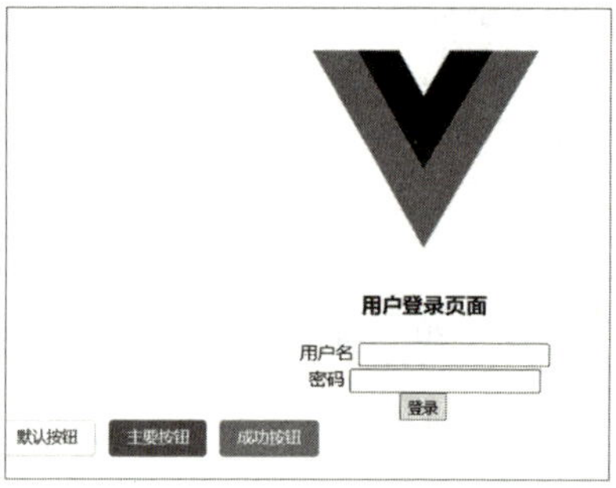

图 4-23　Element-Plus 初体验

若出现图 4-23 所示的结果，则说明 Element-Plus 安装成功。

（2）Element-Plus 的表单校验。

在<el-form-item>标签上添加 prop 属性，设置其值为字段名“name”，同时添加字段校验规则。

```
    <el-form-item label="姓名"
            prop='name'
            :rules="{ required: true, message: '不能为空'}"
    >
```

如果要对整个表单数据进行校验，则使用 validate 方法，示例代码如下。

```
save() {
    this.$refs.formRef.validate((valid) => {
```

```
        if (valid) {
            alert('通过了表单校验，可以保存啦！')
        }
    });
}
```

如果要对表单数据中的某个域进行校验，则使用 validateField 方法，示例代码如下。

```
this.$refs.formRef.validateField('name',err  => {
    if(!err){
        alert('姓名校验通过啦！')
    }
})
```

如果只有一条校验规则，则绑定对象即可。

```
:rules="{ required: true, message: '不能为空'}"
```

如果有多条校验规则，则要绑定对象数组，示例代码如下。

```
:rules="[
      { required: true, message: '请输入活动名称', trigger: 'blur' },
      { type: 'date', required: true, message: '请选择时间', trigger: 'change' },
      { min: 3, max: 5, message: '长度为 3～5 个字符', trigger: 'change' },
      { pattern: /^[\u4e00-\u9fa5]{0,}$/, message: '只能输入汉字', trigger: 'change' }
      ]"
```

- required 属性用于指定元素是否为必填项。若 required 属性值为“true”，则表示表单元素的值不能为空，表单元素前会有红色*标记；若 required 属性值为“false”，则表示表单元素的值可以为空。
- message 属性用于指定校验失败后的提示信息。触发校验后，若校验失败，则提示信息会在表单元素下方显示，如图 4-24 所示。

图 4-24　校验提示信息

- trigger 属性用于指定校验触发时机，但并不是所有的验证项都可以被这样触发。若 trigger 属性值为“blur”，则表示表单元素失去焦点时触发校验；若 trigger 属性值为“change”，则表示表单元素的值发生变化时触发校验。

2. 使用 Element-Plus 实现用户登录功能

根据前面介绍的 Element-Plus 的安装配置及表单校验知识，对任务示范中实现的用户登录功能进行进一步完善，示例代码如下。

```
<template>
 <div>
     <h3>用户登录页面</h3>
     <form @submit.prevent="login" :rules="rules">
         <label for="username">用户名 1</label>
         <input type="text" id="username" v-model="loginForm.username" prop="username"><br />
         <label for="password">密码</label>
         <input type="password" id="password" v-model="loginForm.password" required><br />
         <button type="submit">登录</button>
     </form>
     <p v-if="error">用户名或密码错误</p>
 </div>
</template>
   /*script 代码开始*/
 <script>
  export default {
         data() {
             return {
                 form: {
                     username: '',
                     password: ''
                 },
                 rules: {
                     username: [{
                         required: true,
                         message: '请输入用户名',
                         trigger: 'blur'
                     }],
                     password: [{
                             required: true,
                             message: '请输入密码',
                             trigger: 'blur'
                         },
                         {
                             min: 6,
                             max: 12,
                             message: '密码长度为 6～12 个字符',
                             trigger: 'blur'
                         }
                     ]
                 }
             };
         },
         methods: {
```

```
            submitForm(formName) {
                this.$refs[formName].validate((valid) => {
                    if (valid) {
                        if(this.form.username==='admin' && this.form.password==='123456')
                        alert('提交成功！');
                    } else {
                        console.log('验证失败');
                        return false;
                    }
                });
            }
        }
    }
</script>
<style>
</style>
```

任务实施

任务步骤	任务要点	实施记录
任务准备	1. 更换实训服、鞋套等 2. 检查机房软硬件环境	是否完成：是□ 否□
工具准备	教材、参考资料、纸、笔、特殊工具	是否完成：是□ 否□
	根据任务目标，制订任务实施计划	

序号	作业项目	实施要点

续表

任务步骤	任务要点	实施记录
收集资讯	1．如何创建 Vue.js 组件 2．Vue.js 组件之间如何实现通信 3．如何配置和使用第三方组件库 Element-Plus	检索记录： ____________________ ____________________ ____________________ ____________________ ____________________ ____________________
任务实施过程记录	任务示范实现的关键步骤记录： ____________________ ____________________ ____________________ ____________________ ____________________ ____________________ 任务进阶实现的关键步骤记录： ____________________ ____________________ ____________________ ____________________ ____________________ ____________________	
设备断电并整理现场	将现场设备、工具等物品按 6S 标准清理归位	是否完成：是□ 否□

评价反馈

任务总结	对创建 Vue.js 组件、Vue.js 组件之间通信、配置和使用第三方组件库 Element-Plus 的认知总结： 工作实施情况反思：

续表

质量评价	评分项目	学生出勤（20 分）	工作过程（30 分）	成果汇报（30 分）	职业素养（10 分）	工作规范（10 分）	总评
	自我评分						
	小组评分						
	教师评分						
	合计						

任务 2　使用 API 实现用户登录功能

本任务准备使用 API 实现用户登录功能。通过网络请求，访问 MySQL 中的用户名和密码，并进行密码校验，无论是否通过密码校验，都给前端页面返回对应的标志。

任务演示

本任务使用 API 实现用户的动态登录，如图 4-25 所示。API 是使用 Spring Boot+MySQL+Mybatis-Plus 开发实现的。本任务将访问后台数据库的相关数据表，并使用网络请求框架。

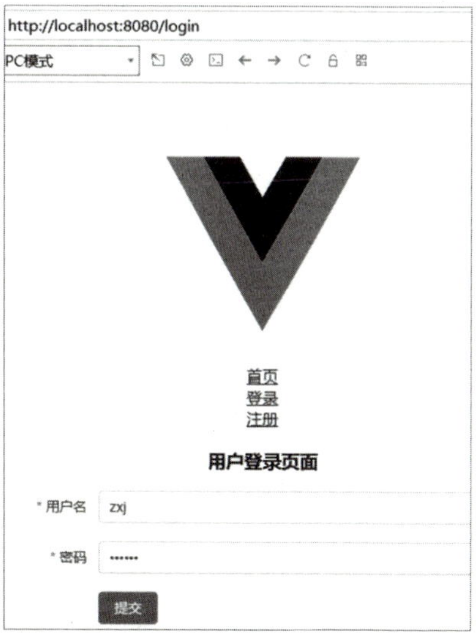

图 4-25　用户登录功能

知识准备

本任务使用服务器提供的 API，以及 Spring Boot+MySQL+Mybatis-Plus 来实现用户登录功能。

注意：不具备 Spring Boot+MySQL+Mybatis-Plus 知识的读者，可以直接跳过 API 的实现部分（即本节中“1. JDK 的安装及环境配置”、“2. MySQL 的安装”、“3. 创建数据库及 Spring Boot 工程”和“4. 开发用户登录接口”对应的内容），只需掌握 API 服务器的启动方法即可。

1. JDK 的安装及环境配置

这里使用的是 JDK11 版本，其安装步骤如下。

选择相应版本进行下载，如图 4-26 所示。

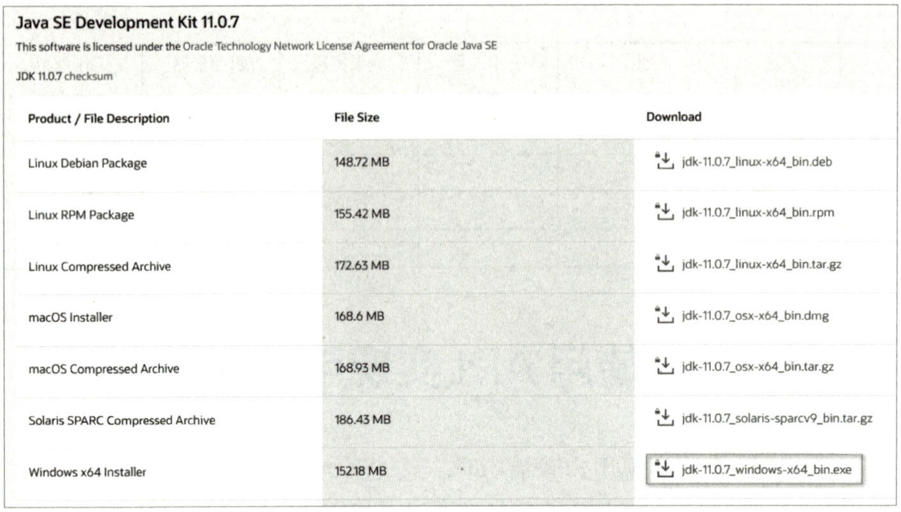

Java SE Development Kit 11.0.7

This software is licensed under the Oracle Technology Network License Agreement for Oracle Java SE

JDK 11.0.7 checksum

Product / File Description	File Size	Download
Linux Debian Package	148.72 MB	jdk-11.0.7_linux-x64_bin.deb
Linux RPM Package	155.42 MB	jdk-11.0.7_linux-x64_bin.rpm
Linux Compressed Archive	172.63 MB	jdk-11.0.7_linux-x64_bin.tar.gz
macOS Installer	168.6 MB	jdk-11.0.7_osx-x64_bin.dmg
macOS Compressed Archive	168.93 MB	jdk-11.0.7_osx-x64_bin.tar.gz
Solaris SPARC Compressed Archive	186.43 MB	jdk-11.0.7_solaris-sparcv9_bin.tar.gz
Windows x64 Installer	152.18 MB	jdk-11.0.7_windows-x64_bin.exe

图 4-26　下载 JDK

双击下载好的安装包，打开安装向导，单击“下一步”按钮，开始安装，如图 4-27 所示。

单击“更改”按钮，如图 4-28 所示。

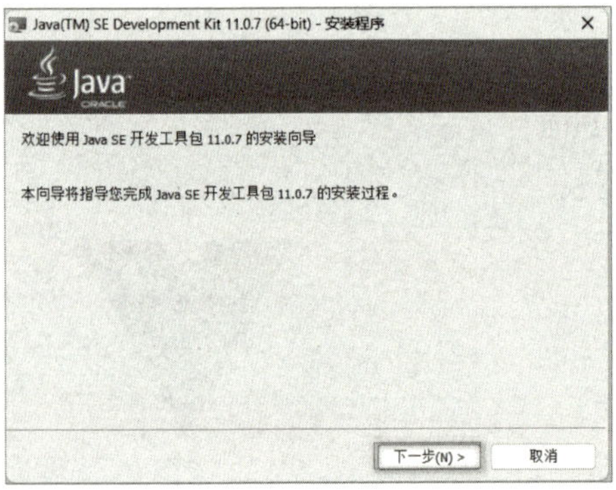

图 4-27　单击“下一步”按钮（1）

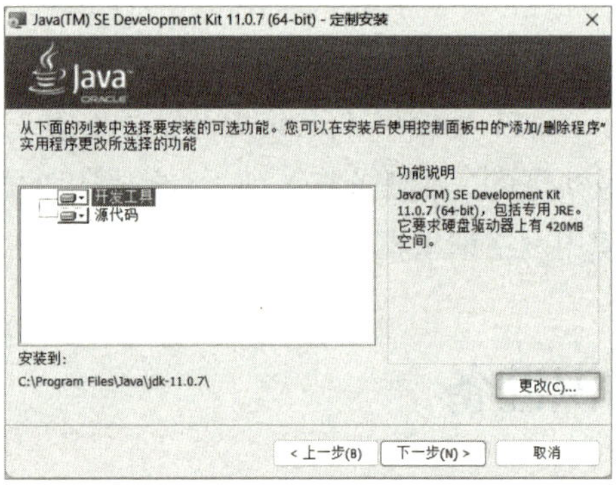

图 4-28　单击“更改”按钮

选择安装路径，如图 4-29 所示。

单击“下一步”按钮，如图 4-30 所示。

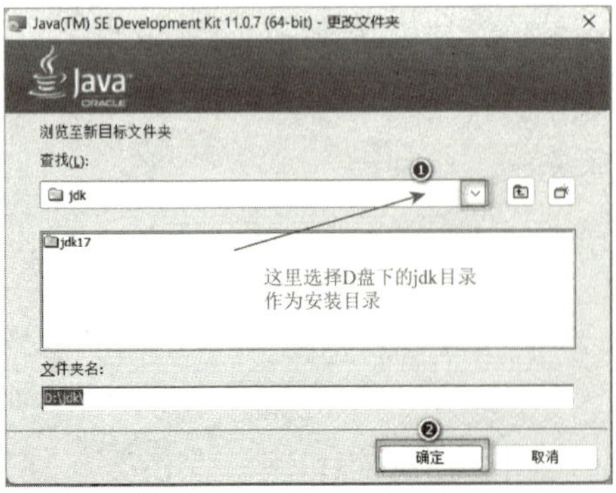

图 4-29　选择安装路径

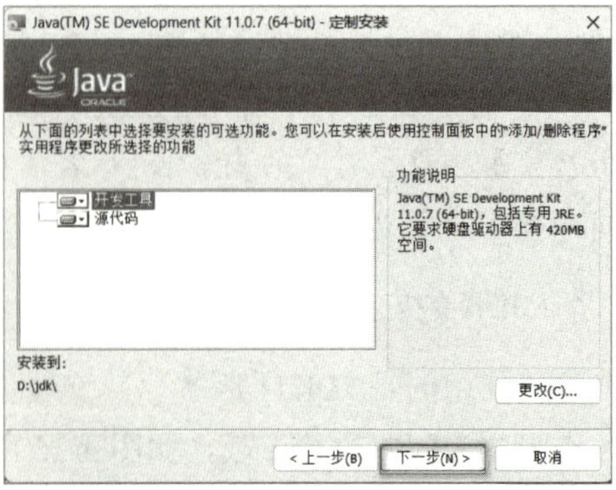

图 4-30　单击“下一步”按钮（2）

单击“关闭”按钮，完成安装，如图 4-31 所示。

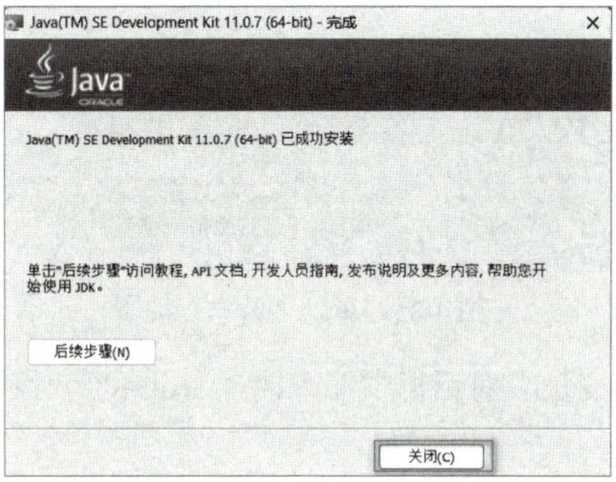

图 4-31　单击“关闭”按钮

JDK11 的环境配置步骤如下。

右击“此电脑”图标，在弹出的快捷菜单中选择“属性”命令，如图 4-32 所示。

单击“高级系统设置”按钮，如图 4-33 所示。

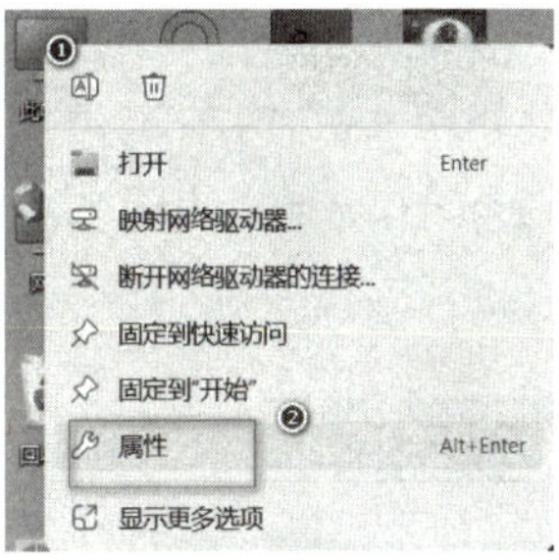

图 4-32　选择“属性”命令

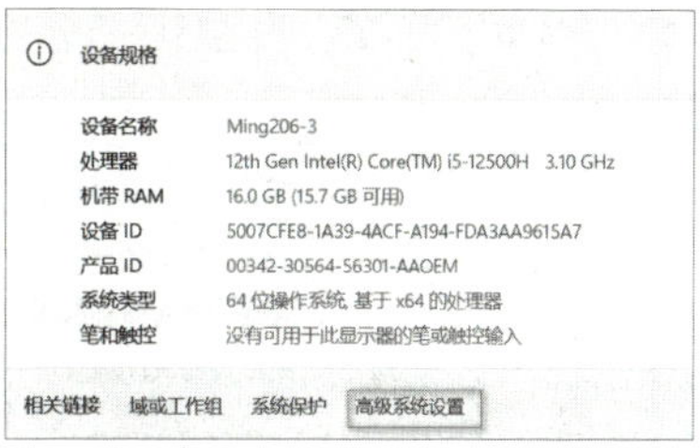

图 4-33　单击“高级系统设置”按钮

单击“环境变量”按钮，如图 4-34 所示。

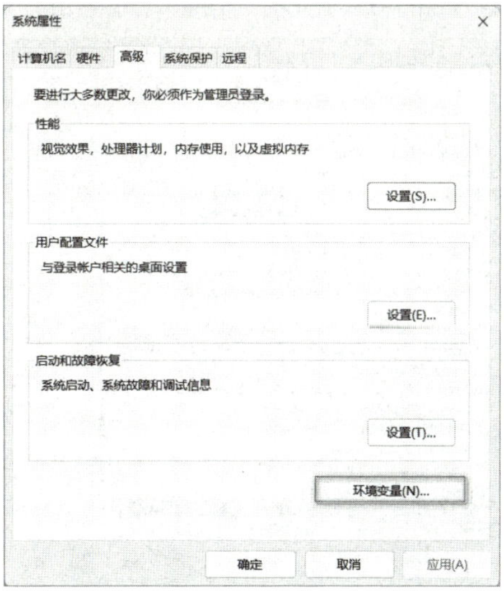

图 4-34　单击“环境变量”按钮

单击“新建”按钮，如图 4-35 所示。

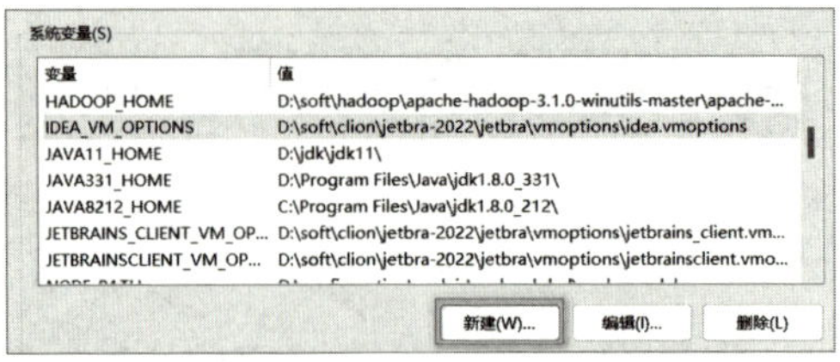

图 4-35　单击“新建”按钮

在弹出的“新建系统变量”对话框中输入图 4-36①和②所示的内容，并单击“确定”按钮。

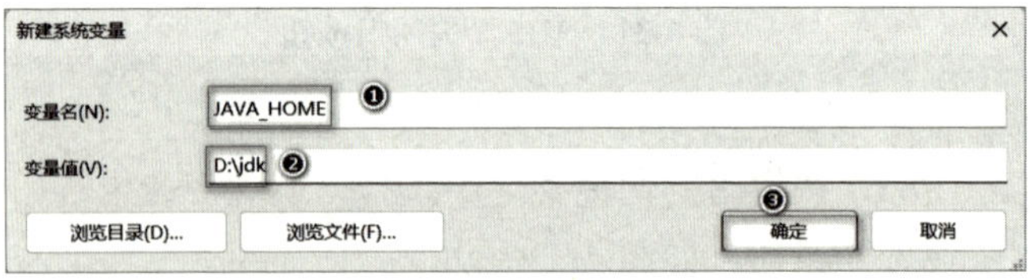

图 4-36　新建系统变量

选择“Path”选项，并单击“编辑”按钮进行编辑，如图 4-37 所示。

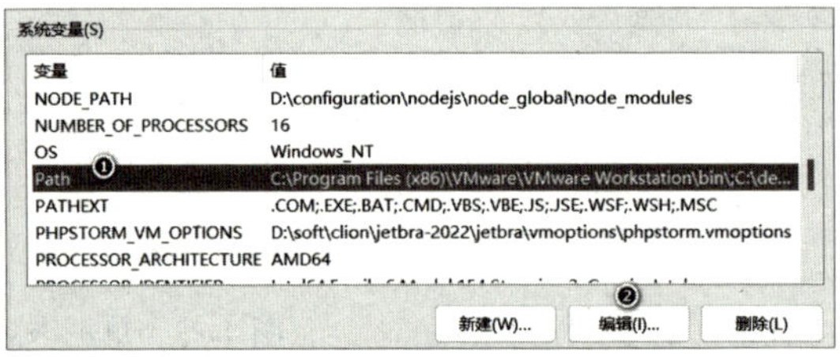

图 4-37　编辑 Path

单击“新建”按钮，输入图 4-38②所示的内容，并单击“确定”按钮。

图 4-38　编辑环境变量

连续单击多个“确定”按钮，关闭对话框。

按 Windows+R 组合键，在弹出的“运行”对话框中输入“cmd”，并单击“确定”按钮，如图 4-39 所示，打开命令行窗口。

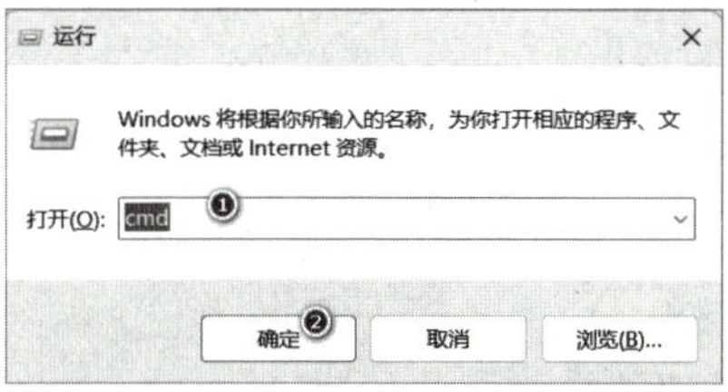

图 4-39　“运行”对话框

在命令行窗口中输入“java --version”命令，若出现图 4-40 所示的结果，则说明 JDK 安装和配置成功。

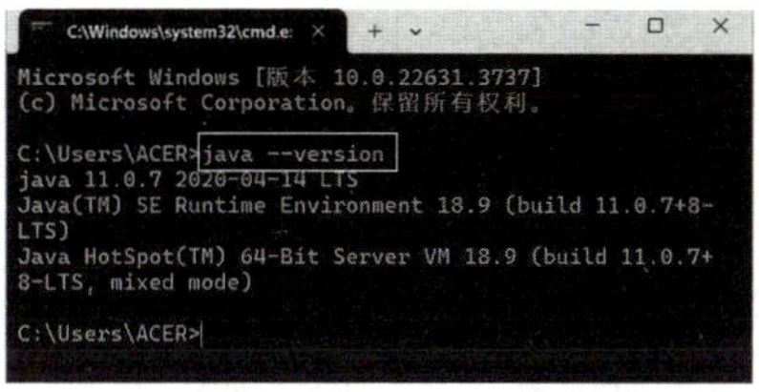

图 4-40　JDK 安装和配置成功

2. MySQL 的安装

为简单起见，推荐读者安装 PHP 的集成开发环境——PhPStudy，这里用到了这个集成开发环境的 MySQL。首先介绍一下 PhPStudy 的安装步骤。

搜索 PhPStudy 官网，选择对应的版本进行下载，如图 4-41 所示。

图 4-41　下载 PhPStudy

双击下载好的安装包，打开安装界面，如图 4-42 所示。

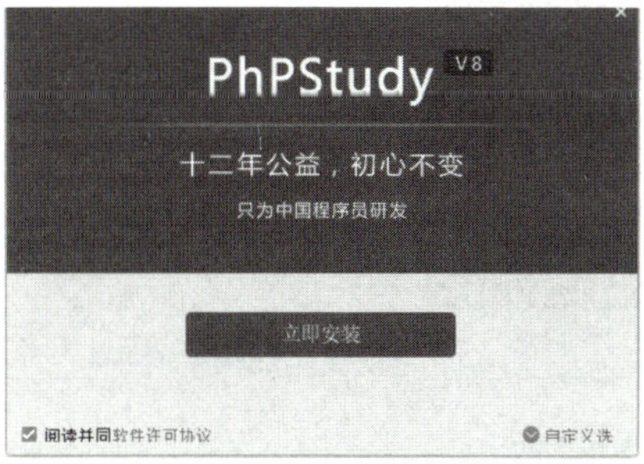

图 4-42　PhPStudy 安装界面

单击“立即安装”按钮，开始安装，如图 4-43 所示。

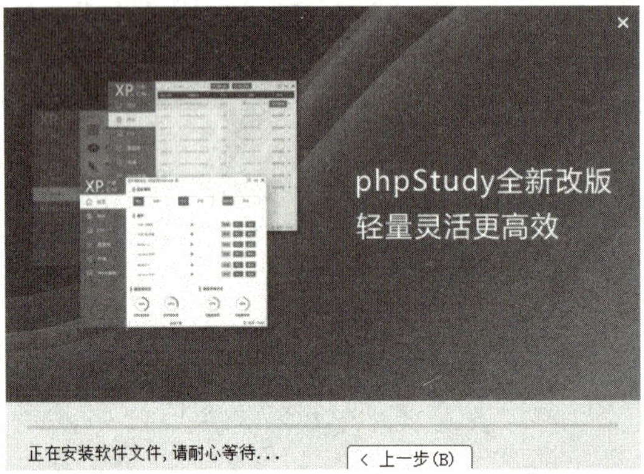

图 4-43　开始安装

等待安装完成，如图 4-44 所示。

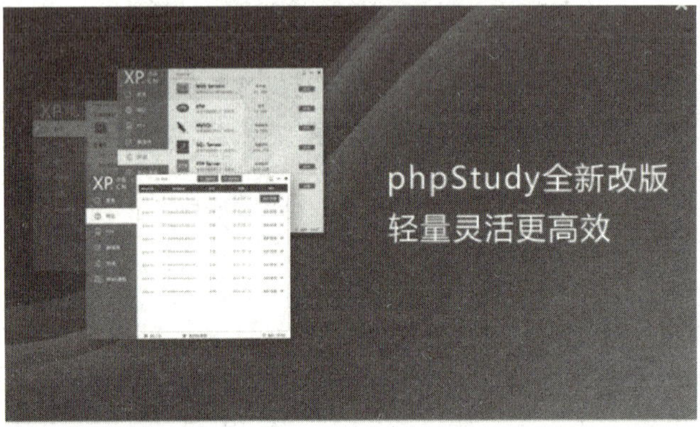

图 4-44　等待安装完成

安装完成后的界面如图 4-45 所示，选择“首页”选项。

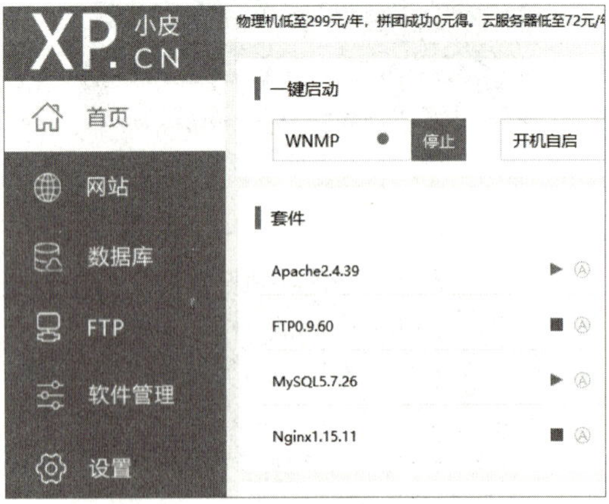

图 4-45　安装完成后的界面

开启相应服务，如图 4-46 所示。

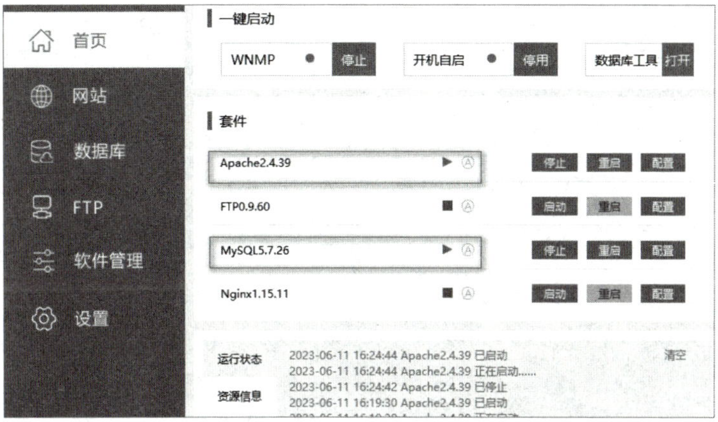

图 4-46　开启相应服务

3. 创建数据库及 Spring Boot 工程

后端通过 API 服务器提供了可以登录和注册的多个数据接口，前端可以通过 Vue.js 来调用此接口实现用户登录功能。

创建数据库。下面来进行数据库的设计，这里使用了 MySQL。首先创建一个名为“jiaqicms”的数据库，然后创建一张名为“jq_user”的用户表，对应的代码如下。

```
--
-- 表的结构 `jq_user`
--

CREATE TABLE IF NOT EXISTS `jq_user` (
  `id` int(30) NOT NULL DEFAULT '0',
  `username` varchar(50) NOT NULL,
  `password` varchar(30) NOT NULL,
  `email` varchar(50) NOT NULL,
  `address` text NOT NULL
) ENGINE=MyISAM DEFAULT CHARSET=utf8;

--
-- 转存表中的数据 `jq_user`
--

INSERT INTO `jq_user` (`id`, `username`, `password`, `email`, `address`) VALUES
(1, 'zhangsan', '123', '1888@qq.com', '重庆城市职业学院'),
(2, 'lisi', '123', '2222@qq.com', '重庆解放碑'),
(3, 'klkl', '123', 'kkk@jjj', '南滨路'),
(4, 'wangqiang', '123456', 'dfdfgg@164.com', '江北建新东路'),
(5, 'zhangmeng', '123', '124343423@qq.com', '测试地址');
```

接下来按照图 4-47 所示的步骤创建 Spring Boot 工程。

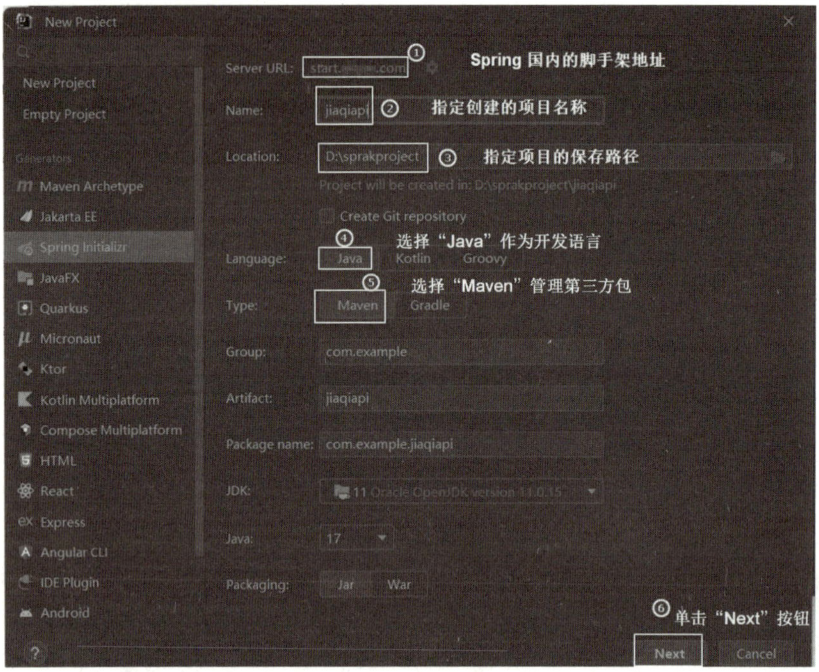

图 4-47　创建 Spring Boot 工程的步骤

选择 Spring Boot 版本及依赖，如图 4-48 所示。

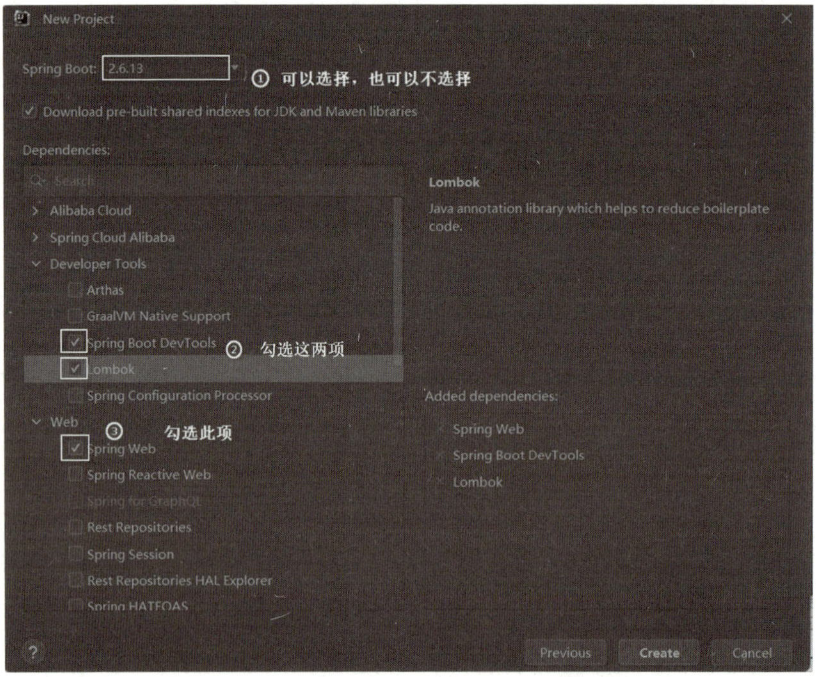

图 4-48　选择 Spring Boot 版本及依赖

选择数据库驱动等信息，并单击"Create"按钮，如图 4-49 所示。

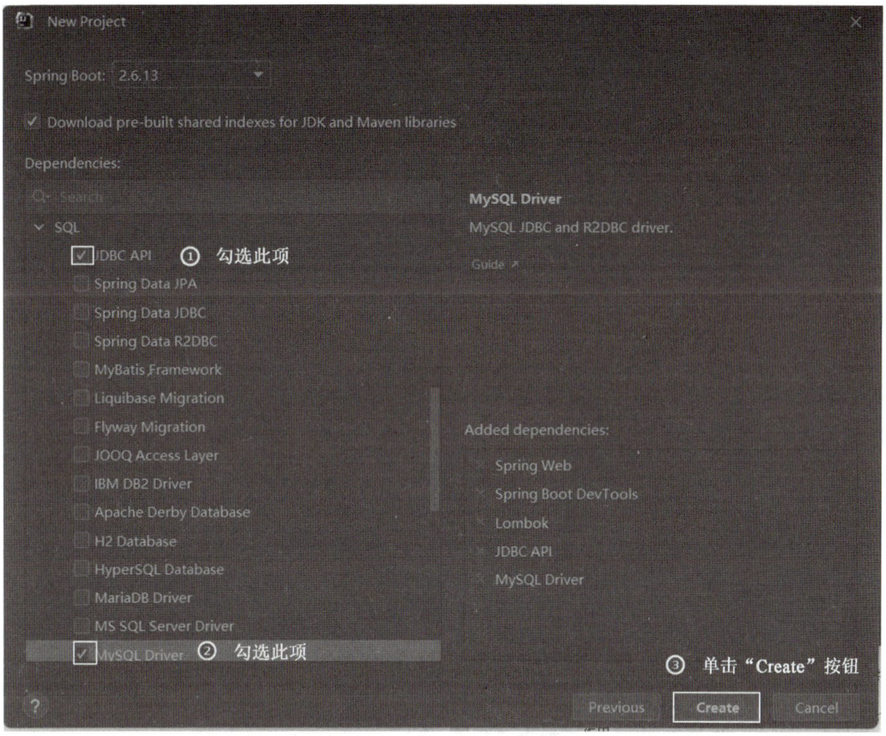

图 4-49 选择数据库驱动

在创建的项目上，找到“pom.xml”文件，在其中添加图 4-50 所示的两个依赖。

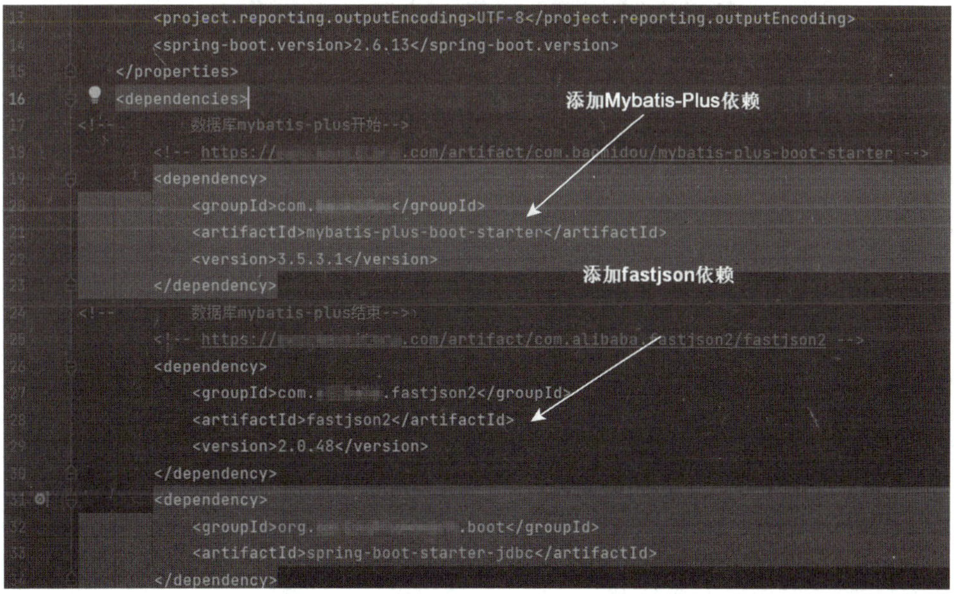

图 4-50 添加 Mybatis-Plus 和 fastjson 依赖

在顶部菜单栏选择“View”→“Tool Windows”→“Maven”命令，如图 4-51 所示。单击“同步”图标，等待依赖同步完成，如图 4-52 所示。

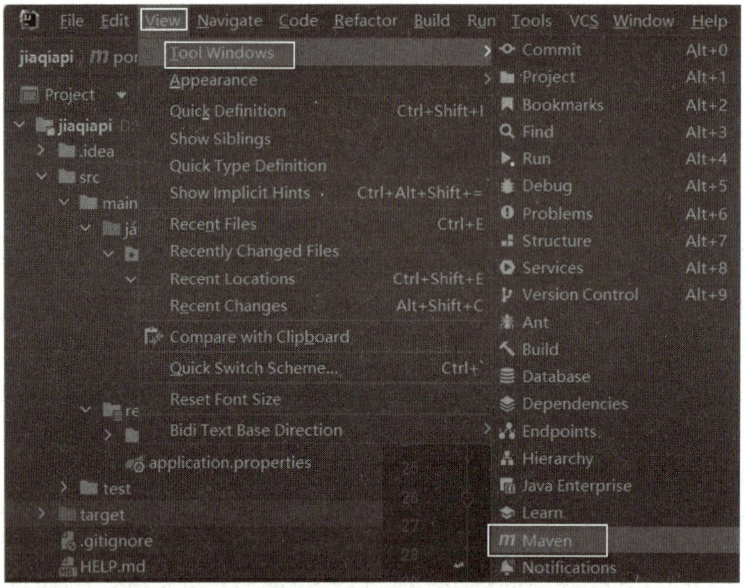

图 4-51　选择“Maven”命令

图 4-52　单击“同步”图标

在项目的根目录中找到“application.properties”文件，该文件是 Spring Boot 应用程序中的一个配置文件，用于定义和配置应用程序的各种属性和信息。这里在该文件中配置服务器访问的端口信息，以及数据库的链接信息，代码如下所示。

```
server.port=8090
#指定驱动
spring.datasource.driver-class-name=com.mysql.cj.jdbc.Driver
#指定数据库 url
spring.datasource.url=jdbc:mysql://localhost:3306/jiaqicms
#指定数据库用户名
spring.datasource.username=root
#指定数据库密码
spring.datasource.password=root
# application.properties
server.servlet.encoding.charset=utf-8
server.servlet.encoding.enabled=true
```

在创建的项目上，找到“JiaqiapiApplication”文件，单击“运行”图标，如图 4-53 所示。

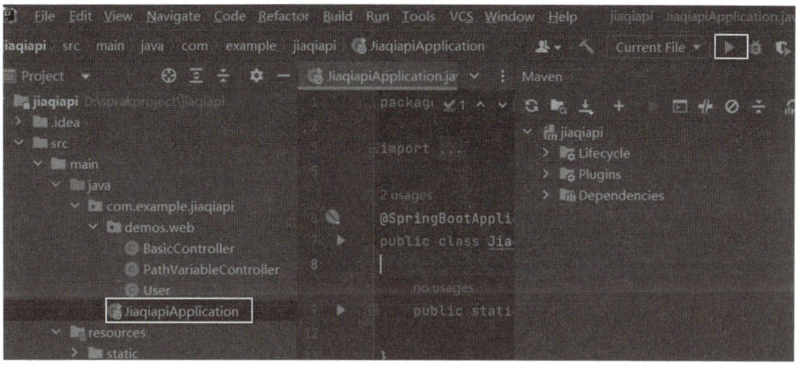

图 4-53　运行项目

Spring Boot 开发环境搭建成功，如图 4-54 所示。

图 4-54　结果演示

4．开发用户登录接口

创建相关包，以便进行开发和管理，如图 4-55 所示。

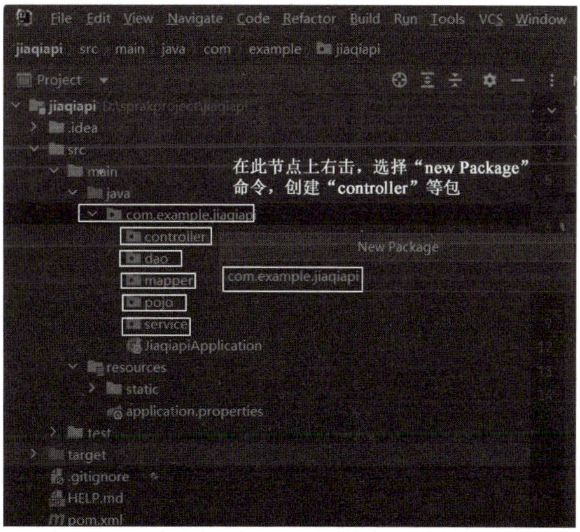

图 4-55　创建相关包

在 pojo 目录下创建 UserBean.java 文件，并在其中编写如下代码。

```
package com.example.jiaqiapi.pojo;
import com.baomidou.mybatisplus.annotation.TableField;
```

```
import com.baomidou.mybatisplus.annotation.TableName;
import lombok.AllArgsConstructor;
import lombok.Data;
import lombok.NoArgsConstructor;
@Data
@AllArgsConstructor
@NoArgsConstructor
@TableName(value = "jq_user")
public class UserBean {
    @TableField(value ="username")
    private String username;
    @TableField(value = "password")
    private String password;
    @TableField(value = "email")
    private String email;
    @TableField(value = "address")
    private String address;
}
```

在 dao 目录下创建 UserDao.java 文件，并在其中编写如下代码。

```
package com.example.jiaqiapi.dao;
import com.baomidou.mybatisplus.core.mapper.BaseMapper;
import com.example.jiaqiapi.pojo.UserBean;
import org.apache.ibatis.annotations.Mapper;
@Mapper
public interface UserDao extends BaseMapper<UserBean> {
}
```

在 service 目录下创建 UserService.java 文件，并在其中编写如下代码。

```
package com.example.jiaqiapi.service;
import com.baomidou.mybatisplus.core.conditions.query.QueryWrapper;
import com.example.jiaqiapi.dao.UserDao;
import com.example.jiaqiapi.pojo.UserBean;
import org.springframework.beans.factory.annotation.Autowired;
import org.springframework.stereotype.Service;
import java.util.List;
@Service
public class UserService {
    @Autowired
    UserDao userDao;
    //增加用户
    public void addUser(String username,String password,String email,String address ){
        userDao.insert(new UserBean(username,password,email,address));
    }
    //查询所有用户
    public List<UserBean> findAllUser(){
```

```
            return userDao.selectList(null);
        }
        //根据用户名和密码登录
        public boolean searchUser(String username,String password){
            boolean flag=false;
            try {
                UserBean user=userDao.selectOne(new QueryWrapper<UserBean>().eq("username",username).eq("password",password));
                if(user!=null){
                    flag=true;
                }
            }catch (Exception e){
                e.printStackTrace();
            }
            //返回的是对象
          return flag;
        }
    }
```

在 controller 目录下创建 UserLogin.java 文件，并在其中编写如下代码。

```
package com.example.jiaqiapi.controller;
import com.example.jiaqiapi.common.UserResult;
import com.example.jiaqiapi.dao.UserDao;
import com.example.jiaqiapi.pojo.UserBean;
import com.example.jiaqiapi.service.UserService;
import org.springframework.beans.factory.annotation.Autowired;
import org.springframework.web.bind.annotation.*;
import java.util.List;
@RestController//使用@Controller 会报错
@CrossOrigin//处理跨域问题
@RequestMapping("/user")
public class UserLogin {
    @Autowired
    UserService userService;
    @Autowired
    UserDao userDao;
    //测试
    @RequestMapping ("/hello")
    public String hello(){
            return "hello";
        }
    @RequestMapping ("/all")
    public List<UserBean> find_all_user(){
        List<UserBean> userList = null;
        userList=userDao.selectList(null);

```

```
            System.out.println("数据长度为"+userList.size());
            return userList;
        }
        //用户登录
        @PostMapping("/login")
        public UserResult userLogin(@RequestParam("username") String username, @RequestParam("password") String password){
            if(userService.searchUser(username,password)){
                return UserResult.success(200,"登录成功！");
            }
            else {
                return UserResult.usernull("登录失败,用户名或密码错误");
            }
        }
    }
```

创建与 controller 目录同级的 common 目录，在该目录下创建 UserResult.java 文件，并在其中编写如下代码。

```
package com.example.jiaqiapi.common;
import lombok.AllArgsConstructor;
import lombok.Data;
import lombok.NoArgsConstructor;
@Data
@NoArgsConstructor
@AllArgsConstructor
public class UserResult {
    private Integer code;
    private String msg;
    private Object user;
    private static final int SUCCESS_CODE=0;
    //错误的代码
    private static final int ERROR_CODE=-1;
    public static UserResult success(){
        return new UserResult(200,"登录成功",null);
    }
    public static UserResult success(Integer code,String msg){
        return new UserResult(code,msg,null);
    }
    public static UserResult UserResult(Object rows){
        return new UserResult(200,"操作成功",rows);
    }
    public static UserResult error(String msg){
        return new UserResult(500,msg,null);
    }

    public static UserResult error(Integer code,String msg){
```

```
        return new UserResult(code,msg,null);
    }
    public static UserResult usernull(){
        return new UserResult(401,"用户名或密码错误",null);
    }
    public static UserResult usernull(String msg){
        return new UserResult(401,msg,null);
    }

}
```

运行此项目，使用 PostMan 等调试工具，输入访问的网址，填写用户名和密码，发起 Post 请求，进行接口测试，如图 4-56 所示。

图 4-56　PostMan 接口测试（1）

填写错误的用户名进行接口测试，如图 4-57 所示。

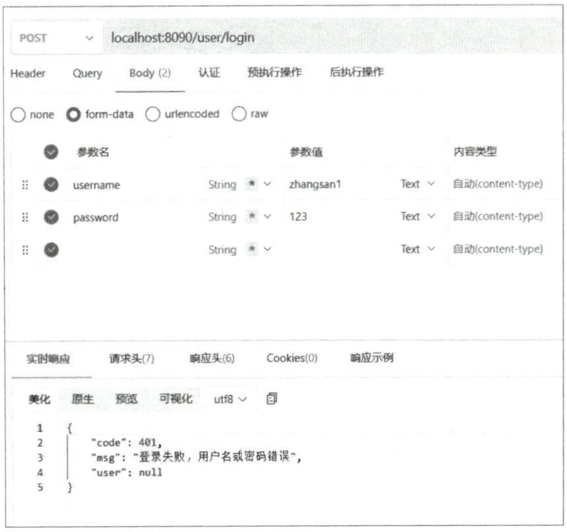

图 4-57　PostMan 接口测试（2）

5. Axios 的使用

Axios 是一个基于 Promise 的 HTTP 客户端，适用于浏览器和 Node.js 环境。它可以发送 HTTP 请求，并支持诸如请求和响应拦截、转换数据、取消请求及自动转换 JSON 数据等功能。Axios 以其简洁直观的 API，极大地简化了前端应用程序中的 HTTP 通信过程。它可以与现代前端框架（如 React、Vue.js 等）及后端服务器配合使用，可以发送各种类型的 HTTP 请求，如 Get、Post 等。同时，它可以设置请求头、请求参数、超时时间等，并且可以通过拦截器对请求和响应进行处理。

此外，Axios 包的尺寸小且提供了易于扩展的 API，是专注于网络请求的库，能够同时运行于浏览器和 Node.js 环境，用户可以像使用 fetch 一样使用 Axios。除了能够无缝衔接两种运行环境、支持 Promise，Axios 还支持创建 Axios 实例对象、通用配置等。

在 Vue 3 中，用户可以通过创建一个自定义的全局方法或使用插件来实现全局 Axios。以下是一个简单的例子，展示了如何创建一个全局 Axios 实例对象并在 Vue 3 组件中使用它。

首先，安装 Axios。

```
npm install axios
```

然后，在 Vue 3 应用程序中创建一个可以被 Vue.js 组件使用的全局 Axios 实例对象。

```
// main.js
import { createApp } from 'vue'
import App from './App.vue'
import axios from 'axios'
const app = createApp(App)
// 创建全局 Axios 实例对象
app.config.globalProperties.$http = axios.create({
 baseURL: 'http:// **-api-url/',
  // 其他配置
})
 app.mount('#app')
```

最后，在 Vue 3 组件中通过 this.$http 来使用这个全局 Axios 实例对象。

```
<template>
<div>
<!-- 组件模板内容 -->
</div>
</template>
<script>
export default {
name: 'YourComponent',
mounted() {
this.fetchData();
},
```

```
methods: {
async fetchData() {
try {
const response = await this.$http.get('your-endpoint');
// 处理响应数据
} catch (error) {
// 处理错误
}
}
}
}
</script>
```

这样就在 Vue 3 应用程序中创建了一个全局可用的 Axios 实例对象，之后可以在任何组件中使用它。

6. API 对应的服务器 jar 包的使用

编者将 Spring Boot 生成的服务器资源 jar 包放到了 D 盘的 API 目录中，可以按照以下方法将其启动。

（1）在 jar 包所在目录的地址栏上输入“cmd”，并按回车键，如图 4-58 所示。

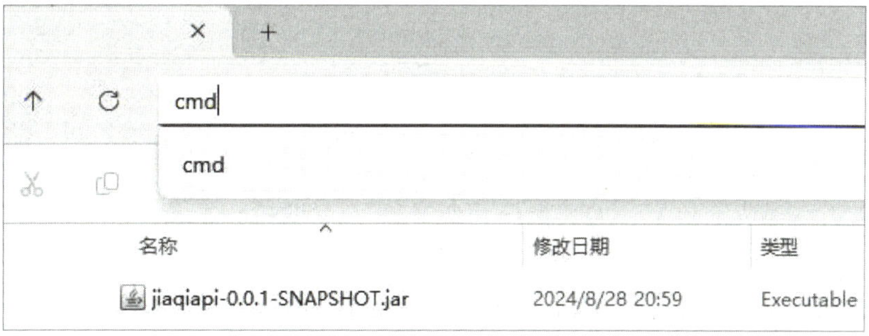

图 4-58　由 jar 包所在目录切换到命令行窗口

（2）在命令行窗口中输入“java -jar jiaqiapi-0.0.1-SNAPSHOT.jar”命令，并按回车键，如图 4-59 所示。

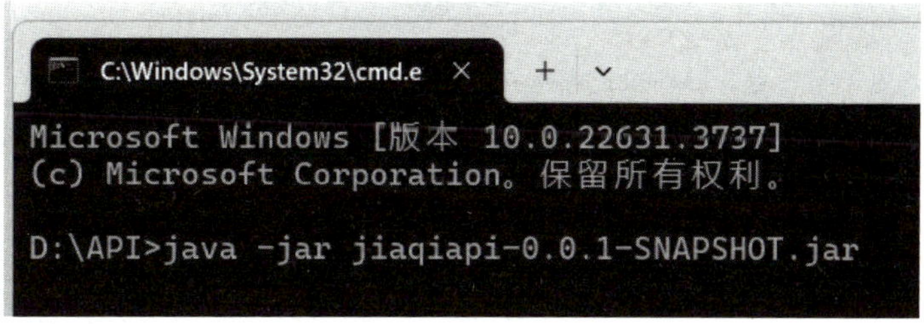

图 4-59　启动服务器的命令

（3）服务器启动成功后的界面如图 4-60 所示。

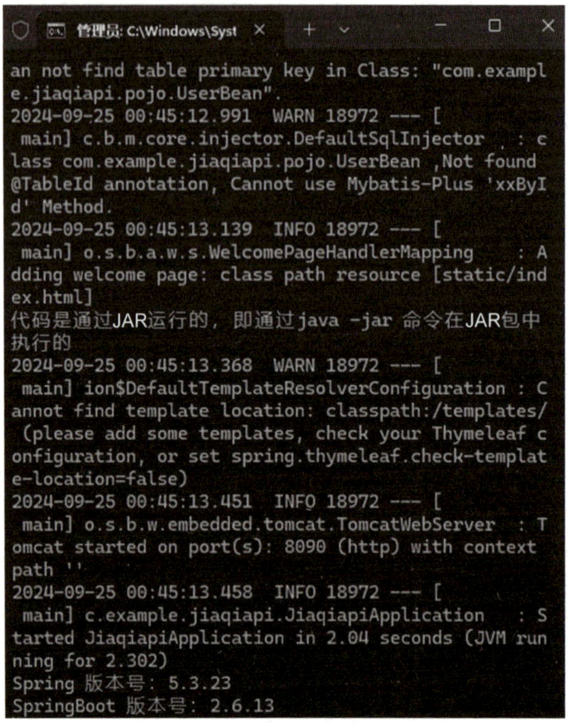

图 4-60　服务器启动成功后的界面

任务示范

扫一扫

微课：用户登录

使用 Element-Plus，以及开发好的用户登录接口（请开启 MySQL 服务器后，启动 API 服务器）实现用户登录功能，实例参考代码如下。

```
<template>
 <h3>用户登录页面</h3>
 <el-form :model="form" ref="form" :rules="rules" label-width=
"100px">
        <el-form-item label="用户名" prop="username">
            <el-input v-model="form.username"></el-input>
        </el-form-item>
        <el-form-item label="密码" prop="password">
            <el-input type="password" v-model="form.password"></el-
input>
        </el-form-item>
        <el-form-item>
            <el-button type="primary" @click="submitForm('form')">提
交</el-button>
        </el-form-item>
 </el-form>
</template>
```

```
<script>
 import Qs from 'qs'
 export default {
//定义校验数据
        data() {
            return {
                login_success: 0,
                form: {
                    username: '',
                    password: ''
                },
                rules: {
                    username: [{
                        required: true,
                        message: '请输入用户名',
                        trigger: 'blur'
                    }],
                    password: [{
                            required: true,
                            message: '请输入密码',
                            trigger: 'blur'
                        },
                        {
                            min: 6,
                            max: 12,
                            message: '密码长度为 6～12 个字符',
                            trigger: 'blur'
                        }
                    ]
                }
            };
        },
        mounted() {
        },
        methods: {
            submitForm(formName) {
                this.$refs[formName].validate(async (valid) => {
                    if (valid) {
                        const data = {
                            username: this.form.username,
                            password: this.form.password
                        };
                        //发起网络请求
                        const response = await this.$http.post('http://localhost:8090/user/login', Qs
                            .stringify(data))
```

```
60                          if (response.data.code == 200) {
61                              console.log(response.data)
62                              alert('登录成功！');
63                          } else {
64                              alert('登录失败，用户名或密码错误！');
65                          }
66                          //if (this.form.username === 'admin' &&
this.form.password === '123456')
67    //若校验失败，则返回对应的校验标志
68                      } else {
69                          console.log('验证失败');
70                          return false;
71                      }
72                  });//异步操作完毕
73              },
74              async fetchData() {
75                  try {
76                      const response = await this.$http.get('http://
localhost:8090/user/all');
77                      // 处理响应数据
78                      console.log(response.data)
79                  } catch (error) {
80                      // 处理错误
81                      console.log(error)
82                  }
83              },
84
85          }
86      }
87  </script>
88  <style>
89</style>
```

- 01～14 行是使用 Vue.js 框架和 Element-Plus 库编写的用户登录页面的 template 部分。它定义了一个表单，用于收集用户输入的用户名和密码，并提供了一个“提交”按钮。
- 16～46 行定义登录状态标志位 login_success，将 username、password 的值初始化为空，并使用 Element-Plus 的表单验证功能，对 username、password 两个值的长度进行规定。
- 47～73 行定义 Vue.js 组件中的一个方法，名为“submitForm”，它用于处理用户登录表单的提交操作。
- 51 行触发表单的验证。
- 52～65 行表示验证成功后的处理方法，若表单验证通过，则继续执行登录逻辑。其中 58～59 行通过导入的 Qs 库对涉及的表单数据进行序列化处理。

- 66～71 行表示验证失败后的处理方法。

运行结果如图 4-61 所示。

图 4-61　Axios 网络请求登录接口测试结果

任务进阶

Axios 除了支持全局配置，还支持局部配置。之所以要进行局部的 Axios 实例化，是因为全局实例化 HTTP 请求时，往往会设置全局的响应拦截码，当某些请求的接口无法返回状态码 code 时，将无法得到 response。此时需要在当前应用中重新实例化一个 Axios，并设置新的响应拦截码或者不设置响应拦截码来执行相关业务。

在 Vue.js 组件中使用如下代码引入 Axios。

```
import axios from 'axios'
```

使用 axios.get('your-endpoint')或 axios.post('your-endpoint')代码发起网络请求，具体请参考如下代码。

```
<template>
<div>
<!-- 组件模板内容 -->
</div>
</template>
<script>
export default {
name: 'YourComponent',
mounted() {
```

```
this.fetchData();
},
methods: {
async fetchData() {
try {
const response = await axios.get('your-endpoint');
// 处理响应数据
} catch (error) {
// 处理错误
}
}
}
}
</script>
```

综上所述，这里给出应用 Axios 局部实例化的完整代码。

在 components 目录下创建 UserLoginDemo.vue 文件，并在其中编写如下代码。

```
<template>
 <h3>用户登录页面</h3>
 <el-form :model="form" ref="form" :rules="rules" label-width="100px">
        <el-form-item label="用户名" prop="username">
            <el-input v-model="form.username"></el-input>
        </el-form-item>
        <el-form-item label="密码" prop="password">
            <el-input type="password" v-model="form.password"></el-input>
        </el-form-item>
        <el-form-item>
            <el-button type="primary" @click="submitForm('form')">提交</el-button>
        </el-form-item>
 </el-form>
</template>
<script>
 import axios from 'axios'
 import Qs from 'qs'
 export default {
        data() {
            return {
                login_success: 0,
                form: {
                    username: '',
                    password: ''
                },
                rules: {
```

```
                    username: [{
                        required: true,
                        message: '请输入用户名',
                        trigger: 'blur'
                    }],
                    password: [{
                            required: true,
                            message: '请输入密码',
                            trigger: 'blur'
                        },
                        {
                            min: 6,
                            max: 12,
                            message: '密码长度为 6～12 个字符',
                            trigger: 'blur'
                        }
                    ]
                }
            };
        },
        mounted() {
        },
        methods: {
            submitForm(formName) {
                this.$refs[formName].validate(async (valid) => {
                    if (valid) {
                        const data = {
                            username: this.form.username,
                            password: this.form.password
                        };
                        //发起网络请求
                        const response = await axios.post('http://localhost:8090/user/login', Qs
                            .stringify(data))
                        if (response.data.code == 200) {
                            console.log(response.data)
                            alert('登录成功！');
                        } else {
                            alert('登录失败，用户名或密码错误！');
                        }
                        //if (this.form.username === 'admin' && this.form.password === '123456')
                    } else {
                        console.log('验证失败');
                        return false;
                    }
```

```
                    });//异步操作完毕
                },
                async fetchData() {
                    try {
                        const response = await this.$http.get('http://localhost:8090/user/all');
                        // 处理响应数据
                        console.log(response.data)
                    } catch (error) {
                        // 处理错误
                        console.log(error)
                    }
                },
            }
 }
</script>
<style>
</style>
```

要调试此程序，需要修改 App.vue 文件中的代码，这里给出对应的代码。

```
<template>
 <img alt="Vue logo" src="./assets/logo.png">
 <UserLoginDemo></UserLoginDemo>
</template>
<script>
 //import HelloWorld from './components/HelloWorld.vue'
 //import MyComponentVue   from './components/MyComponent.vue'
 //import UserLogin from './components/UserLogin.vue'
 //import LoginVue from './components/LoginVue.vue'
 import UserLoginDemo from './components/UserLoginDemo.vue'
 export default {
        data() {
            return {
                message: "",
                checkedNames: []
            }
        },
        name: 'App',
        components: {
            UserLoginDemo
    }
 }
</script>
<style>
 #app {
        font-family: Avenir, Helvetica, Arial, sans-serif;
```

```
            -webkit-font-smoothing: antialiased;
            -moz-osx-font-smoothing: grayscale;
            text-align: center;
            color: #2c3e50;
            margin-top: 60px;
        }
    </style>
```

运行结果如图 4-61 所示。

任务实施

<table>
<tr><th>任务步骤</th><th colspan="2">任务要点</th><th>实施记录</th></tr>
<tr><td>任务准备</td><td colspan="2">1. 更换实训服、鞋套等
2. 检查机房软硬件环境</td><td>是否完成：是□ 否□</td></tr>
<tr><td>工具准备</td><td colspan="2">教材、参考资料、纸、笔、特殊工具</td><td>是否完成：是□ 否□</td></tr>
<tr><td rowspan="10">制订计划</td><td colspan="3">根据任务目标，制订任务实施计划</td></tr>
<tr><td>序号</td><td>作业项目</td><td>实施要点</td></tr>
<tr><td></td><td></td><td></td></tr>
<tr><td></td><td></td><td></td></tr>
<tr><td></td><td></td><td></td></tr>
<tr><td></td><td></td><td></td></tr>
<tr><td></td><td></td><td></td></tr>
<tr><td></td><td></td><td></td></tr>
<tr><td></td><td></td><td></td></tr>
<tr><td></td><td></td><td></td></tr>
<tr><td>收集资讯</td><td colspan="2">1. 如何搭建 Spring Boot 开发环境
2. 如何创建 Spring Boot 项目
3. 如何配置和使用 Axios 网络请求库</td><td>检索记录：
____
____
____
____
____
____________________</td></tr>
</table>

续表

任务步骤	任务要点	实施记录
任务实施过程记录	任务示范实现的关键步骤记录： ______ ______ ______ ______ ______ ______ 任务进阶实现的关键步骤记录： ______ ______ ______ ______ ______ ______	
设备断电并整理现场	将现场设备、工具等物品按 6S 标准清理归位	是否完成：是□ 否□

评价反馈

任务总结	对搭建 Spring Boot 开发环境、创建 Spring Boot 项目、配置和使用 Axios 网络请求库的认知总结： 工作实施情况反思：						
质量评价	评分项目	学生出勤（20 分）	工作过程（30 分）	成果汇报（30 分）	职业素养（10 分）	工作规范（10 分）	总评
	自我评分						
	小组评分						
	教师评分						
	合计						

任务 3　用户注册功能的实现

本任务使用 API 实现用户注册功能。通过网络请求，将用户注册信息写入数据库，在写入之前，要先进行用户名的校验，查询用户名是否在数据库中已存在，如果用户名已存在，则会返回对应的信息。无论是用户注册成功还是注册失败，都会返回对应的信息。

任务演示

本任务来实现用户注册功能，输入用户名、密码、邮箱、电话、地址信息，单击“提交”按钮，后端通过校验后实现注册。如果用户没有填写必填信息，则会提示其输入相应的字段。用户注册页面如图 4-62 所示。

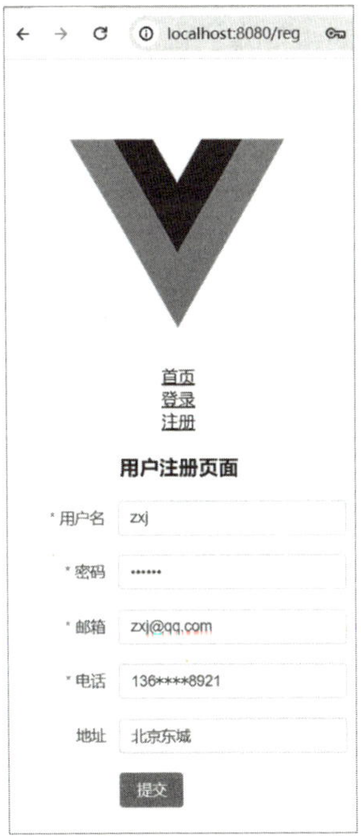

图 4-62　用户注册页面

知识准备

扫一扫

微课：4.4 Vue.js 路由的安装和配置

1．Vue.js 路由的安装和配置

在 Vue.js 中，路由是指通过 URL 路径来管理不同页面之间的交互跳转和状态切换的机制。Vue-Router 是 Vue.js 官方提供的路由管理器，可以用于构建单页应用。通过 Vue-Router，开发者可以定义多个路由规则，每个规则

对应一个路径，当访问该路径时就会渲染对应的组件。同时，Vue-Router 支持动态路由、嵌套路由、命名路由、路由传参等功能，开发者可根据实际需求进行配置和使用。

在 Vue.js 中要使用路由，需要先安装 Vue-Router，并在 Vue.js 实例对象中注册 Vue-Router。然后，就可以使用<router-link>组件创建链接，以及显示当前路由匹配到的组件。Vue-Router 的安装可以通过如下命令来完成。

```
npm install vue-router@4
```

或者：

```
cnpm install vue-router@4
```

cnpm 表示使用国内的镜像安装源。

扫一扫

微课：4.5 Vue-Router 的基本使用

2. Vue-Router 的基本使用

1）创建视图文件

在 src 目录下，创建名为“views”的子目录，如图 4-63 所示。

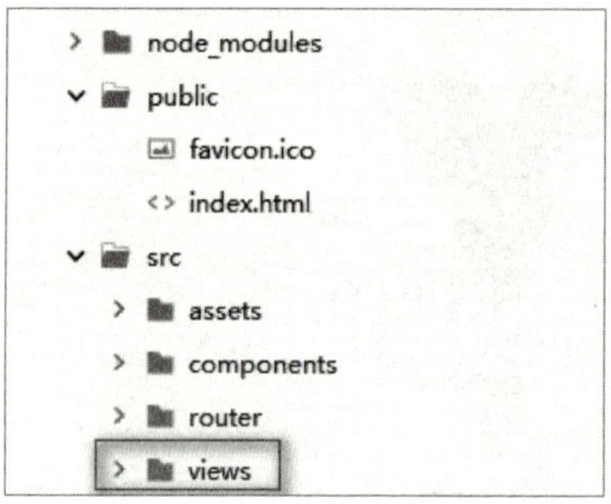

图 4-63　创建 views 子目录

在 views 目录下创建 Home.vue 文件，如图 4-64 所示。

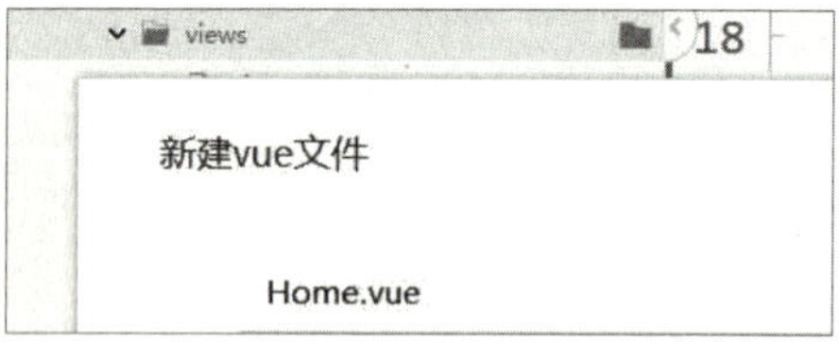

图 4-64　创建 Home.vue 文件

在 Home.vue 文件中编写图 4-65 所示的代码。

```
<template>
    <h3>这是网站首页</h3>
</template>
```

图 4-65　页面代码（1）

在 views 目录下创建 About.vue 文件，如图 4-66 所示。

图 4-66　创建 About.vue 文件

在 About.vue 文件中编写图 4-67 所示的代码。

```
<template>
    <h3>这是关于我们页面</h3>
</template>
```

图 4-67　页面代码（2）

2）创建路由配置文件

在 src 目录下创建名为“router”的子目录，如图 4-68 所示。

图 4-68　创建 router 子目录

在 router 目录下创建 index.js 文件，该文件是路由配置文件，如图 4-69 所示。

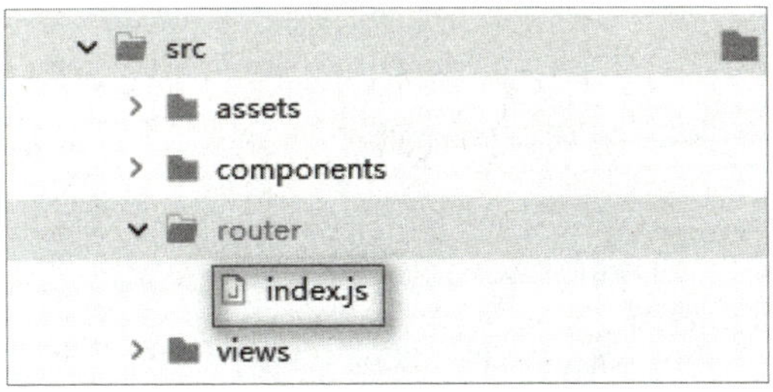

图 4-69　创建 index.js 文件

在 index.js 文件中编写图 4-70 所示的代码。

```
import { createRouter, createMemoryHistory } from 'vue-router'
```

图 4-70　引入 createRouter、createMemoryHistory 方法

继续在 index.js 文件中增加引入视图文件的代码，如图 4-71 所示。

```
//引入Home.vue
import HomeView from "../views/Home.vue"
//引入About.vue
import AboutView from "../views/About.vue"
```

图 4-71　引入 Home.vue、About.vue 文件

继续在 index.js 文件中编写图 4-72 所示的代码，进行路由和组件的关联。

```
//在配置信息中需要添加页面的相关配置信息
const routes=[
    {
        path: "/",//使用"/"进行访问
        component:HomeView//和HomeView组件进行关联
    },
    {
        path: "/about",//使用"/about"进行访问
        component:AboutView//和AboutView组件进行关联
    },

]
```

图 4-72　关联路由和组件

在图 4-72 所示的代码中，网站首页的内容使用“/”路由进行访问，关于我们页面的内容使用“/about”进行访问。

继续在 index.js 文件中编写图 4-73 所示的代码，设置访问方式。

```
//创建路由
const router = createRouter({
    history:createMemoryHistory(),//设置访问方式
    routes//设置配置信息
})
```

图 4-73　设置访问方式

继续在 index.js 文件中编写图 4-74 所示的代码，导出路由，供其他文件使用。

```
export default router
```

图 4-74　导出路由

3）使用路由

在 main.js 文件中增加图 4-75 所示的代码。

```
import {
    createApp
} from 'vue'
import App from './App.vue'
import router from './router/index.js'
createApp(App).use(router).mount('#app')
```

增加两处代码

图 4-75　在 main.js 文件中引入 router 模块并使用

引入 router 模块使用了 import router from './router/index.js'。

通过.use(router)方法使用最新配置的路由设置。

在 App.vue 文件中删除一些无关代码，只保留图 4-76 所示的内容。

```
<template>
    <img alt="Vue logo" src="./assets/logo.png">
</template>
<script>
    export default {
        name: 'App',
        components: {}
    }
</script>
<style>
    #app {
        font-family: Avenir, Helvetica, Arial, sans-serif;
        -webkit-font-smoothing: antialiased;
        -moz-osx-font-smoothing: grayscale;
        text-align: center;
        color: #2c3e50;
        margin-top: 60px;
    }
</style>
```

图 4-76 删除无关代码

在<template> </template>区域中增加图 4-77 所示的代码。

```
<template>
    <img alt="Vue logo" src="./assets/logo.png">
    <router-view></router-view>
</template>
```

图 4-77 增加<router-view> </ router-view >

增加的代码表示将路由视图和 Vue.js 应用程序中的路由系统关联起来，<router-view> </ router-view >是一个功能性组件，用于渲染路径匹配到的视图组件。

在当前项目的命令行窗口中输入命令“npm run serve”，并按回车键，运行项目，如图 4-78 所示。

```
管理员: C:\WINDOWS\system

G:\vue_project\myvue-demo03>npm run serve

> myvue-demo03@0.1.0 serve
> vue-cli-service serve

Browserslist: caniuse-lite is outdated. Please run:
  npx update-browserslist-db@latest
  Why you should do it regularly: https://[redacted].com/browserslist/update-db#rea
 INFO  Starting development server...
```

图 4-78 在命令行窗口中运行项目

若遇到图 4-79 所示的错误提示，则表示变量等没有遵循“驼峰”命名规范。

```
[eslint]
D:\vueproject\vue-demo02\myvue-demo03\src\views\About.vue
  1:1  error  Component name "About" should always be multi-word  vue/multi-word-component-names

D:\vueproject\vue-demo02\myvue-demo03\src\views\Home.vue
  1:1  error  Component name "Home" should always be multi-word  vue/multi-word-component-names

✖ 2 problems (2 errors, 0 warnings)
```

图 4-79 未使用“驼峰”命名规范的错误提示

打开 vue.config.js 文件，取消命名规则，如图 4-80 所示。

```
const { defineConfig } = require('@vue/cli-service')
module.exports = defineConfig({
  transpileDependencies: true,
  lintOnSave:false
})

```

图 4-80　取消命名规则

在当前项目的命令行窗口中输入命令“npm run serve”，并按回车键，重新运行项目，结果如图 4-81 所示。

```
管理员: C:\WINDOWS\system

 DONE  Compiled successfully in 1560ms


  App running at:
  - Local:   http://localhost:8080/
  - Network: http://192.168.0.105:8080/

  Note that the development build is not optimized.
  To create a production build, run npm run build.
```

图 4-81　命令行窗口运行结果

继续在 App.js 文件中添加如下代码。

```
<template>
  <img alt="Vue logo" src="./assets/logo.png">
  <!-- tag 可以指定<router-link> 被渲染成什么组件，比如 tag="button"表示将<router-link>渲染成 button 组件 -->
   <router-link to="/" tag="button">首页</router-link>   | <!-- 跳转到首页 -->
   <router-link to="/about" tag="button">关于我们</router-link><!--跳转到关于我们页面 -->
  <router-view></router-view>
</template>
```

单击网页链接，可以发现都能够实现跳转，跳转到首页的效果如图 4-82 所示。

图 4-82　跳转到首页的效果

3. History 路由和 Hash 路由

扫一扫

微课：4.6 History 路由和 Hash 路由

Vue.js 提供了 Vue-Router 插件，它支持使用多种模式来管理路由，其中包括 History 模式和 Hash 模式。

1）History 路由

在 Vue.js 中，History 路由通常是指使用 HTML5 的 History API 来管理前端路由。HTML5 的 History API 提供了一种方法，使得开发者可以在不重新加载页面的情况下，修改浏览器的历史记录。

使用 createMemoryHistory 函数可以创建 History 路由，在“2.Vue-Router 的基本使用”的路由设置中使用到了 createMemoryHistory 函数，如下所示。

```
//创建路由
 const router=createRouter({
   history:createMemoryHistory(),//设置访问方式
   routes//设置配置信息
 })
```

该函数设置的访问方式隐藏了地址栏，实际访问地址如图 4-83 和图 4-84 所示。

图 4-83 实际访问地址（1）

图 4-84 实际访问地址（2）

2）Hash 路由

在 Vue-Router 中，Hash 模式是一种简单且常见的路由模式，使用 URL 中的哈希（#）来管理路由。当 URL 中的哈希值发生变化时，Vue-Router 将根据哈希值来匹配对应的路由。使用 Hash 模式时的一些注意事项如下。

- 在使用 Hash 模式时，URL 中会有一个“#”符号，后面跟着路由路径。
- 通过监听 hashchange 事件来改变 URL 中的哈希值，实现前端路由的跳转。
- 不需要对服务器进行特殊配置，因为哈希部分的变化不会被发送到服务器中。

在 Hash 模式下，Vue-Router 会监听 URL 中哈希值的变化，当哈希值发生变化时，自动匹配对应的路由并渲染对应的组件。

使用 createWebHashHistory 函数可以创建 Hash 路由，地址栏将出现“#”符号，如图 4-85 所示。

图 4-85 Hash 路由的使用

接下来，我们对 Hash 路由和 History 路由进行对比。

- Hash 路由在地址栏 URL 中带有“#”符号，用 window.location.hash 读取，而 History 路由没有。
- 我们在按回车键进行刷新操作时，Hash 路由会加载到地址栏对应的页面，而 History 路由一般就会报 404 错误（刷新是网络请求，没有后端配置时会报错）。
- Hash 路由支持低版本的浏览器，而 History 路由是 HTML5 新增的 API。
- Hash 路由的特点在于，它虽然出现在 URL 中，但是不包括在 HTTP 请求中，所以对于后端是没有影响的，即改变 Hash 路由不会重新加载页面，这也是单页应用所要必备的。
- History 路由运用了浏览器的历史记录栈，之前有 back、forward、go 方法，之后在 HTML5 中新增了 pushState 和 replaceState 方法。它们提供了对历史记录进行修改的功能，不过在进行修改时，虽然改变了当前的 URL，但是浏览器不会马上向后端发送请求。
- History 路由需要后台配置的支持。例如，当我们进入项目的主页时，一切正常，可以访问，但是当我们刷新页面或者直接访问路径时就会返回 404 错误。那是因为在 History 模式下，只是动态地通过 JavaScript 操作 window.history 来改变浏览器地址栏中的路径，并没有发起 HTTP 请求，而当我们直接在浏览器中输入地址时，就一定要对服务器发起 HTTP 请求，此时这个目标在服务器上是不存在的，所以会返回 404 错误。

4. 声明式导航和编程式导航

声明式导航：在浏览器中，通过单击链接实现导航的方式，叫作声明式导航。例如，在普通网页中单击<a>链接，在 Vue.js 中单击<router-link>都属于声明式导航。

编程式导航：在浏览器中，通过调用 API 方法实现导航的方式，叫作编程式导航。例如，在普通网页中调用 location.href 方法跳转到

扫一扫

微课：4.7 声明式导航和编程式导航

新页面的方式，属于编程式导航。

Vue-Router 提供了许多编程式导航的 API，其中，常用的三种 API 如下所示。

（1）this.$router.push("hash 地址")：跳转到指定的 hash 地址，并增加一条历史记录。

（2）this.$router.replace("hash 地址")：跳转到指定的 hash 地址，并替换掉当前的历史记录。

（3）his.$router.go(数值 n)：在历史记录中前进或后退，()中的数值 n 为整数，负值代表后退，正值代表前进。

在实际开发中，一般只会前进或后退一级页面，因此可用简化方式。

① $router.back()：在历史记录中，后退到上一个页面。

② $router.forward()：在历史记录中，前进到下一个页面。

扫一扫

微课：用户注册

任务示范

1．用户注册功能的实现

给定用户注册页面，用户输入用户名、密码、邮箱、电话四个必填项（地址为选填项），并单击“提交”按钮后可以完成注册。用户使用注册的信息，可以实现登录。

```
<template>
 <h3>用户注册页面</h3>
 <el-form :model="form" ref="form" :rules="rules" label-width="100px">
        <el-form-item label="用户名" prop="username">
            <el-input v-model="form.username" @blur="checkUsername()"></el-input><span>{{info}}</span>
        </el-form-item>
        <el-form-item label="密码" prop="password">
            <el-input type="password" v-model="form.password"></el-input>
        </el-form-item>
        <el-form-item label="邮箱" prop="email">
            <el-input v-model="form.email"></el-input>
        </el-form-item>
        <el-form-item label="电话" prop="phone">
            <el-input type="text" v-model="form.phone"></el-input>
        </el-form-item>
        <el-form-item label="地址" prop="address">
            <el-input type="text" v-model="form.address"></el-input>
        </el-form-item>
        <el-form-item>
            <el-button type="primary" @click="submitForm('form')">提交</el-button>
        </el-form-item>
```

```
  </el-form>
 </template>
 <script>
  import axios from 'axios'
  // import Qs from 'qs'
  export default {
          data() {
              return {
                  login_success: 0,
                  info:"",
                  form: {
                      username: '',
                      password: '',
                      email: '',
                      address: '',
                      phone: ''
                  },
                  rules: {
                      username: [{
                          required: true,
                          message: '请输入用户名',
                          trigger: 'blur'
                      }],
                      password: [{
                              required: true,
                              message: '请输入密码',
                              trigger: 'blur'
                          },
                          {
                              min: 6,
                              max: 12,
                              message: '密码长度为 6~12 个字符',
                              trigger: 'blur'
                          }
                      ],
                      email: [{
                          required: true,
                          message: '请输入邮箱',
                          trigger: 'blur'
                      }],
                  }
              };
          },
          mounted() {
          },
          methods: {
```

```
    submitForm(formName) {
      this.$refs[formName].validate(async (valid) => {
        if (valid) {
          const dataArr = {
            'username': this.form.username,
            'password': this.form.password,
            'email': this.form.email,
            'phone': this.form.phone,
            'address': this.form.address
          };
          const response = await axios({
            url: "http:// localhost:8090/user/reg",
            method: "post",
            data: JSON.stringify(dataArr),
            //params: query,
            headers: {
              "Content-Type": "application/json",
            },
          });
          if (response.data.code == 200) {
            console.log(response.data)
            alert('注册成功！');
            this.$router.push({ path: 'login' })
          } else {
            alert('注册失败！');
          }
          //if (this.form.username === 'admin' && this.form.password === '123456')
        } else {
          console.log('验证失败');
          return false;
        }
      }); //异步操作完毕
    },
    async checkUsername() {
      try {
        // 发送请求到后端 API，检查用户名是否存在
        const data={username:this.form.username}
        const jsondata=JSON.stringify(data)
        const response = await axios({
          url: "http:// localhost:8090/user/check",
          method: "post",
          data: jsondata,
          //params: query,
          headers: {
            "Content-Type": "application/json",
```

```
113                         },
114                     });
115                     if(response.data.code==100){
116                         this.info="对不起，该用户名已经被注册了"
117                     }
118                     else{
119                         this.info=""
120                     }
121                     console.log("有没有响应"+response.data.code)
122                 } catch (error) {
123                     // 处理错误，如网络问题
124                     console.error('Error checking username:', error);
125                 }
126             },
127             async fetchData() {
128                 try {
129                     const response = await this.$http.get('http://localhost:8090/user/all');
130                     // 处理响应数据
131                     console.log(response.data)
132                 } catch (error) {
133                     // 处理错误
134                     console.log(error)
135                 }
136             },
137         }
138     }
139 </script>
140 <style>
141 </style>
```

- 01～64 行是使用 Vue.js 框架和 Element-Plus 库编写的用户注册页面的模板和脚本部分。其定义了一个表单，用于收集用户输入的用户名、密码、邮箱、电话和地址信息，并包含了一些基本的表单验证规则。
- 65～126 行主要包含两个方法：submitForm 和 checkUsername，这两个方法分别用于处理表单的提交和检查用户名是否已存在。
- 127～136 行定义一个异步方法，用于从后端 API 获取用户数据。

2. 设置访问路由

（1）将路由设置在 router 目录下的 index.js 文件中，代码如下。

```
import { createRouter, createMemoryHistory } from "vue-router";
const history=createMemoryHistory()
import UserLogin from "../components/LoginVue"
import UserRegister from "../components/UserReg"
//配置相关信息
```

```
const routes = [{
        path: "/",
        name: "index",
        component: ()=>import("../views/HomePage.vue")
    },
    {
        path: "/login",
        name: 'login',
        component: UserLogin
    },
    {
        path: "/reg",
        name: 'reg',
        component: UserRegister
    },
]
//创建路由
const router = createRouter({
    history,
    routes
})
export default router
```

（2）创建首页文件。

在 views 目录下创建一个 HomePage.vue 文件，并在其中编写如下代码。

```
<template>
    <h1>首页</h1>
</template>
<script setup>
</script>
<style>
</style>
```

（3）在 main.js 文件中增加如下代码。

```
import router from '@/router'
app.use(router).use(ElementPlus)
```

（4）在 App.vue 文件中增加如下代码。

```
<template>
    <img alt="Vue logo" src="./assets/logo.png">
    <p>
         <router-link to="/">首页</router-link><br />
             <router-link to="/login">登录</router-link><br />
               <router-link to="/reg">注册</router-link>
             <router-view :key="$route.fullPath"></router-view>
    </p>
```

```
</template>
</script>
    export default {
        data() {
            return {
                message: "",
                checkedNames: []
            }
        },
        name: 'App',
        components: {
        }
    }
</script>
<style>
    #app {
        font-family: Avenir, Helvetica, Arial, sans-serif;
        -webkit-font-smoothing: antialiased;
        -moz-osx-font-smoothing: grayscale;
        text-align: center;
        color: #2c3e50;
        margin-top: 60px;
    }
</style>
```

3. 运行调试

（1）运行用户注册页面，输入注册信息，效果如图 4-86 所示。

（2）如果在“用户名”输入框中输入“admin”，则会提示“对不起，该用户名已经被注册了”，如图 4-87 所示。

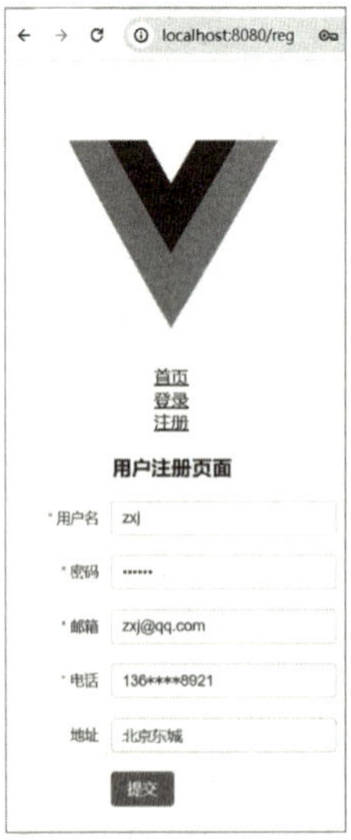

图 4-86　用户注册页面效果

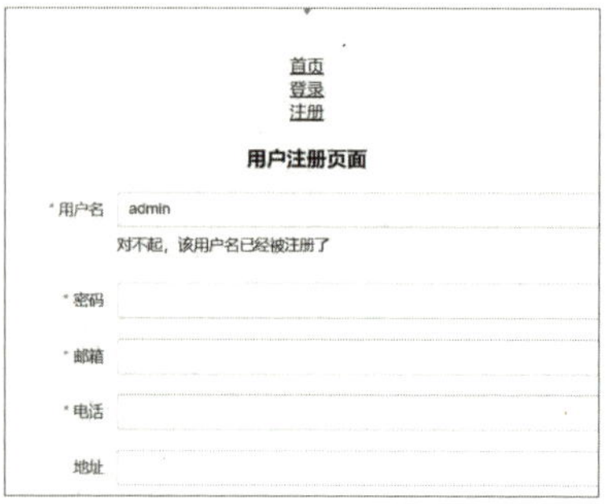

图 4-87　用户名已存在的提示

（3）单击“提交”按钮，注册成功后的效果如图 4-88 所示。

（4）关闭“注册成功”提示框以后，页面自动跳转到用户登录页面，如图 4-89 所示，输入用户名和密码。

图 4-88　注册成功后的效果

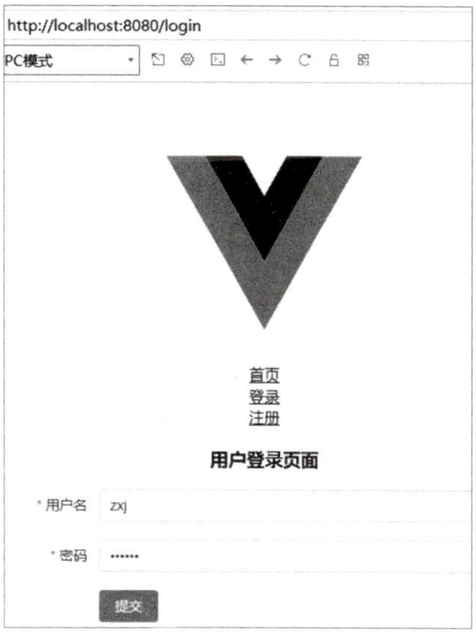

图 4-89　用户登录页面

（5）单击用户登录页面中的“提交”按钮，提示“登录成功!”，效果如图 4-90 所示。

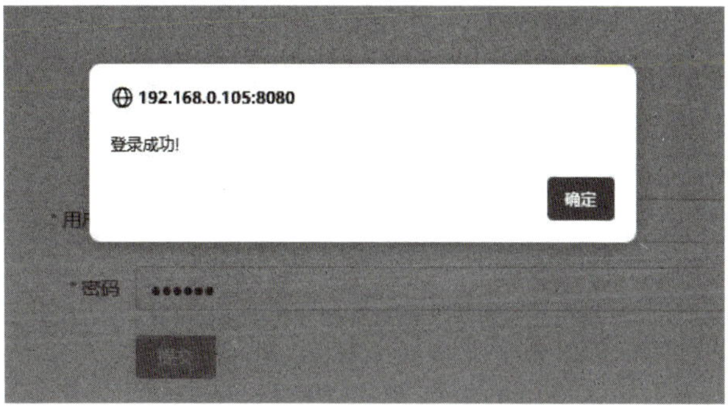

图 4-90　登录成功的效果

任务进阶

在任务示范中，使用了 History 路由来进行页面的管理和切换，这里讲解使用 Hash 路由进行页面切换的方法，下面进行相关配置。

将 router 目录下 index.js 文件中的前面两行代码做如下修改。

```
import { createRouter, createWebHashHistory } from "vue-router";
const history=createWebHashHistory()
```

运行结果如图 4-91 所示。

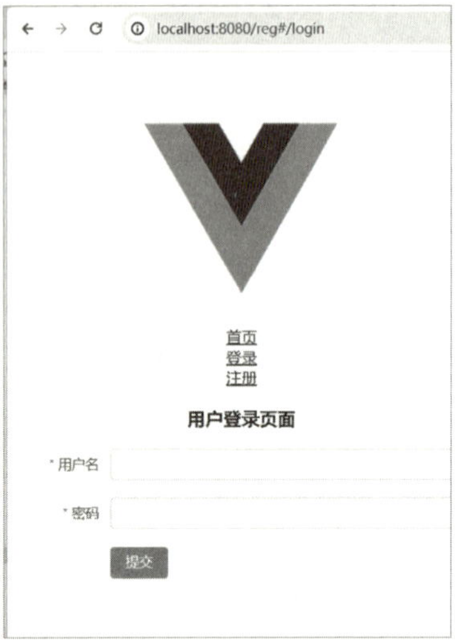

图 4-91　使用 Hash 路由的用户登录页面

任务实施

<table>
<tr><th>任务步骤</th><th>任务要点</th><th>实施记录</th></tr>
<tr><td>任务准备</td><td>1. 更换实训服、鞋套等
2. 检查机房软硬件环境</td><td>是否完成：是□ 否□</td></tr>
<tr><td>工具准备</td><td>教材、参考资料、纸、笔、特殊工具</td><td>是否完成：是□ 否□</td></tr>
<tr><td>制订计划</td><td colspan="2">根据任务目标，制订任务实施计划
<table>
<tr><th>序号</th><th>作业项目</th><th>实施要点</th></tr>
<tr><td></td><td></td><td></td></tr>
<tr><td></td><td></td><td></td></tr>
<tr><td></td><td></td><td></td></tr>
<tr><td></td><td></td><td></td></tr>
<tr><td></td><td></td><td></td></tr>
<tr><td></td><td></td><td></td></tr>
<tr><td></td><td></td><td></td></tr>
<tr><td></td><td></td><td></td></tr>
</table></td></tr>
</table>

续表

<table>
<tr><th>任务步骤</th><th>任务要点</th><th>实施记录</th></tr>
<tr><td>收集资讯</td><td>1. Vue.js 路由的安装和配置步骤是什么
2. 表单验证方法一般有哪些</td><td>检索记录：
______
______
______
______
______
______</td></tr>
<tr><td rowspan="2">任务实施
过程记录</td><td colspan="2">任务示范实现的关键步骤记录：
______
______
______
______
______
______</td></tr>
<tr><td colspan="2">任务进阶实现的关键步骤记录：
______
______
______
______
______
______</td></tr>
<tr><td>设备断电并
整理现场</td><td>将现场设备、工具等物品按 6S 标准清理归位</td><td>是否完成：是□　否□</td></tr>
</table>

评价反馈

任务总结	对 Vue.js 路由的安装和配置、表单验证方法的认知总结： 工作实施情况反思：

续表

质量评价	评分项目	学生出勤（20 分）	工作过程（30 分）	成果汇报（30 分）	职业素养（10 分）	工作规范（10 分）	总评
	自我评分						
	小组评分						
	教师评分						
	合计						

拓展阅读

中国科技企业突破壁垒，重构全球智能产业话语权

2025 年，中国科技企业以杭州宇树科技股份有限公司（Unitree）和杭州深度求索人工智能基础技术研究有限公司的深度求索（DeepSeek）为代表，通过自主创新突破国际技术壁垒，并在全球智能产业领域重构话语权体系。

一、技术路径颠覆：低成本创新打破算力霸权

DeepSeek-V3 大模型以 557.6 万美元的训练成本实现超越 GPT-4o 的性能，其创新的 MLA（多头潜在注意力机制）和 NSA（硬件一致性稀疏注意力机制）技术将推理效率提升 40%，同时降低能耗成本，颠覆了西方主导的“算力军备竞赛”逻辑。

宇树科技通过全栈自研将人形机器人关节电机成本降至国际水平的 50%，H1 机型突破波士顿动力等技术封锁，并率先通过 ISO 13482 国际安全认证。

二、规则体系重构：开源生态主导标准制定

DeepSeek 采用 MIT License 开源协议，全球首度公开包含 671B 参数主模型、技术文档及训练数据的全栈资源，吸引 12 国开发者共建 Open Embodied Intelligence 开源社区，形成对抗西方闭源体系的“算法联盟”。

宇树科技联合 500 余家上下游企业构建“灵巧手-超级脑”技术生态，推动国产精密减速器、神经拟态芯片等核心部件纳入国际供应链体系，其产品通过 CE/FCC 等 198 项认证覆盖国市场。

三、全球产业反制：技术输出倒逼价值重估

云深处科技的“绝影 X30”机器人打入新加坡电力系统，完成中国机器人海外电力巡检的首单；宇树科技的 B2-W 机器狗因马斯克转发引发全球关注，在亚马逊创单日 3000 万美元的销售纪录。

DeepSeek-V3 在 20 个中国智能制造城市规模化部署，其伦理决策框架获 92 分人类专家评审认可，相较于特斯拉的 Optimus 等实验室产品，提前 2 年实现商业化落地。

据德意志银行分析，这些突破使中国在 AI、机器人等领域的技术话语权指数提升 47%，推动全球资本从“撤离焦虑”转向“FOMO 心态”，重塑了发展中国家参与智能革命的范式。

这场由“杭州六小龙”引领的产业变革，标志着中国科技从规则接受者向标准制定者的历史性跨越。

项目小结

本项目主要讲解了 Vue.js 创建项目的方式、Vue.js 的项目结构、Vue.js 组件的创建方法、Vue.js 组件的通信方式、第三方组件库 Element-Plus 的使用、Axios 网络请求库的使用、Vue 3 路由配置等知识。

课后习题

一、单项选择题

1．在 Vue.js 项目中，通常（　　）文件是项目的入口文件。

A．index.html　　B．main.js 或 main.ts

C．App.vue　　D．router/index.js

2．在 Vue.js 组件中，用于接收父组件传递的数据的属性是（　　）。

A．data　　B．props　　C．computed　　D．methods

3．在 Vue.js 中，组件之间的通信方式不包括（　　）。

A．父子组件通过 props 和$emit 通信

B．兄弟组件通过 Vuex 通信

C．任意组件通过$refs 通信

D．任意组件通过 provide 和 inject 通信

4．Element-Plus 是基于（　　）版本设计的。

A．Vue 1.x　　B．Vue 2.x　　C．Vue 3.x　　D．Vue 4.x

5．Vue 3 的路由配置需要使用（　　）库。

A．Vue-Router 2.x　　B．Vue-Router 4.x

C．Vue-Router 4.x (Vue-Router Next)　　D．Vue-Router 5.x

6．Vue 3 的路由配置与 Vue 2 的主要区别是（　　）。

A．Vue 3 不再支持路由

B．Vue 3 的路由配置语法有所变化

C．Vue 3 的路由配置需要额外的库

D．Vue 3 的路由配置与 Vue 2 的完全相同

7．在 Vue.js 组件中，用于定义响应式数据的选项是（　　）。

A．data　　B．props

C．computed　　D．methods

8．在 Vue 3 中安装路由组件应该使用的命令是（　　）。

A．npm install vue-router@4　　B．npm install vue-router@3

C．cnpm install vue-router@2　　D．cnpm install vue-router@3

9．Element-Plus 中的 el-button 组件主要用于（　　）。

A．显示文本　　B．显示图片

C．触发按钮单击事件　　D．展示表格数据

10．Axios 网络请求库默认的请求方式是（　　）。

A．Get　　B．Post　　C．Put　　D．Delete

二、判断题，正确的画“√”，错误的画“×”

1．Vue 3 的项目结构与 Vue 2 的大致相同，只是某些配置和 API 有所变化。（　　）

2．在 Vue 3 中，使用 Vue.component 方法可以全局注册组件。（　　）

3．Vue.js 组件之间只能通过 props 和$emit 进行通信。（　　）

4．Element-Plus 是 Element-Ui 的 Vue 3 版本。（　　）

5．Axios 是一个基于 Promise 的 HTTP 客户端，只能应用于浏览器端。（　　）

6．Vue 3 的路由配置必须使用 Vue-Router 4.x 版本。（　　）

7．在 Vue 3 中，data 选项必须是一个返回对象的函数。（　　）

8．Element-Plus 的 el-alert 组件用于显示警告提示。（　　）

9．Axios 在发送请求时，默认的数据传输格式是 JSON。（　　）

10．Vue 3 的 ref 和 reactive 都可以创建响应式数据，但它们的用法和适用场景不同。（　　）

三、编程题

1．创建一个名为“TodoItem”的 Vue 3 组件，该组件接收一个 todo 对象作为 props，该对象包含 id、text 和 completed 三个属性。该组件用于展示待办事项的文本，并允许用户通过勾选复选框来标记待办事项为已完成。

2．在 Vue 3 中，创建两个组件 ParentComponent 和 ChildComponent。在 ParentComponent 组件中，使用 provide 方法提供一个名为“themeColor”的值。在 ChildComponent 组件中，使用 inject 选项接收并使用这个“themeColor”值来设置组件的样式。

3．使用 Element-Plus 库创建一个包含用户名输入框和密码输入框的登录表单。当用户单击“登录”按钮时，验证输入字段，并显示相应的提示信息（例如，如果密码太短，则会提示“密码长度为 6～12 个字符”）。

项目 5　Vue.js 组件化开发企业网站

项目描述

本项目主要使用 Vue.js 的组件开发企业网站的前台页面，包括网站首页、新闻列表页、新闻详情页、网站搜索页等。

项目分析

要完成项目任务，需要掌握响应式网页的设计方法、轮播插件 Swiper 的基本用法、Vue 3 组合式 API 的基本用法，还需要对分页处理、本地存储等有一定的了解。

学习目标

知识目标

1. 了解 Bootstrap 的引入方式；
2. 掌握响应式网页的实现原理；
3. 掌握轮播插件 Swiper 的基本用法；
4. 掌握 Bootstrap 的基本用法；
5. 掌握 Vue 3 组合式 API 的基本用法。

技能目标

1. 能使用响应式网页的设计方法设计自适应页面；
2. 能使用 Swiper 插件开发网站轮播图；
3. 能使用 Vue 3 组合式 API 实现网站功能。

素养目标

1. 培养按标准做事的习惯；
2. 培养独立完成任务的品格素质、技能素质；
3. 能够找到适合自己的学习方法并正确运用；
4. 培养团队合作精神；
5. 培养精益求精的学习精神；

扫一扫

微课

6．树立正确的价值观和纪律观念，成为遵纪守法的合格公民。

能量小贴士

同学们，在实现企业官网响应式设计与 Swiper 轮播功能时，Vue.js 3 的组合式 API 与自适应布局的配合，恰似《周易》所言的“穷则变，变则通”——当自适应网页响应屏幕变化时，我们既在用@media 断点适配设备，更在代码中践行“君子不器”的智慧——技术方案当如水无常形，因需而变。

Swiper 组件的无缝集成，印证了《荀子》中“君子生非异也，善假于物也”的哲理，那些封装精美的滑动动画与懒加载特性，正是开源社区“众人拾柴”的协作结晶。而组合式 API 的 setup()函数将业务逻辑聚合为可复用模块，恰如《考工记》中“匠人营国”的系统思维——以 ref 与 computed 为砖石，将数据流构筑成秩序井然的“九经九纬”，既彰显“分而治之”的工程智慧，又暗合“致广大而尽精微”的东方治理观。

愿你们在调试触屏滑动事件时，既能体会 flex 布局与 vw 单位的技术精妙，更能在职业生涯中以变应变、兼收并蓄。优秀开发者当如响应式网页，既有坚守核心价值观的“主轴”，也有顺应时代浪潮的“弹性”。

任务 1　网站图片轮播功能的实现

在 Vue.js 中实现图片轮播功能有多种方式：一是使用 Vue.js 组件库；二是使用第三方 JavaScript 库；三是使用自定义 Vue.js 组件。本任务使用第三方 JavaScript 库——Swiper 来实现网站图片轮播功能。

任务演示

本任务使用 Swiper 插件实现图片轮播功能，轮播图上出现左右箭头和分页圆点，单击箭头或分页圆点可以实现图片的切换，示例效果如图 5-1 所示。

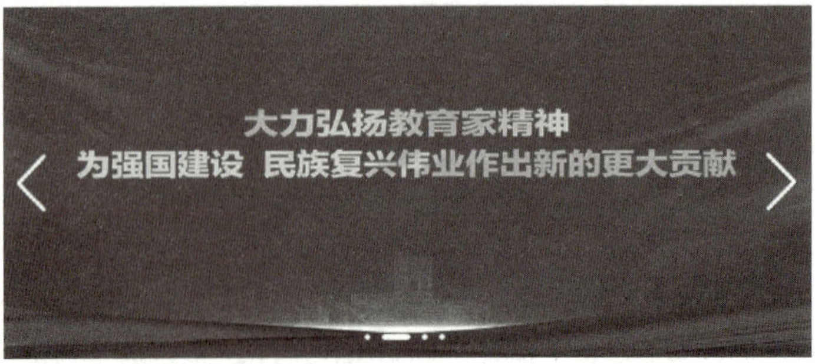

图 5-1　轮播图示例效果

知识准备

Swiper 是一款轻量级、现代化的移动端触摸滑动轮播插件，基于原生 JavaScript 实现，无须依赖其他库，适用于移动端的网站和应用开发。Swiper 支持触摸滑动、鼠标滑动、键盘控制、自动播放等功能，可轻松实现图片轮播、文章切换、相册浏览等场景。该插件具有如下特点。

- 简单易用：Swiper 的核心库具有丰富的 API 供使用者配置，同时支持自定义事件和回调函数，使用起来非常方便。
- 支持多种轮播效果：Swiper 支持多种轮播效果，如滑动、淡入淡出等，且易于定制。
- 高性能：Swiper 对移动端设备做了很好的兼容性处理，通过 CSS3 实现动画，使得页面流畅、响应迅速。
- 支持响应式布局：Swiper 提供了响应式布局解决方案，可以轻松适配不同尺寸的设备并保持良好的用户体验。

1. Swiper 的安装和基本使用

（1）安装 Swiper。

要使用 Swiper 插件，必须先进行安装。在 Swiper 官网中进入下载页面，可以看到该插件的版本，这里推荐下载 6+版本，如图 5-2 所示。

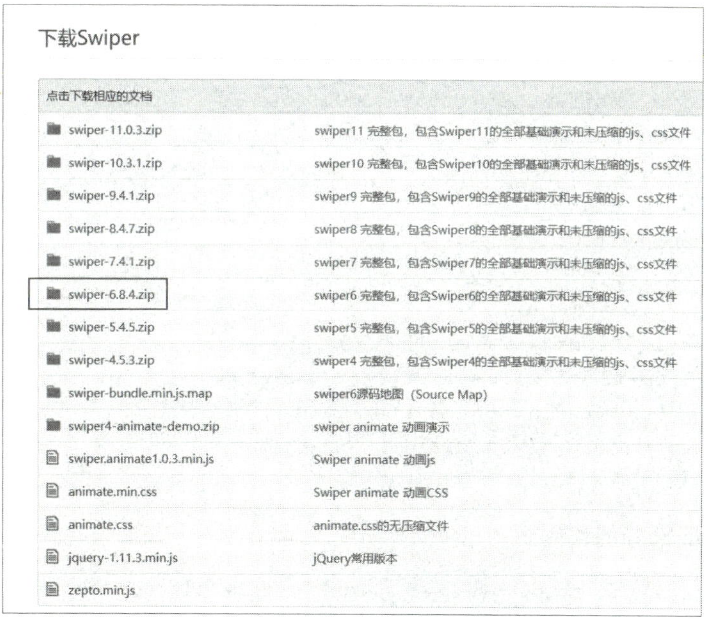

图 5-2　选择合适的版本进行下载

使用如下命令安装 Swiper：

```
cnpm install swiper@6.8.4
```

或者使用如下命令：

```
npm install swiper@6.8.4
```

如果要卸载 swiper，则可以使用如下命令：

```
npm uninstall swiper
```

（2）引用 Swiper。

安装了 Swiper 插件以后，可以使用如下代码进行引用。

```
import {
    Swiper,
    SwiperSlide
} from "swiper/vue";
// import style (>= Swiper 6.x)
import "swiper/swiper-bundle.css";
import SwiperCore, {
    Navigation,
    Pagination,
    Scrollbar,
    A11y,
    Autoplay,
} from "swiper";
SwiperCore.use([Navigation, Pagination, Scrollbar, A11y, Autoplay]);
```

（3）配置 Swiper 属性。

```
<swiper class="swiper-container"
    :slidesPerView="1"
    :spaceBetween="30"
    :loop="true"
    :speed="1000"
    :autoplay="{ delay: 500, disableOnInteraction: false}"
    :modules="modules"
    :navigation="{
        nextE1:'.swiper-button-next',
        nextE2:'.swiper-button-prev'}"
    :pagination="{ clickable: true }"
    >
```

（4）template 部分的代码。

```
<swiper-slide class="swiper-slide" v-for="(item, i) in imgs" :key="i">
            <img :src="item" alt="" />
        </swiper-slide>
        <!-- 如果需要使用分页器 -->
        <div class="swiper-pagination"></div>
        <div class="swiper-scrollbar"></div>
</swiper>
```

2. 将 Swiper 封装为组件

在 components 目录下创建 SwiperComponent.vue 文件，并在其中编写如下代码。

```
<template>
<swiper class="swiper-container" v-show="list.length>0" :slidesPerView="1" :spaceBetween="30" :loop="true"
        :speed="2000" :autoplay="{ delay: 2000, disableOnInteraction: false}" :modules="modules" :navigation="{
        nextE1:'.swiper-button-next',
        nextE2:'.swiper-button-prev'}" :pagination="{ clickable: true }">
        <swiper-slide class="swiper-slide" v-for="(item, i) in list" :key="i">
            <img referrerpolicy="no-referrer" :src="item.url" alt="" />
        </swiper-slide>
        <!-- 如果需要使用分页器 -->
        <div class="swiper-pagination"></div>
        <div class="swiper-scrollbar"></div>
 </swiper>
</template>
<script>
 import {
        Swiper,
        SwiperSlide
 } from "swiper/vue";
 // import style (>= Swiper 6.x)
 import "swiper/swiper-bundle.css";
 import SwiperCore, {
        Navigation,
        Pagination,
        Scrollbar,
        A11y,
        Autoplay,
 } from "swiper";
 SwiperCore.use([Navigation, Pagination, Scrollbar, A11y, Autoplay]);
 export default {
        name: "SwiperCom",
        components: {
            Swiper,
            SwiperSlide,
        },
        props: {
            list: {
                type: Array,
                default: () => {
                    return [];
```

```
                }
            }
        },
    }
</script>
<style>
 .swiper-container {
        width: 100%;
        height: 100%;
        border-radius: 0.1rem;
        --swiper-theme-color: #ff6600;
        --swiper-pagination-color: #248cc0;
        --swiper-navigation-color: #248cc0;
        --swiper-navigation-size: 20px;
 }
 .swiper-slide img {
        width: 100%;
        height: 100%;
 }
</style>
```

父组件 App.vue 的代码如下。

```
<template>
 <!-- <img alt="Vue logo" src="./assets/logo.png">
  <HelloWorld msg="Welcome to Your Vue.js App"/> -->
 <div class="banner">
        <HomePage :list="imgs"></HomePage>
 </div>
</template>
<script>
 // import HelloWorld from './components/HelloWorld.vue'
 //import HomePage from './views/front/IndexVue.vue'
 import axios from 'axios'
 // import HomePage from './views/front/SwiperVue7.vue'
 import HomePage from './components/SwiperComponent.vue'
 export default {
        name: 'App',
        components: {
            HomePage
        },
        data() {
            return {
                imgs: []
            }
        },
        async mounted() {
```

```
            let res = await axios.get('http:// localhost:8090/banner/all')
            console.log(res.data.list)
            this.imgs = res.data.list
            console.log("请求到的数据为" + this.imgs)
        },
  }
</script>
<style>
 #app {
        font-family: Avenir,Helvetica, Arial,sans-serif;
        -webkit-font-smoothing: antialiased;
        -moz-osx-font-smoothing: grayscale;
        text-align: center;
        color: #2c3e50;
        margin-top: 60px;
  }
 .banner {
        width: 500px;
        height: 200px;
  }
</style>
```

运行结果如图 5-3 所示。

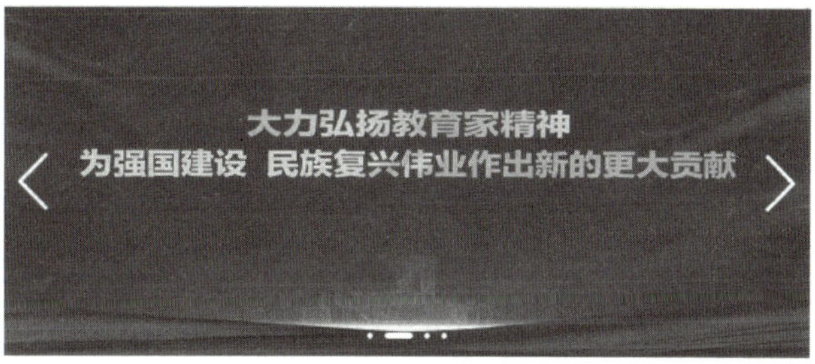

图 5-3　轮播图运行结果

任务示范

（1）script 部分的代码。

```
<script>
 import axios from 'axios'
 import BannerCom from '/src/components/SwiperComponent.vue'
 export default {
        components: {
            BannerCom
        },
        data() {
```

```
09                return {
10                    imgs: [],
11                    newslist: [],
12                }
13            },
14            methods: {
15                }
16            async mounted() {
17                let res = await axios.get('http:// localhost:8090/banner/
index')
18                console.log(res.data.list)
19                this.imgs = res.data.list
20            } }
21    </script>
```

- 02 行引入 Axios 网络请求库。
- 03 行从/src/components/SwiperComponent.vue 路径中导入一个名为“BannerCom”的 Vue.js 组件。
- 04 行开始导出 Vue.js 组件的默认对象。
- 05～07 行在 components 属性中注册之前导入的 BannerCom 组件，这样就可以在模板中直接使用<BannerCom>标签。
- 08～12 行定义组件的数据对象，它包含一个 newslist 数组，用于存储新闻列表。
- 14～15 行定义组件的方法。
- 16～20 行定义一个异步的 mounted 生命周期钩子函数。当组件被挂载到 DOM 后，这个钩子函数会被调用。
- 17 行发送一个 Get 请求到 http:// localhost:8090/banner/index，并等待响应，响应数据被存储在 res 变量中。
- 19 行将响应数据中的 list 赋值给 this.imgs。

（2）template 部分的代码。

```
<template>
 <!-- 头部区域开始 -->
 <div class="index_header">
        <nav class="navbar navbar-default">
            <div class="container-fluid">
                <div class="navbar-header">
                    <button type="button" class="navbar-toggle
collapsed" data-toggle="collapse"
                        data-target="#bs-example-navbar-collapse-1"
aria-expanded="false">
                        <span class="sr-only">Toggle navigation</span>
                        <span class="icon-bar"></span>
                        <span class="icon-bar"></span>
                        <span class="icon-bar"></span>
```

```
                    </button>
                    <a class="navbar-brand" href="#">网站首页</a>
                    <!-- <div id="search_form" class=" navbar-brand">
                        <i class="bi-search" id="bi-search" style="font-size: 1.8rem; color: cornflowerblue;"></i>
                    </div> -->
                </div>
                <div class="collapse navbar-collapse" id="bs-example-navbar-collapse-1">
                    <ul class="nav  navbar-nav">
                        <li class="active"><a href="#">首页 <span class="sr-only">(current)</span></a></li>
                        <li><a href="#">企业新闻</a></li>
                        <li><a href="#">行业新闻</a></li>
                    </ul>
                    <form class="navbar-form navbar-left" role="search" @submit.prevent="searchForm">
                        <div class="form-group">
<input type="text" class="form-control" placeholder="Search" v-model="formData.key">
                        </div>
                        <button type="submit" class="btn btn-default">提交按钮</button>
                    </form>
                    <ul class="nav navbar-nav navbar-right">
                        <li><a href="#">登录</a></li>
                        <li><a href="#">注册</a></li>
                        <li class="dropdown">
                            <a href="#" class="dropdown-toggle" data-toggle="dropdown" role="button"
                                aria-haspopup="true" aria-expanded="false">欢迎您！ <span class="caret"></span></a>
                            <ul class="dropdown-menu">
                                <li><a href="#">用户中心</a></li>
                                <li><a href="#">修改密码</a></li>
                                <li><a href="#">退出登录</a></li>
                            </ul>
                        </li>
                    </ul>
                </div>
            </div>
        </nav>
</div>
<!-- 头部区域结束 -->
<!-- 轮播图开始 -->
<section id="banner_main">
        <BannerCom :list="imgs"></BannerCom>
```

```
52     </section>
53     <!-- 轮播图结束 -->
54   </template>
```

- 01～02 行是模板的开始。
- 03 行定义一个具有 index_header 类的 div 容器，表示这是页面的头部区域。
- 04～46 行使用 Bootstrap 的导航（navbar）组件。<nav>标签包裹了导航的所有内容。navbar-default 类指定了导航的默认样式。navbar-header 类包含了导航的标题（通常是网站名称或 Logo）和一个用于展开/折叠导航的按钮（在小屏幕上显示）。按钮使用了三个 icon-bar 类的 span 元素来表示三条横线，这是 Bootstrap 默认的折叠图标。navbar-brand 是一个包含网站名称或 Logo 的链接。
- 19～30 行定义导航的展开部分。
- 31～36 行定义导航的右侧部分，第一个和第二个 li 元素是简单的登录和注册链接。第三个 li 元素是一个下拉菜单（dropdown），用于显示用户的欢迎信息或提供其他与用户相关的链接。这个下拉菜单使用了 Bootstrap 的 dropdown 组件。dropdown-toggle 类表示这是一个用于切换下拉菜单的按钮。

data-toggle="dropdown"和其他 data-*属性是必须设置的，用于启用下拉菜单的功能。aria-*属性用于增强可访问性，为屏幕阅读器等辅助技术提供信息。

运行结果如图 5-4 所示。

图 5-4　首页导航和轮播图运行结果

任务进阶

在 Swiper 插件中添加链接通常意味着开发者想让每一个滑动项（swiper-slide）都链接到一个特定的详情页中。然而，标准的 Swiper 插件（如 Vue Swiper）并不直接支持在滑动项中添加链接，因为 Swiper 主要是一款实现滑动效果的插件，而不是一款导航插件。但是，我们可以通过下面的方法来实现这个功能。

在 swiper-slide 元素中添加单击事件处理器，当用户单击滑动项时，使用 Vue-Router 的 router.push 方法导航到详情页中。

```
<template>
  <swiper ...>
    <swiper-slide
```

```
      class="swiper-slide"
      v-for="(item, i) in list"
      :key="i"
      @click="goToDetail(item.detailUrl)"
    >
      <img referrerpolicy="no-referrer" :src="item.url" alt="" />
    </swiper-slide>
      ...
  </swiper>
</template>
<script>
export default {
  methods: {
    goToDetail(detailUrl) {
      this.$router.push(detailUrl);
    }
  },
  // ...
}
</script>
```

- <swiper ...>是一个自定义的组件，可能是用于展示轮播图的。由于代码片段中未给出完整的 Swiper 组件属性和内容，因此我们只能猜测其可能的功能和属性。
- <swiper-slide>是 Swiper 组件的子组件，通常用于表示轮播图中的每一张“图片”或每一个“页面”。class="swiper-slide"为<swiper-slide>组件指定了一个 CSS 类名，可以在 CSS 中为这个类定义样式。
- v-for="(item, i) in list"是一个 Vue.js 的指令，用于循环渲染列表（list）中的每一个元素。对于 list 中的每一个 item，系统都会生成一个<swiper-slide>组件，并同时提供当前元素的索引 i。
- :key="i"也是一个 Vue.js 的指令，用于为每一个<swiper-slide>组件提供唯一的 key。在 Vue.js 的列表中，使用 key 可以帮助 Vue.js 更高效地识别和更新 DOM 元素。
- @click="goToDetail(item.detailUrl)"是一个事件监听器，当<swiper-slide>组件被单击时，会调用 goToDetail 方法，并将当前 item 的 detailUrl 作为参数传递。
- img 是一个图片元素，其 src 属性通过:src="item.url"绑定到当前 item 的 url 属性上，从而显示对应的图片。

任务实施

任务步骤	任务要点	实施记录
任务准备	1．更换实训服、鞋套等 2．检查机房软硬件环境	是否完成：是□ 否□
工具准备	教材、参考资料、纸、笔、特殊工具	是否完成：是□ 否□

续表

<table>
<tr><th>任务步骤</th><th colspan="2">任务要点</th><th>实施记录</th></tr>
<tr><td>制订计划</td><td colspan="3">根据任务目标，制订任务实施计划
<table><tr><th>序号</th><th>作业项目</th><th>实施要点</th></tr><tr><td></td><td></td><td></td></tr><tr><td></td><td></td><td></td></tr><tr><td></td><td></td><td></td></tr><tr><td></td><td></td><td></td></tr><tr><td></td><td></td><td></td></tr><tr><td></td><td></td><td></td></tr><tr><td></td><td></td><td></td></tr><tr><td></td><td></td><td></td></tr></table></td></tr>
<tr><td>收集资讯</td><td colspan="2">1. Swiper 轮播插件的安装和基本使用步骤是什么
2. 网站轮播图的实现方式主要有哪些</td><td>检索记录：</td></tr>
<tr><td>任务实施
过程记录</td><td colspan="3">任务示范实现的关键步骤记录：

任务进阶实现的关键步骤记录：</td></tr>
<tr><td>设备断电并
整理现场</td><td colspan="2">将现场设备、工具等物品按 6S 标准清理归位</td><td>是否完成：是□ 否□</td></tr>
</table>

评价反馈

任务总结	对 Swiper 轮播插件的安装和基本使用的认知总结： 工作实施情况反思：						
质量评价	评分项目	学生出勤（20 分）	工作过程（30 分）	成果汇报（30 分）	职业素养（10 分）	工作规范（10 分）	总评
	自我评分						
	小组评分						
	教师评分						
	合计						

任务 2　网站首页功能的实现

本任务使用 Spring Boot +Mybatis-Plus+MySQL 开发网站首页所需要用到的 API 数据，并使用 Vue.js 开发网站首页，其包括新闻列表、网站顶部导航菜单、网站底部导航等内容。

任务演示

本任务使用 Spring Boot+Mybatis-Plus+MySQL 开发网站首页所需要用到的 API 数据，使用 Axios 网络请求库请求 API 数据，使用 Bootstrap 开发自适应网页，网站首页部分效果如图 5-5 所示。

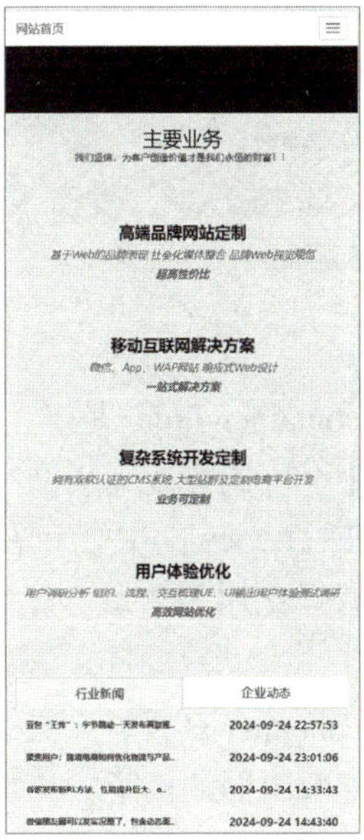

图 5-5　网站首页部分效果

知识准备

1. Bootstrap 的基本使用

Bootstrap 是一款开源的前端框架，用于对 HTML 和 CSS 代码进行封装，因此用户可以直接在标签中加入现成的属性来实现需求。

1）引用 Bootstrap

要使用 Bootstrap，必须对其进行引用，可以使用如下代码。

```
// 引入jQuery
<script src="https:// **.bootcdn.net/ajax/libs/jquery/3.7.1/jquery.min.js"></script>
// 引入Bootstrap的CSS文件
<link href="https:// **.bootcdn.net/ajax/libs/twitter-bootstrap/3.5.1/css/bootstrap.min.css" rel="stylesheet">
// 引入Bootstrap的JavaScript文件
<script src="https:// **.bootcdn.net/ajax/libs/twitter-bootstrap/3.5.1/js/bootstrap.min.js"></script>
```

注意： 这里 Bootstrap 使用的版本是 3.5.1。如果引用的地址失效，则在网络上搜索 Bootstrap 3 版本将其替换掉就可以，也可以将网络上的 CSS 文件下载到本地进行引用。

2）布局容器

Bootstrap 提供了三种类型的容器：.container、.container-fluid 和.container-xl。

.container 是一个响应式容器，其宽度会根据不同设备的断点进行自适应调整（根据屏幕宽度同比例放大或缩小，见图 5-6），以确保内容在不同屏幕尺寸上都能得到良好的展示。.container 类用于创建固定宽度的响应式网页。

	超级小屏幕 <576px	小屏幕 ≥576px 且< 768px	中等屏幕 ≥768px 且< 992px	大屏幕 ≥992px 且< 1200px	特大屏幕 ≥1200px 且< 1400px	超级大屏幕 ≥1400px
max-width	100%	540px	720px	960px	1140px	1320px

图 5-6　各种屏幕的尺寸

.container-fluid 是一个占据全部可用宽度（全部浏览器视口）的容器，即 100%宽度，适用于全屏或宽度铺满的布局需求。

注意： viewport 是浏览器视口，代表浏览器的可视区域，也就是浏览器中用来显示网页的区域。在计算机上，由外到内分为显示器窗口、浏览器窗口、浏览器视口、元素、其他元素。

.container-xl 是一个具有额外宽度的容器，可以用来实现超出常规容器宽度的特殊布局。

请看下面的例子。

```
<!DOCTYPE html>
```

```
02 <html lang="en">
03 <head>
04     <meta charset="utf-8">
05     <meta http-equiv="X-UA-Compatible" content="IE=edge">
06     <meta name="viewport" content="width=device-width, initial-scale=1.0">
07     <!-- Bootstrap 5 CSS -->
08     <link href="./bootstrap4.5.2.**.css" rel="stylesheet">
09     <script src="./bootstrap.**.min.js"></script>
10     <title>布局容器</title>
11     <style>
12      body{
13          color: #ffffff;
14      }
15         .container {
16             background-color: red;
17             background-color: #CCCCCC;
18         }
19         .container-fluid {
20             background-color: green;
21              background-color: #666666;
22         }
23         .container-xl {
24             background-color: blanchedalmond;
25             background-color: #333333;
26         }
27     </style>
28 </head>
29 <body>
30     <div class="container">Container</div>
31     <div class="container-fluid">Container-fluid</div>
32     <div class="container-xl">Container-xl</div>
33 </body>
34 </html>
```

- 01 行使用标准模式解析文档，以确保浏览器按照 HTML5 规范来渲染页面内容。
- 02 行通过<html lang="en">标签告诉搜索引擎该页面是使用 HTML 编写的，并且指定页面内容的主要语言为英文。
- 03 行开始定义页面的头部信息。
- 04 行设置文档的字符编码为“utf-8”，以确保页面支持多语言字符集。
- 05 行设置页面以兼容模式在 Internet Explorer 浏览器中运行，并启用最新的渲染模式。
- 06 行进行页面的浏览器视口设置，使其能够适应不同设备的屏幕宽度，并设置初始缩放比例为 1.0。
- 07 行是一个注释，表示接下来将引入 Bootstrap。

- 08 行使用<link>标签引入 Bootstrap 的 CSS 文件，为页面提供预定义的样式和布局。
- 09 行使用<script>标签引入 Bootstrap 的 JavaScript 文件，该文件包含了 Bootstrap 的交互功能。
- 10 行设置页面的标题为“布局容器”，该标题将显示在浏览器的标签页上。
- 12～14 行定义网页字体颜色为白色。
- 15～26 行定义三个 CSS 类（.container、.container-fluid、.container-xl），分别设置了不同的背景颜色，用于区分页面中的不同容器。
- 27 行结束内联样式的定义。
- 28 行结束页面头部信息的定义。
- 29 行开始定义页面的主体内容。
- 30～32 行创建三个具有不同类的 div 元素，分别应用之前定义的背景颜色，并在其中分别显示“Container”、“Container-fluid”和“Container-xl”文本。
- 33 行结束页面主体内容的定义。
- 34 行结束整个 HTML 文档的定义。

整个代码段通过引入 Bootstrap 框架和自定义样式，创建了一个包含不同容器和文本的简单 HTML 页面，并通过不同的背景颜色来区分这些容器。同时，确保了页面在不同设备和浏览器中的兼容性和正确渲染。

运行结果如图 5-7 所示。

图 5-7　不同容器的演示

2. 栅格系统

栅格系统的基本单位是行（row）和列（column）。

- 使用.row 类在容器内创建行，默认有 12 列。
- 使用.col-*-*类将行划分为不同的列，其中第一个星号表示列在小屏幕上的占比，第二个星号表示列在中等屏幕上的占比。
- .col-*类在所有设备上都占用一整行（12 列）的空间。
- .col-sm-*类在小屏幕设备（≥576px 且＜768px）上占用指定数量的列。
- .col-md-*类在中等屏幕设备（≥768px 且＜992px）上占用指定数量的列。
- .col-lg-*类在大屏幕设备（≥992px 且＜1200px）上占用指定数量的列。
- .col-xl-*类在特大屏幕设备（≥1200px 且＜1400px）上占用指定数量的列。

注意：星号代表元素占据的列数，取值为 1～12。

请看下面的例子。

```
<!DOCTYPE html>
<html lang="en">
<head>
<meta charset="utf-8">
```

```
<title>Bootstrap Grid Example</title>
<!-- 引入 jQuery -->
<script src="https:// **.bootcdn.net/ajax/libs/jquery/3.7.1/jquery.min.js"></script>
<!-- 引入 Bootstrap 的 CSS 文件 -->
<link href="https:// **.bootcdn.net/ajax/libs/twitter-bootstrap/3.5.1/css/bootstrap.min.css" rel="stylesheet">
<!-- 引入 Bootstrap 的 JavaScript 文件 -->
<script src="https:// **.bootcdn.net/ajax/libs/twitter-bootstrap/3.5.1/js/bootstrap.min.js"></script>
<style>
.grey{
background-color: red;
background-color: #CCCCCC;
color:#ffffff;
}
.black{
background-color: green;
background-color: #333333;
color:#ffffff;
}
.dgrey{
background-color: yellow;
background-color: #666666;
color:#ffffff;
}
</style>
</head>
<body>
<div class="container">
<div class="row">
<div class="col-md-1 grey">.col-md-1</div>
<div class="col-md-11 black">.col-md-11</div>
</div>
<div class="row">
<div class="col-md-8 black">.col-md-8</div>
<div class="col-md-4 grey">.col-md-4</div>
</div>
<div class="row">
<div class="col-md-4 grey">.col-md-4</div>
<div class="col-md-4 black">.col-md-4</div>
<div class="col-md-4 dgrey">.col-md-4</div>
</div>
</div>
</body>
</html>
```

- 01 行使用标准模式解析文档，以确保浏览器按照 HTML5 规范来渲染页面内容。
- 02 行通过<html lang="en">标签告诉搜索引擎和其他辅助技术该页面是使用 HTML 编写的，并且指定页面内容的主要语言为英文。
- 03 行开始定义页面的头部信息。
- 04 行设置文档的字符编码为“utf-8”，以确保页面支持多语言字符集。
- 05 行设置页面的标题为“Bootstrap Grid Example”，该标题将显示在浏览器的标签页上。
- 06 行通过注释表明接下来将引入 jQuery 库。
- 07 行通过<script>标签实际引入 jQuery 库的链接。jQuery 是一个流行的 JavaScript 库，用于简化 HTML 文档遍历、事件处理、动画效果和 AJAX 交互流程。
- 09 行通过<link>标签引入 Bootstrap 的 CSS 文件。Bootstrap 是一款流行的前端框架，提供了丰富的预定义样式和组件，用于快速构建响应式布局和美观的网页界面。
- 11 行通过<script>标签引入 Bootstrap 的 JavaScript 文件，该文件包含了 Bootstrap 的交互功能。
- 13～27 行定义内联样式，其中创建了三个 CSS 类（.grey、.black、.dgrey），分别用于设置元素的背景颜色为灰色、黑色和深灰色。
- 29 行结束页面头部信息的定义。
- 30 行开始定义页面的主体内容。
- 31 行创建一个带有 Bootstrap 的“container”类的 div 元素，用于限制内容的宽度并添加适当的内边距和外边距。
- 32～35 行定义第 1 行（row），其中包含 2 列（col），分别占据 1 个和 11 个网格单位的宽度，并分别应用灰色和黑色的背景颜色。
- 36～39 行定义第 2 行，包含 2 列，分别占据 8 个和 4 个网格单位的宽度，并分别应用黑色和灰色的背景颜色。
- 40～44 行定义第 3 行，包含 3 列，每列都占据 4 个网格单位的宽度，并分别应用灰色、黑色和深灰色的背景颜色。
- 45 行关闭最外层的 container div。
- 46 行结束页面主体内容的定义。
- 47 行结束整个 HTML 文档的定义。

注意：上面代码中 CDN 引用的详细地址请参考本书配套资源，也可以使用本地加载方式来引入 CSS 文件和 JavaScript 文件。

整段代码描述了页面的结构和功能，从文档类型的声明到页面语言的指定，再到元数据的设置、外部资源的引入、页面样式的定义及主体内容的布局。通过这段代码，可以创建一个使用 Bootstrap 网格系统的响应式网页，并应用自定义的背景颜色样式。

运行结果如图 5-8 所示。

图 5-8　使用 Bootstrap 网格系统的响应式网页

任务示范

1．创建数据库

（1）打开 Navicat 软件，新建连接，可以为新建的连接取一个名字，这里取为“本地 MySQL”，密码为 MySQL 的密码，如图 5-9 所示。

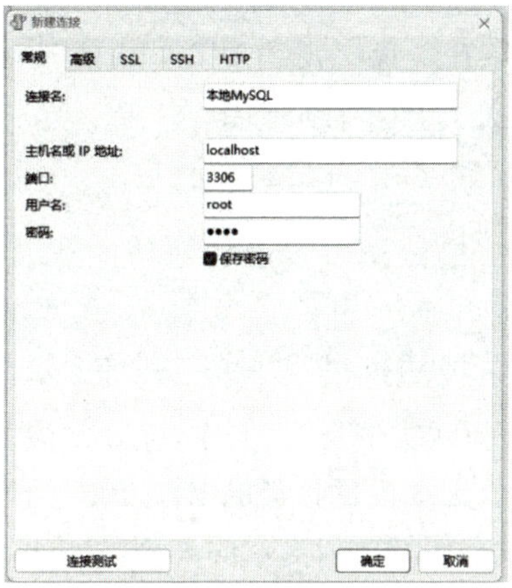

图 5-9　新建连接

（2）在“新建数据库”对话框中，创建名为“jiaqicms”的数据库，将字符集设置为“utf8mb4--UTF-8 Unicode”，如图 5-10 所示。

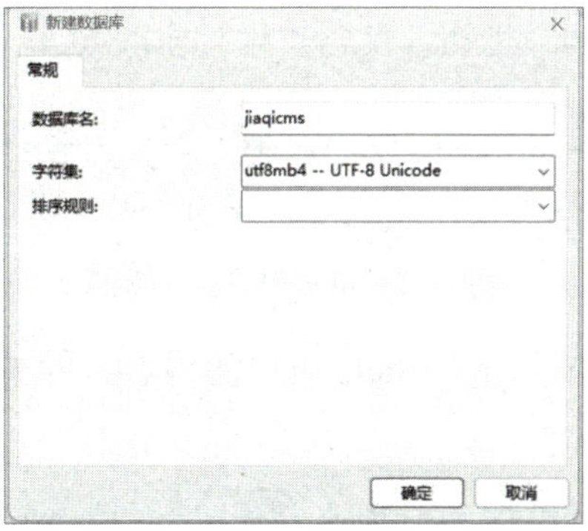

图 5-10　创建数据库并指定字符集

（3）创建名为“jq _article”的表，其内容如下。

```
--
-- 表的结构 `jq_article`
--
CREATE TABLE IF NOT EXISTS `jq_article` (
`aid` int(11) NOT NULL AUTO_INCREMENT,
`cat_id` int(11) DEFAULT NULL,
`title` varchar(255) NOT NULL,
`shorttitle` varchar(255) DEFAULT NULL,
```

```
`source` varchar(64) NOT NULL,
`keywords` varchar(64) NOT NULL,
`description` varchar(512) NOT NULL,
`body` text NOT NULL,
`clicks` int(11) DEFAULT NULL,
`picture` varchar(255) DEFAULT NULL,
`author_id` int(11) DEFAULT NULL,
`allowcomments` int(11) DEFAULT NULL,
`status` int(11) DEFAULT NULL,
`create_time` datetime DEFAULT NULL,
`is_delete` tinyint(1) DEFAULT NULL,
`flag` tinyint(1) DEFAULT NULL,
PRIMARY KEY (`aid`),
KEY `author_id` (`author_id`),
KEY `cat_id` (`cat_id`)
) ENGINE=MyISAM DEFAULT CHARSET=utf8 AUTO_INCREMENT=13 ;
```

该表主要用于存储文章（新闻类信息），其中，aid 字段表示每条记录的 ID，是主键且是自动增长的，cat_id 字段表示文章栏目分类的 ID，title 字段表示文章的标题，shorttitle 字段表示文章的缩略标题，source 字段表示文章的来源，keywords 字段表示文章的关键词，description 字段表示文章内容的摘要，body 字段表示文章的正文，clicks 字段表示文章的单击次数，picture 字段表示文章的缩略图，author_id 字段表示文章作者的 ID，allowcomments 字段表示文章是否允许评论，status 字段表示文章是否被放回回收站，create_time 字段表示文章的创建时间，is_delete 字段表示删除标志，flag 字段表示是否将文章加入热点文章。

（4）单击界面上的“查询”按钮，准备执行对应的 SQL 语句，如图 5-11 所示。

图 5-11　单击“查询”按钮

（5）在弹出的界面中，输入 jq _article 表中的内容，并单击“运行”按钮，如图 5-12 所示。

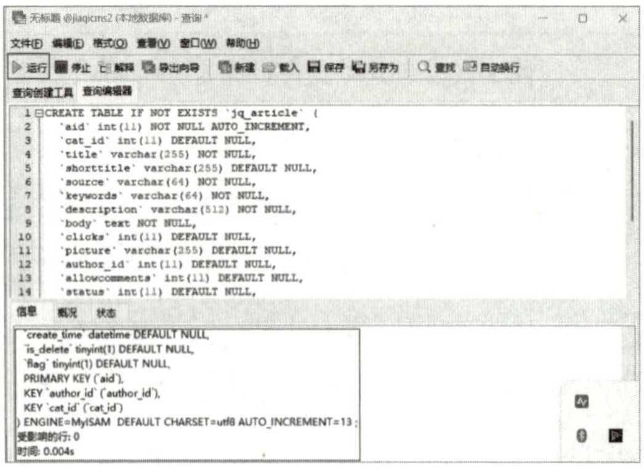

图 5-12　创建表

（6）创建表的命令执行完成后，单击“保存”按钮，然后切换到表视图，在空白处单击鼠标右键，在弹出的快捷菜单中选择“刷新”命令，查看是否会出现新创建的表，如图 5-13 所示。

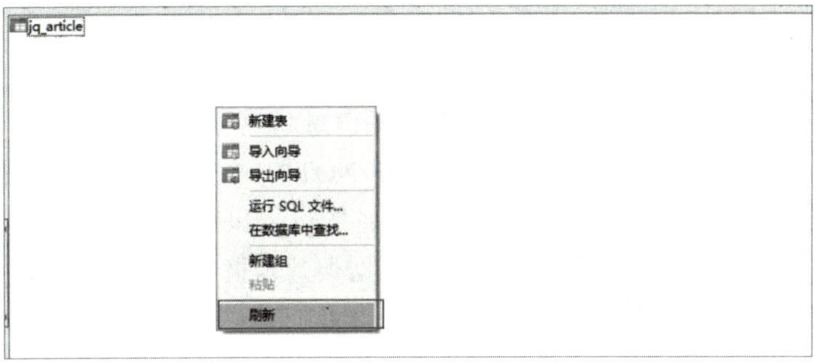

图 5-13　出现新创建的表

（7）双击 jq _article 表进行查看，若出现图 5-14 所示的内容，则表明该表创建成功。

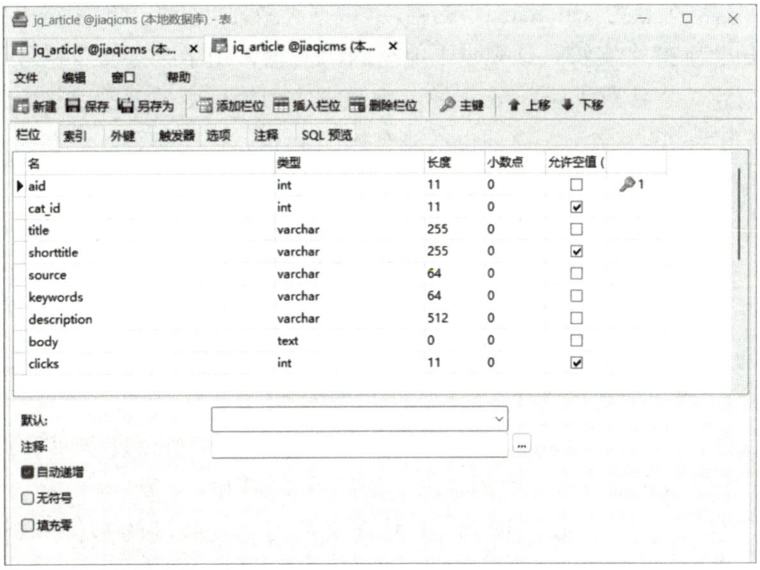

图 5-14　查看 jq _article 表

（8）创建名为“jq _article_category”的表，其内容如下。

```
--
-- 表的结构 `jq_article_category`
--
CREATE TABLE IF NOT EXISTS `jq_article_category` (
  `cat_id` int(11) NOT NULL AUTO_INCREMENT,
  `parent_id` int(11) NOT NULL,
  `cat_name` varchar(20) NOT NULL,
  `keywords` varchar(20) NOT NULL,
  `description` text,
```

```
10     `cat_sort` int(11) DEFAULT NULL,
11     `status` int(11) NOT NULL,
12     `dir` varchar(80) NOT NULL,
13     PRIMARY KEY (`cat_id`)
14   ) ENGINE=MyISAM  DEFAULT CHARSET=utf8 AUTO_INCREMENT=36 ;
```

jq _article_category 表用于存储文章栏目分类的信息，包括分类 ID、父分类 ID、分类名称、关键词、描述、排序、状态及目录或路径信息。

- 04 行定义一个创建新表的 SQL 语句。IF NOT EXISTS 是一个可选的子句，确保了只有在该表尚不存在时才创建新表。表名是 jq_article_category。
- 05 行创建一个名为“cat_id”的列，其数据类型为整数（int(11)），11 表示显示宽度，对存储大小或范围没有限制。NOT NULL 表示该列不能有 NULL 值。AUTO_INCREMENT 表示该列的值在每次插入新记录时会自动递增。
- 06 行创建一个名为“parent_id”的列，其数据类型为整数（int(11)），11 表示显示宽度，对存储大小或范围没有限制。
- 07 行创建一个名为“cat_name”的列，其数据类型为可变长度的字符串（varchar(20)），最大长度为 20 个字符。该列也不能有 NULL 值，用于存储文章栏目分类的名称。
- 08 行创建一个名为“keywords”的列，其数据类型为可变长度的字符串（varchar(20)），最大长度为 20 个字符。该列也不能有 NULL 值，用于存储文章栏目分类的关键词描述信息。
- 09 行创建一个名为“description”的列，其数据类型为可变长度的字符串（varchar(20)），最大长度为 20 个字符。该列也不能有 NULL 值，用于存储文章栏目分类的详细描述信息。
- 10 行创建一个名为“cat_sort”的列，其数据类型为整数（int(11)）。该列有一个默认值 NULL，用于表示文章栏目分类的排列顺序。
- 11 行创建一个名为“status”的列，其数据类型为整数（int(11)）。该列不能有 NULL 值，用于表示文章栏目分类的状态（如启用或禁用）。
- 12 行创建一个名为“dir”的列，其数据类型为可变长度的字符串（varchar(80)），最大长度为 80 个字符。该列也不能有 NULL 值，用于存储与分类相关的路由信息。
- 13 行定义 cat_id 列为主键。主键必须包含唯一的值，并且不能有 NULL 值。这确保了表中的每条记录都有唯一的标识符。
- 14 行结束 CREATE TABLE 语句。ENGINE=MyISAM 指定了表的存储引擎为 MyISAM。DEFAULT CHARSET=utf8 设置了表的默认字符集为“utf-8”，用于支持多语言字符集。AUTO_INCREMENT=36 设置了 cat_id 列的自动递增起始值为“36”，这意味着下一个插入的记录将使用 36 作为 cat_id 的值，然后依次递增。

运行上面的代码，结果如图 5-15 所示。

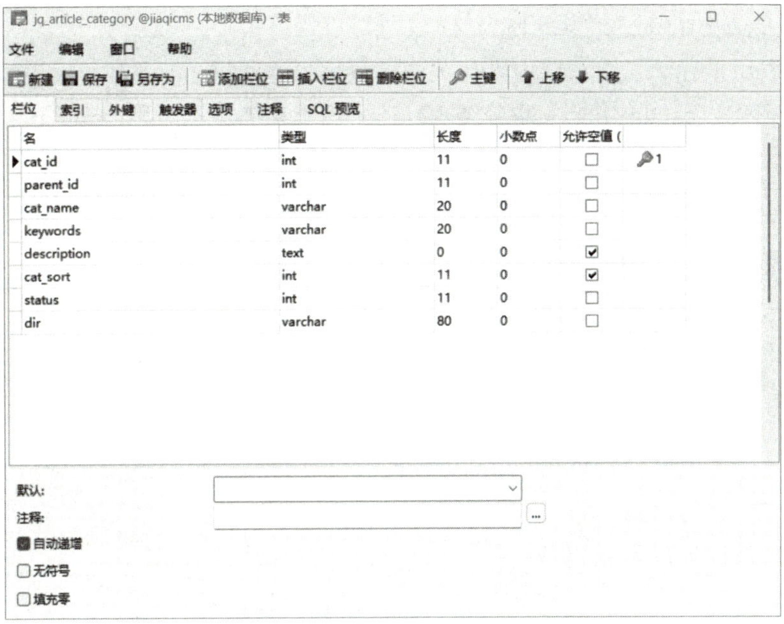

图 5-15　查看 jq_article_category 表

（9）创建名为“jq_tag”的表，其内容如下。

```
01  CREATE TABLE IF NOT EXISTS `jq_tag` (
02    `tid` int(11) NOT NULL AUTO_INCREMENT,
03    `aid` int(11) DEFAULT NULL,
04    `cat_id` smallint(6) DEFAULT NULL,
05    `tag` varchar(40) NOT NULL,
06    `add_time` datetime DEFAULT NULL,
07    PRIMARY KEY (`tid`)
08  ) ENGINE=MyISAM DEFAULT CHARSET=utf8 AUTO_INCREMENT=1 ;
```

- 01 行创建名为“jq _tag”的表，如果该表已存在，则不会重复创建。
- 02 行创建一个名为“tid”的列，其数据类型为整数，且不能有 NULL 值，每次插入新记录时该列的值会自动递增，通常用作主键。
- 03 行创建一个名为“aid”的列，其数据类型为整数，允许有 NULL 值，默认值为 NULL。
- 04 行创建一个名为“cat_id”的列，其数据类型为较小的整数，允许有 NULL 值，默认值为 NULL。
- 05 行创建一个名为“tag”的列，其数据类型为可变长度的字符串，最大长度为 40 个字符，且不能有 NULL 值。
- 06 行创建一个名为“add_time”的列，其数据类型为日期时间，允许有 NULL 值，默认值为 NULL。
- 07 行指定 tid 列作为表的主键，以确保每行数据的唯一性。
- 08 行结束表的创建语句，并指定使用 MyISAM 作为存储引擎，设置字符集为“utf-8”，以及 tid 列的自动递增起始值为“1”。

jq _tag 表用于存储与文章或内容相关的标签信息，通过 tid 来唯一标识每个标签，aid 用于关联文章 ID，cat_id 用于关联分类 ID，tag 用于存储标签名称，add_time 用于记录标签的添加时间。

运行上面的代码，结果如图 5-16 所示。

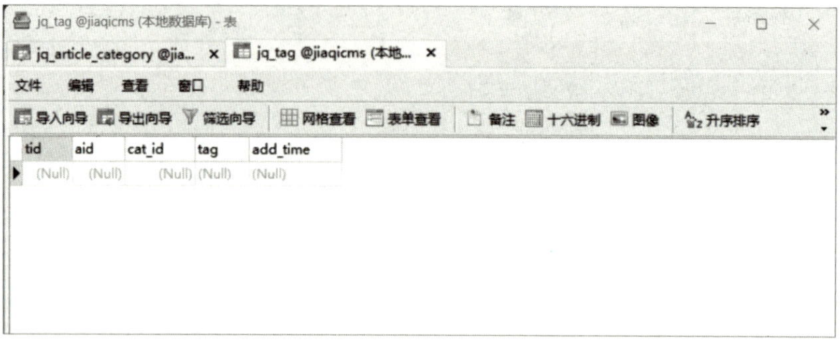

图 5-16　查看 jq _tag 表

2. 添加测试数据

此时后台功能暂时没有开发，这里使用 Navicat 软件先添加一些测试数据，有了测试数据以后，就可以开发首页等页面了。

（1）切换到“表”视图，如图 5-17 所示。

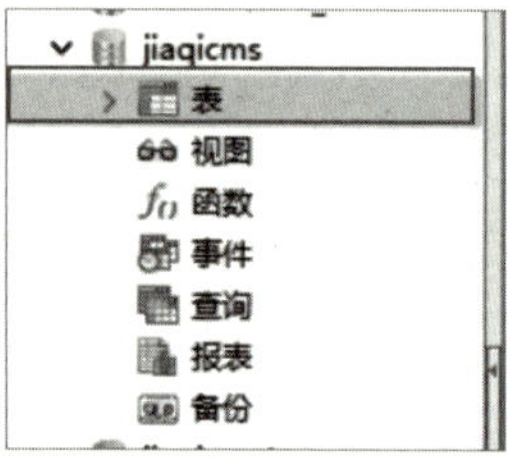

图 5-17　切换到“表”视图

（2）找到名为“jq_article_category”的表并双击，如图 5-18 所示。

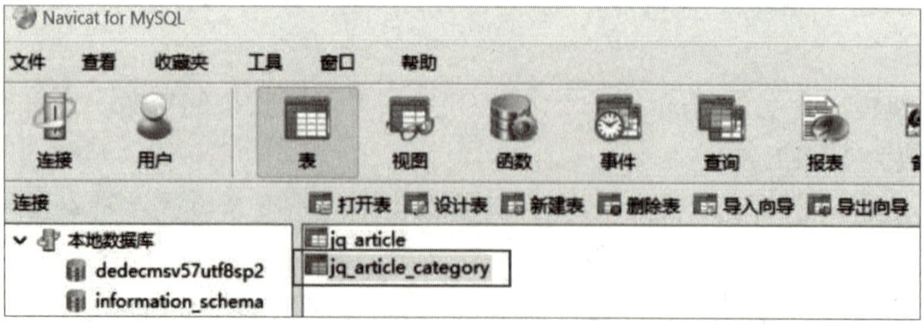

图 5-18　双击名为“jq_article_category”的表

（3）单击“+”图标，添加一条数据，如图 5-19 所示。

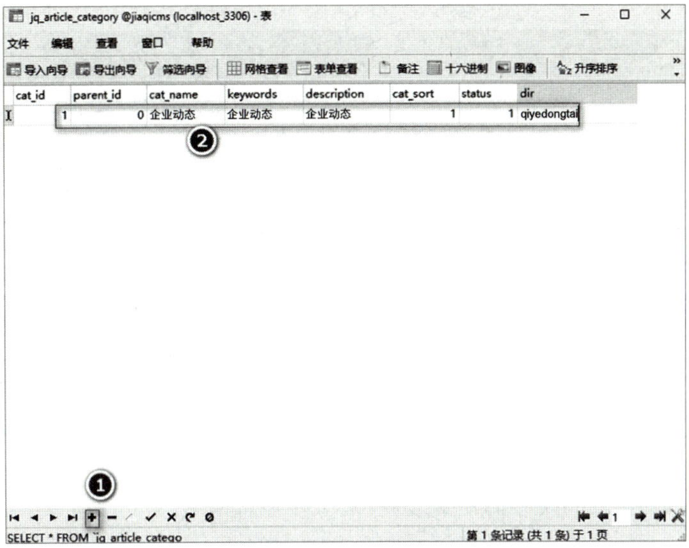

图 5-19 添加一条数据

（4）单击“√”图标进行保存，如图 5-20 所示。

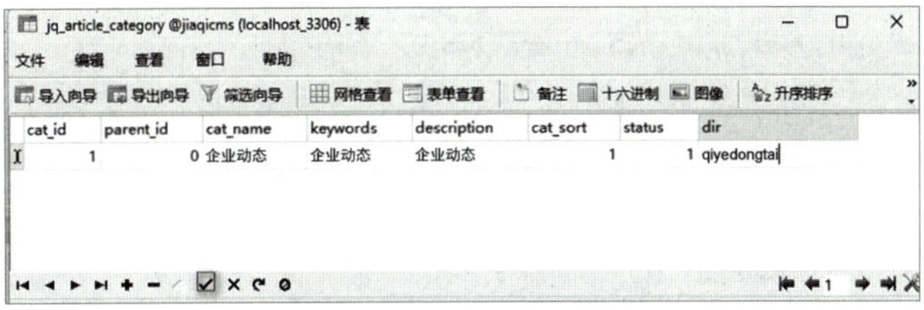

图 5-20 保存添加的数据

（5）重复第（3）步和第（4）步操作，添加图 5-21 所示的测试数据。

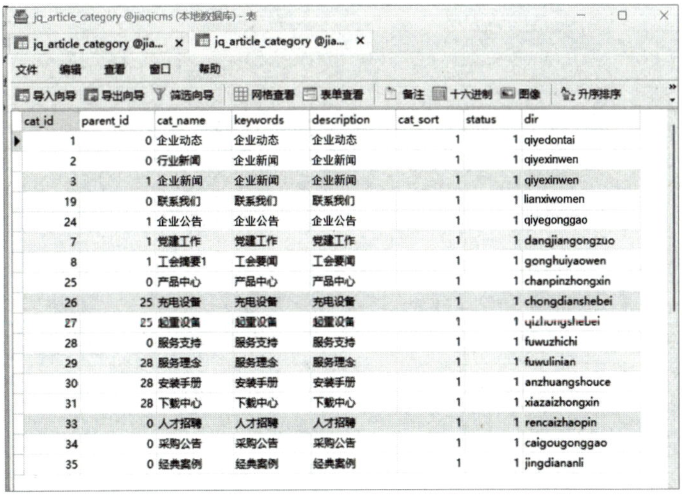

图 5-21 向 jq_article_category 表中添加测试数据

（6）找到名为“jq_article”的表并双击，逐一添加图 5-22 所示的测试数据。

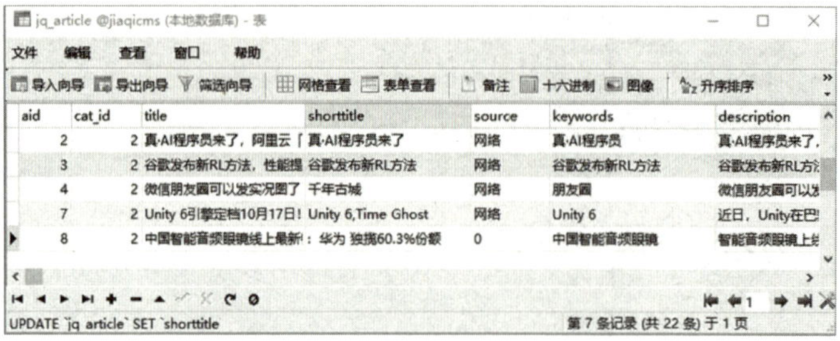

图 5-22　向 jq _article 表中添加测试数据

3. 创建相关 API

1）创建实体类

使用 Spring Boot 打开名为“jiaqiapi”的工程，找到名为“pojo”的目录，在该目录下创建名为“ArticleBean”的文件，并在其中编写如下代码。

```
package com.example.jiaqiapi.pojo;
import com.baomidou.mybatisplus.annotation.TableField;
import com.baomidou.mybatisplus.annotation.TableId;
import com.baomidou.mybatisplus.annotation.TableName;
import lombok.AllArgsConstructor;
import lombok.Data;
import lombok.NoArgsConstructor;
import java.time.LocalDateTime;
@Data
@AllArgsConstructor
@NoArgsConstructor
@TableName(value = "jq_article")
public class ArticleBean {
    @TableId                        // 标记为主键
    private Integer aid;            // 文章 ID
    @TableField("cat_id")           // 指定字段对应的数据库列名
    private Integer catId;          // 分类 ID
    @TableField("title")
    private String title;           // 标题
    @TableField("shorttitle")
    private String shortTitle;      // 缩略标题
    @TableField("source")
    private String source;          // 来源
    @TableField("keywords")
    private String keywords;        // 关键词
    @TableField("description")
    private String description;     // 摘要
    @TableField("body")
    private String body;            // 正文
    @TableField("clicks")
    private Integer clicks;         // 单击次数
```

```
    @TableField("picture")
    private String picture;                  // 缩略图
    @TableField("author_id")
    private Integer authorId;                // 作者 ID
    @TableField("allowcomments")
    private Integer allowComments;           // 是否允许评论
    @TableField("status")
    private Integer status;                  // 状态
    @TableField("create_time")
    private LocalDateTime createTime;        // 创建时间
    @TableField("is_delete")
    private Byte isDelete;                   // 删除标记
    @TableField("flag")
    private Byte flag;                       // 标志位
}
```

2）定义 Mapper 接口

在 dao 目录下创建名为“ArticleDao”的文件，并在其中编写如下代码。

```
01  package com.example.jiaqiapi.dao;
02  import com.baomidou.mybatisplus.core.mapper.BaseMapper;
03  import com.example.jiaqiapi.pojo.ArticleBean;
04  import com.example.jiaqiapi.pojo.UserBean;
05  import org.apache.ibatis.annotations.Mapper;
06  @Mapper
07  public interface ArticleDao extends BaseMapper<ArticleBean>{
08  }
```

- 06 行表示一个注解，用于告诉 MyBatis-Plus 这个接口是一个 Mapper 接口，即这个接口中定义的方法都是与数据库操作相关的方法。当 MyBatis-Plus 启动时，它会扫描带有@Mapper 注解的接口，并为这些接口中的方法生成相应的 SQL 语句和 Java 方法实现。如果没有这个注解，则 MyBatis-Plus 可能无法识别这个接口为一个 Mapper 接口，从而不会为它生成相应的实现。
- 07 行定义一个 Java 接口 ArticleDao，这个接口继承自 BaseMapper<ArticleBean>。

在 MyBatis-Plus 中，BaseMapper 是一个通用的 Mapper 接口，提供了大量的 CRUD（增删改查）操作方法。通过传入泛型参数（这里是 ArticleBean），这些操作方法可以与具体的实体类（这里是 ArticleBean）关联起来。因此，当用户定义了 ArticleDao 接口并继承了 BaseMapper<ArticleBean>后，实际上已经拥有一套完整的与 ArticleBean 实体类相关的 CRUD 操作方法，而无须手动为这些操作方法编写 SQL 语句或 Java 实现。

3）定义 Service 层

在 service 目录中创建名为“ArticleService”的文件，并在其中编写如下代码。

```
package com.example.jiaqiapi.service;
import com.example.jiaqiapi.dao.BannerDao;
import com.example.jiaqiapi.pojo.ArticleBean;
```

```
import com.example.jiaqiapi.pojo.BannerBean;
import org.springframework.beans.factory.annotation.Autowired;
import org.springframework.stereotype.Service;
import java.util.ArrayList;
@Service
public class BannerService {
    @Autowired
    BannerDao bannerDao;
    //文章列表
    public ArrayList<BannerBean> get_banner(){
        ArrayList<BannerBean> list=new ArrayList<>();
        list=(ArrayList<BannerBean>)bannerDao.selectList(null);
        return list;
    }
```

4）定义返回的数据类型

在 common 目录下创建名为“ArticleResult”的文件，并在其中编写如下代码。该文件主要用于定义统一返回的数据类型。

```
package com.example.jiaqiapi.common;
import com.example.jiaqiapi.pojo.ArticleBean;
import lombok.AllArgsConstructor;
import lombok.Data;
import lombok.NoArgsConstructor;
import java.util.ArrayList;
@Data
@NoArgsConstructor
@AllArgsConstructor
public class ArticleResult {
    private Integer code;
    private String msg;
    private ArrayList<ArticleBean> list;
    public static ArticleResult success(){
        return new ArticleResult(200,"登录成功",null);
    }
    public static ArticleResult success(Integer code,String msg, ArrayList<ArticleBean> list) {
        return new ArticleResult(code, msg, list);
    }
}
```

5）定义 controller 层

在 controller 目录下创建名为“ArticleController”的文件，并在其中编写如下代码。该文件主要用于定义接口的请求方式和路由等参数。

```
package com.example.jiaqiapi.controller;
import com.example.jiaqiapi.common.ArticleResult;
```

```
import com.example.jiaqiapi.pojo.ArticleBean;
import com.example.jiaqiapi.service.ArticleService;
import org.springframework.beans.factory.annotation.Autowired;
import org.springframework.web.bind.annotation.CrossOrigin;
import org.springframework.web.bind.annotation.RequestMapping;
import org.springframework.web.bind.annotation.RestController;
import java.util.ArrayList;
@RestController//使用@Controller 会报错
@CrossOrigin//处理跨域问题
@RequestMapping("/article")
public class ArtcileController {
    @Autowired
    ArticleService articleService;
    @RequestMapping("/all")
    public ArticleResult find_all_art(){
        ArrayList<ArticleBean> artList =new ArrayList<>();
        artList=articleService.all_article();
        System.out.println("数据长度为"+artList.size());
        return  ArticleResult.success(200,"获取成功",artList);
    }
}
```

运行结果如图 5-23 所示。

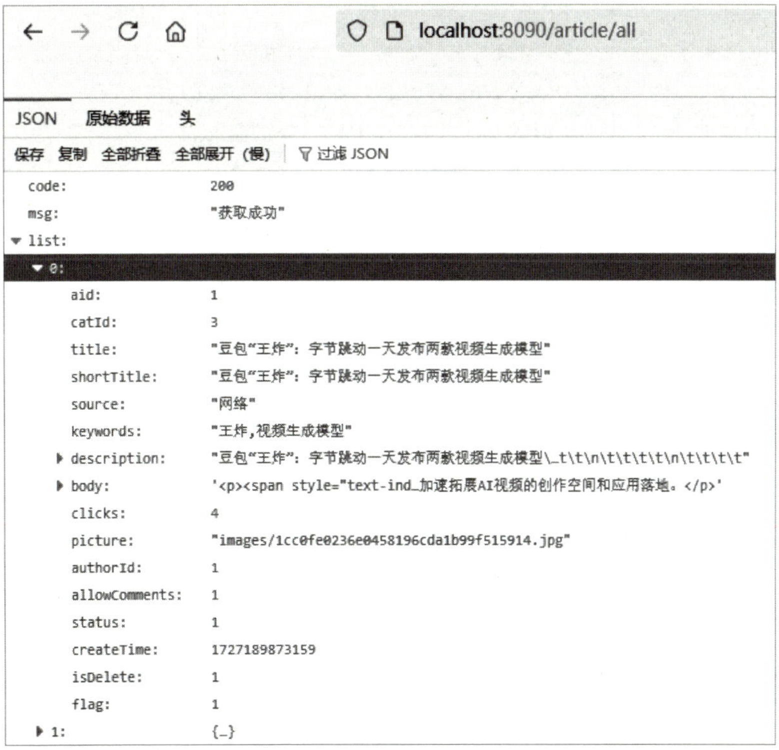

图 5-23　返回首页新闻列表的 JSON 数据

4. 实现前端首页新闻列表

（1）在 async mounted 方法中添加如下代码。

```
let newslist_res=await axios.get('http:// localhost:8090/article/all')
console.log("请求到的数据为-----: "+newslist_res.data.list)
this.newslist=newslist_res.data.list
```

（2）在 data 函数中添加如下代码。

```
newslist:[],
```

（3）在 template 中添加如下代码。

```
<div class="col-lg-6 col-md-12 col-xs-12 index_faq">
 <dl>
<dt v-for="(item, i) in newslist" :key="i"><span>{{item.createTime}}
</span> <a href="#">{{item.title.length>18?item.title.slice(0,18)+'..':
item.title}}</a></dt>
 </dl>
 </div>
```

完整代码请查阅本书配套资源，这里只给出了使用插值表达式调用网络请求的数据。运行结果如图 5-24 所示。

图 5-24　网页对首页新闻列表的渲染

任务进阶

1. 响应式网页的实现

响应式网页的设计依赖于媒体查询（Media Queries）。媒体查询是 CSS3 的一项特性，允许用户根据设备的特性（如视口宽度、设备类型、分辨率等）应用不同的 CSS 样式。这使得开发人员能够创建响应式网页，即能够根据不同屏幕尺寸和设备类型自动调整页面布局和样式的网页。

媒体查询主要由两部分组成：媒体类型（Media Type）和媒体特性（Media Feature）。

（1）媒体类型。

媒体类型定义了文档将显示在哪种设备上。常见的媒体类型包括 all（所有设备）、screen（计算机屏幕）、print（打印预览模式）、handheld（手持设备）等。在现代开发中，screen 是常用的媒体类型，因为大多数网站都是为屏幕设备设计的。

（2）媒体特性。

媒体特性是媒体查询的核心，允许用户基于设备的具体属性来应用样式。常见的媒体特性包括 width、height 和 device-width（视口宽度）、device-height（视口高度）。例如，max-width: 600px 表示当屏幕宽度小于或等于 600px 时应用相应的样式。下面来看一个例子。

```
<!DOCTYPE html>
<html lang="en">
<head>
<meta charset="utf-8">
<meta name="viewport" content="width=device-width, initial-scale=1.0">
<title>简单的响应式媒体查询案例</title>
<style>
    /* 默认样式 */
    .responsive-element {
        background-color: lightblue;
        color: white;
        padding: 20px;
        text-align: center;
        font-size: 16px;
    }
    /* 当屏幕宽度小于 600px 时应用的样式 */
    @media (max-width: 599px) {
        .responsive-element {
            background-color: pink;
            font-size: 18px;
        }
    }
    /* 当屏幕宽度为 600px～900px（不含）时应用的样式 */
    @media (min-width: 600px) and (max-width: 899px) {
        .responsive-element {
            background-color: lightgreen;
            font-size: 20px;
        }
    }
    /* 当屏幕宽度大于或等于 900px 时应用的样式 */
    @media (min-width: 900px) {
        .responsive-element {
```

```
            background-color: lightyellow;
          color:#000;
            font-size: 22px;
        }
    }
</style>
</head>
<body>
<div class="responsive-element">
    我是一个响应式元素。
</div>
</body>
</html>
```

运行程序，当动态地改变网页的宽度来模拟不同大小的设备时，可以看到网页背景颜色、字体大小及颜色都在发生变化。Bootstrap 内置了响应式设计的功能，主要通过媒体查询和预定义的 CSS 类来实现。在 Bootstrap 中，用户通常不需要直接编写媒体查询，因为它已经做了大部分工作。但是，如果用户需要自定义响应式行为或扩展 Bootstrap 的默认功能，则可以编写自己的媒体查询。

综合前面的知识，下面给出网站首页的全部实现代码。

```
<template>
 <!-- 头部区域开始 -->
 <div class="index_header">
         <nav class="navbar navbar-default">
             <div class="container-fluid">
                 <div class="navbar-header">
                     <button type="button" class="navbar-toggle collapsed" data-toggle="collapse"
                         data-target="#bs-example-navbar-collapse-1" aria-expanded="false">
                         <span class="sr-only">Toggle navigation</span>
                         <span class="icon-bar"></span>
                         <span class="icon-bar"></span>
                         <span class="icon-bar"></span>
                     </button>
                     <router-link to="/"><span class="navbar-brand">网站首页</span> </router-link>
                     <div id="search_form" class=" navbar-brand">
                         <i class="bi-search" id="bi-search" style="font-size: 1.8rem; color: cornflowerblue;"></i>
                     </div>              </div>
                 <div class="collapse navbar-collapse" id="bs-example-navbar-collapse-1">
                     <ul class="nav  navbar-nav">
```

```
                        <li class="active"><a href="#">首页 <span class="sr-only">(current)</span></a></li>
                        <li><a href="#">企业新闻</a></li>
                        <li><a href="#">行业新闻</a></li>
                    </ul>
                    <form class="navbar-form navbar-left" role="search" @submit.prevent="searchForm">
                        <div class="form-group">
                            <input type="text" class="form-control" placeholder="Search" v-model="formData.key">
                        </div>
                        <button type="submit" class="btn btn-default">提交按钮</button>
                    </form>
                    <ul class="nav navbar-nav navbar-right">
                        <li><a href="#">登录</a></li>
                        <li><a href="#">注册</a></li>
                        <li class="dropdown">
                            <a href="#" class="dropdown-toggle" data-toggle="dropdown" role="button"
                                aria-haspopup="true" aria-expanded="false">欢迎您！ <span class="caret"></span></a>
                            <ul class="dropdown-menu">
                                <li><a href="#">用户中心</a></li>
                                <li><a href="#">修改密码</a></li>
                                <li><a href="#">退出登录</a></li>
                            </ul>
                        </li>
                    </ul>
                </div>
            </div>
        </nav>
    </div>
    <!-- 头部区域结束 -->
    <!-- 轮播图开始 -->
    <div class="container-fluid">
        <div class="detail_banner">
        </div>
    </div>
    <!-- 轮播图结束 -->
    <!--当前位置开始-->
    <div class="location">
        <ul class="location_position">
            <span class="glyphicon glyphicon-home"></span><span class="pos">当前位置：</span> <span><router-link to="/">首页>
                </router-link>新闻列表 </span>
```

```
            </ul>
    </div>
    <!--当前位置结束-->
    <!-- 新闻列表页内容开始 -->
    <div class="container-fluid">
            <div class="row">
                <div class="col-xl-9 col-md-9 col-lg-9 col-sm-9">
                    <div class="detail_left">
                        <h4 class="search_result_titile"> 搜索"{{keywords}}"的结果为：</h4>
                        <!-- <div>
                            <ul>
                                <li v-for="term in searchRecords" :key="term">{{ term }}</li>
                            </ul>
                        </div> -->
                        <div class="row" v-for="(node, index) in pagelist" :key="index"
                            style="padding-left: 40px;margin-bottom: 20px;">
                            <div class="media">
                                <a href="#" class="media-left media-middle media-bottom">
                                    <img src="./pic/nopic.png" width="220" height="180" />
                                </a>
                                <div class="media-body" style="text-align: left;">
                                    <h3 class="media-heading"><router-link
:to="'/article/'+node.aid">{{ node.title }}</router-link></h3>
                                    <p class="list_desc">
                                        {{node.description}}
                                    </p>
                                    <h4><span class="glyphicon glyphicon-time" aria-hidden="true"></span><span
                                            class="list_time">{{timestampToDateTime(node.createTime)}}</span></h4>
                                </div>
                            </div>
                        </div>
                        <div class="row" v-if="total===0">
                            <h4>没有记录！</h4>
                        </div>
                        <!-- <ul>
```

```
                        <li v-for="item in pages" :key="item">{{ item }}</li>
                    </ul> -->
                    <!-- 分页开始 -->
                    <div class="row">
                        <nav>
                            <ul class="pagination">
                                <li class="page-item"><a class="page-link" :href="'/search/'+keywords+'/' + 1">首页</a>
                                </li>
                                <li class="page-item" v-if="(currentPageId-1)>0"><a class="page-link":href="'/search/'+keywords+'/' + prepage">上一页</a></li>
                                <!-- <li class="page-item"><a class="page-link" href="#">1</a></li> -->
                                <li class="page-item" v-for="page in pages" :key="page" v-bind:class="{ 'active': currentPageId==page }"><a class="page-link":href="'/search/'+keywords+'/' + page">{{page}}</a></li>


                                <li class="page-item" v-if="nextpage<=pagetotal"><a class="page-link":href="'/search/'+keywords+'/' + nextpage">下一页</a></li>
                                <li class="page-item"><a class="page-link":href="'/search/'+keywords+'/' + pagetotal">尾页</a></li>
                            </ul>
                        </nav>
                    </div>              <!-- 分页结束 -->
                </div>
            </div>
            <div class="col-xl-3 col-md-3 col-lg-3 col-sm-3">
                <div class="detail_right">
                    <!-- 右侧边栏开始 -->
                    <div class="detail_right_menu">最新文章</div>
                    <div class="steps">
                        <div class="step-item" v-for="(node, index) in newslist" :key="index">
                            <span class="step-dot"></span>
                            <div class="step-content">
                                <div class="step-title">>{{timestampToDateTime(node.createTime)}}</div>
                                <div class="step-desc"><router-link
                                        :to="'/article/'+node.aid">{{ node.title }}</router-link></div>
                            </div>
                            <div class="step-line"></div> <!-- 添加这
```

```
一行 -->
                        </div>
                    </div>
                    <div class="detail_right_menu">搜索记录</div>
                    <div class="row">
                        <div class="col-md-5 gray-box" v-for="term in searchRecords" :key="term">{{term}}</div>
                    </div>
                </div>
            </div>
        </div>
    </div>
    <!-- 页脚代码开始 -->
    <div class="container-fluid foot_top"></div>
    <!--主页脚内容开始-->
    <footer class="main-footer" style="background: url(images/background/1.jpg);">
        <div class="footer-top">
            <div class="container">
                <div class="row">
                    <div class="col-lg-4 col-md-6 col-sm-6 col-xs-12">
                        <div class="about-widget">
                            <div class="footer-logo">
                                <figure> <a href="/index.html">
                                    </a> </figure>
                            </div>
                            <p>专注网站建设。</p>
                            <p>我们非常荣幸地为中国超过 1200 个客户提供网站建设解决方案及服务。</p>
                        </div>
                    </div>
                    <div class="col-lg-2 col-md-6 col-sm-6 col-xs-12">
                        <div class="menu-link">
                            <div class="sec-title">
                                <h6>关于佳奇 CMS</h6>
                            </div>
                            <ul>
                                <li><a class="  " href="/about/c1/">品牌客户</a></li>
                                <li><a class="  " href="/about/c2/">服务优势</a></li>
                                <li><a class="  " href="/about/c3/">产品服务</a></li>
                                <li><a class="  " href="/about/c4/">联系方式</a></li>
                            </ul>
```

```
                    </div>
                </div>
                <div class="col-lg-3 col-md-6 col-sm-6 col-xs-12">
                    <div class="menu-link">
                        <div class="sec-title">
                            <h6>技术支持</h6>
                        </div>
                        <ul>
                            <li><a href="/Service/c1/"><i class="fa fa-angle-right" aria-hidden="true"></i>制作流程</a>
                            </li>
                            <li><a href="/Service/c2/"><i class="fa fa-angle-right" aria-hidden="true"></i>售后服务</a>
                            </li>
                            <li><a href="/Service/c3/"><i class="fa fa-angle-right" aria-hidden="true"></i>付款方式</a>
                            </li>
                            <li><a href="/Service/c4/"><i class="fa fa-angle-right" aria-hidden="true"></i>常见问题</a>
                            </li>
                            <li><a href="/Service/c5/"><i class="fa fa-angle-right" aria-hidden="true"></i>合同下载</a>
                            </li>
                        </ul>
                    </div>
                </div>
                <div class="col-lg-3 col-md-6 col-sm-6 col-xs-12">
                    <div class="gallery-widget">
                        <div class="sec-title">
                            <h6>友情链接</h6>
                        </div>
                        <div class="clearfix">
                            <figure class="image"> </figure>
                        </div>
                        <div class="sec-title">
                            <h6></h6>
                        </div>
                        <ul>
                            <li><a href="" target="_blank"><i class="fa fa-angle-right" aria-hidden="true"></i></a>
                            </li>
                        </ul>
                    </div>
                </div>
            </div>
        </div>
```

```
            </div>
            <div class="footer-bottom">
                <div class="container">
                    <div class="copyright-text text-center">
                        <p>
                            <a href="">佳奇 CMS</a> 2005—2018 &copy;重庆佳奇电子商务有限公司 版权所有. 渝 ICP 备<ahref="http://www. **.gov.cn">09003237 号-1</a>
                        </p>
                    </div>
                </div>
            </div>
        </footer> <!--主页脚内容结束-->
        <!-- 页脚代码结束 -->
</template>
<style scoped>
    @import url("~@/assets/css/front/css/bootstrap.css");
    @import url("~@/assets/css/front/css/detail.css");
    /* @import url("~@/assets/css/front/css/layui.css"); */
    /* @import url("~@/assets/css/front/css/style.css"); */
    @import url("~@/assets/css/front/css/bootstrap-icons.css");
</style>
```

运行代码，结果如图 5-25 和图 5-26 所示。

图 5-25 自适应网页结果（1）

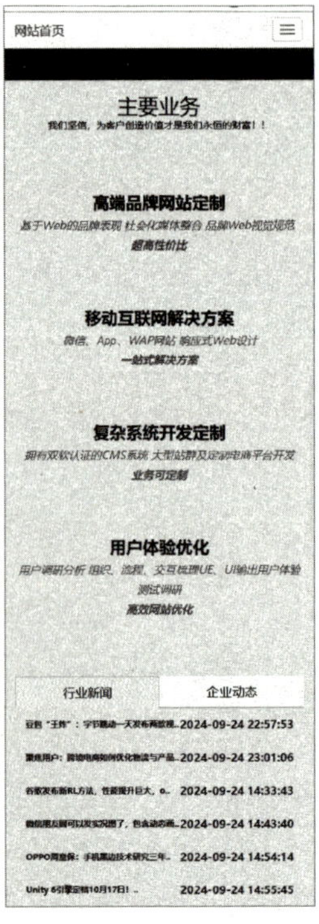

图 5-26 自适应网页结果（2）

注意：因首页代码量比较大，所以图 5-25 和图 5-26 只给出了实现网页自适应效果的截图，具体的运行效果请以实际项目部署为准。

任务实施

<table>
<tr><td>任务步骤</td><td>任务要点</td><td>实施记录</td></tr>
<tr><td>任务准备</td><td>1．更换实训服、鞋套等
2．检查机房软硬件环境</td><td>是否完成：是□ 否□</td></tr>
<tr><td>工具准备</td><td>教材、参考资料、纸、笔、特殊工具</td><td>是否完成：是□ 否□</td></tr>
<tr><td>制订计划</td><td colspan="2">根据任务目标，制订任务实施计划
<table><tr><td>序号</td><td>作业项目</td><td>实施要点</td></tr><tr><td></td><td></td><td></td></tr><tr><td></td><td></td><td></td></tr><tr><td></td><td></td><td></td></tr><tr><td></td><td></td><td></td></tr><tr><td></td><td></td><td></td></tr><tr><td></td><td></td><td></td></tr><tr><td></td><td></td><td></td></tr><tr><td></td><td></td><td></td></tr></table></td></tr>
<tr><td>收集资讯</td><td>1．Bootstrap 的基本使用步骤是什么
2．使用 Spring Boot 开发 API 的一般流程是什么
3．响应式网页的原理是什么</td><td>检索记录：</td></tr>
<tr><td>任务实施
过程记录</td><td colspan="2">任务示范实现的关键步骤记录：</td></tr>
</table>

续表

任务步骤	任务要点	实施记录
任务实施过程记录	任务进阶实现的关键步骤记录：	
设备断电并整理现场	将现场设备、工具等物品按 6S 标准清理归位	是否完成：是□ 否□

评价反馈

任务总结	对 Bootstrap 的基本使用、使用 Spring Boot 开发 API、响应式网页的原理的认知总结： 工作实施情况反思：						
质量评价	评分项目	学生出勤（20 分）	工作过程（30 分）	成果汇报（30 分）	职业素养（10 分）	工作规范（10 分）	总评
	自我评分						
	小组评分						
	教师评分						
	合计						

任务 3　网站新闻列表页和新闻详情页功能的实现

本任务使用 Spring Boot +Mybatis-Plus+MySQL 开发网站新闻列表页和新闻详情页所需要用到的 API 数据，并使用 Vue 3 组合式 API 开发网站新闻列表页和新闻详情页。

任务演示

本任务使用 Vue 3 组合式 API 的相关知识，开发网站新闻列表页和新闻详情页，在新闻列表页中展示新闻（文章）列表，单击某个具体的新闻，可以切换到新闻详情页。新闻列表页效果如图 5-27 所示，新闻详情页效果如图 5-28 所示。

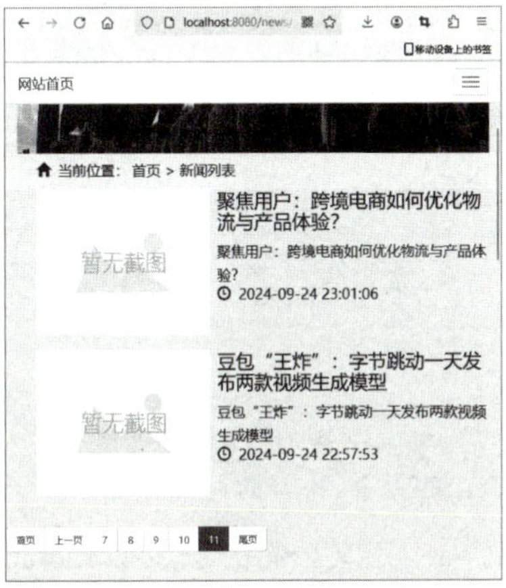

图 5-27　新闻列表页效果

图 5-28　新闻详情页效果

知识准备

Vue.js 组件可以按两种不同的方式书写：选项式 API 和组合式 API。对熟悉 Vue 2 的人来说，选项式 API 是一个很好的选择，但 Vue 3 提供的组合式 API 可以更好地实现代码复用效果。

1. Vue 3 选项式 API

Vue 3 的选项式 API（Option API）是一种描述组件逻辑的方式，采用包含多个选项的对象来定义组件的各部分。这些选项包括 data、methods、mounted 等 Vue.js 的配置项。选项所定义的属性会暴露在函数内部的 this 上，它会指向当前的组件实例。在选项式 API 中，组件的逻辑被组织成一个个独立的选项，使得代码结构更加清晰和易于理解。请看下面的代码。

```
<script>
export default {
  // data 选项返回的属性将会成为响应式的状态
```

```
  // 并且暴露在 this 上
  data() {
    return {
      count: 0
    }
  },
  // methods 选项中定义了一些用来更改状态与触发更新的方法
  // 它们可以在模板中作为事件监听器绑定
  methods: {
    increment() {
      this.count++
    }
  },
  // 生命周期钩子函数会在组件生命周期的各个不同阶段被调用
  // 例如，这个函数就会在组件挂载完成后被调用
  mounted() {
    console.log('通常项目中的初始化在这里调用接口')
  }
}
</script>
<template>
  <button @click="increment">Count is: {{ count }}</button>
</template>
```

具体来说，选项式 API 将组件的依赖放在 data 选项中定义，将方法放在 methods 选项中定义。每次在使用组件时，都需要先将其导出再导入使用。这种方式在 Vue 2 中广泛使用，对熟悉 Vue 2 的开发者来说比较直观和易于上手。在选项式 API 中，数据、方法、计算属性等是分散在 data、methods、computed 中的，若想新增或者修改一个需求，就需要分别修改 data、methods、computed，不便于代码的维护和复用。

然而，随着 Vue 3 的推出，组合式 API（Composition API）提供了一种新的、更为灵活和强大的方式来组织和管理 Vue.js 组件的逻辑。尽管选项式 API 在 Vue 3 中仍然可用，但组合式 API 因具有更好的逻辑复用和代码组织方式而受到越来越多开发者的青睐。

需要注意的是，在 Vue 3 中默认禁止同时使用选项式 API 和组合式 API，以避免出现潜在的冲突和错误。因此，在选择使用哪种 API 时，开发者需要根据项目的需求和团队的偏好进行权衡。

2. Vue 3 组合式 API

什么是 Vue 3 的组合式 API 呢？Vue 3 的组合式 API 是一系列 API 的集合，使开发者能够使用函数而不是传统的声明选项方式来编写 Vue.js 组件。这是 Vue 3 及 Vue 2.7 的内置功能。

组合式 API 是一个概括性的术语，涵盖了以下几个方面的 API。

- 响应式 API：如 ref 和 reactive，使开发者可以直接创建响应式状态、计算属性和侦听器（watch）。
- 生命周期钩子函数：如 onMounted 和 onUnmounted，使开发者可以在组件的各个生

命周期阶段添加逻辑。

Vue 3 的组合式 API 的核心原理是通过 Proxy（代理）和 Reflect（反射）实现的。其中，Proxy 用于拦截 data 任意属性的任意操作，包括属性值读/写，属性的添加、删除等；而 Reflect 则用于动态地对被代理对象的相应属性进行特定的操作。

在 Vue 3 中，组合式 API 通常会配合<script setup>语法在单文件组件中使用。这种新的编程方式使得代码逻辑更为清晰，更易于维护和复用。

3．setup 的使用

setup 是 Vue 3 中的一个新的配置项，其值是一个函数。它是配置式选项“表演的舞台”，组件中用到的数据、方法、计算属性、监听属性等，都可以配置在 setup 中。setup 的特点如下。

- setup 函数返回的对象中的内容，可直接在模板中使用。
- 在 setup 中访问 this 时，它的值是 undefined。
- setup 函数会在 beforeCreate 之前被调用，它是“领先”所有生命周期钩子函数执行的。

请看下面的例子。

```
<template>
 <div class="hello">
        <p>姓名：{{name}}
        </p>
        <p>
            年龄：{{age}}
        </p>
        <p>
            电话：{{phone}}
        </p>
 </div>
</template>
<script>
 export default {
        name: 'HelloWorld',
        setup() {
            //1.关于数据的使用
            let name = "zhangsan";
            let age = 18;
            let phone = 136****7777;
            return {
                name,
                age,
                phone
            }
        },
```

```
27            props: {
28                msg: String
29            }
30    }
31  </script>
32  <style scoped>
33    h3 {
34            margin: 40px 0 0;
35    }
36    ul {
37            list-style-type: none;
38            padding: 0;
39    }
40    li {
41            display: inline-block;
42            margin: 0 10px;
43    }
44    a {
45            color: #42b983;
46    }
47  </style>
```

- 03～10 行使用插值表达式调用变量 name、age、phone 的值。
- 16～26 行定义 setup 属性。
- 18～20 行定义三个变量 name、age、phone，并分别为其赋初值。
- 21～25 行返回变量 name、age、phone，供插值表达式调用。

注意：setup 属性可以使用 let 关键字定义变量，且必须使用 return 关键字将其返回，才能使其被插值表达式调用。

运行结果如图 5-29 所示。

图 5-29　setup 的使用

在 Vue 3 的组合式 API 中，方法应放到哪个位置呢？请看下面的例子。

```
01   <template>
02   <div class="hello">
03           <p>姓名：{{name}}
```

```
        </p>
        <p>
            年龄：{{age}}
        </p>
        <p>
            电话：{{phone}}
        </p>
        <button @click="changeName">修改姓名</button>
        <button @click="changeAge">修改年龄</button>
        <button @click="showPhone">修改电话</button>
 </div>
</template>
<script>
 export default {
        name: 'HelloWorld',
        setup() {
            console.log(this)
            //1.关于数据的使用
            let name = "zhangsan";
            let age = 18;
            let phone = 136****7777;
            function changeName(){
            name="张三"//给 name 重新赋值，但是页面没有发生变化
            console.log("此时的名字："+name) //name 不是响应式数据了
            }
            function changeAge(){
                age=age+1
            console.log("此时的年龄："+age)
            alert("此时的年龄为：" + age)
            }
            function showPhone(){
                alert(phone)
            }
            return {
                name,
                age,
                phone,
                changeName,
                changeAge,
                showPhone
            }
        },
        props: {
            msg: String
        }
 }
```

```
50  </script>
51  <style scoped>
52   h3 {
53          margin: 40px 0 0;
54   }
55   ul {
56          list-style-type: none;
57          padding: 0;
58   }
59   li {
60          display: inline-block;
61          margin: 0 10px;
62   }
63   a {
64          color: #42b983;
65   }
66  </style>
```

- 25～28 行定义 changeName 函数，该函数直接将 name 的值修改为“张三”，并使用 console.log 函数将 name 的值打印出来。
- 29～33 行定义 changeAge 函数，该函数直接对 age 的值进行修改，并使用 console.log 函数将 age 的值打印出来，同时使用警告框将 age 的最新值弹出到网页上。
- 34～36 行定义 showPhone 函数，在该函数中，使用警告框将 phone 的值弹出到网页上。

注意：这里定义的 name/age/phone 都不是响应式数据，单击“修改姓名”按钮触发 changeName 函数后，可以观察到，name 的值在控制台中被改变了，但页面中的内容是没有发生变化的。如图 5-30 所示，关于变量 age 的值，可以直观地观察到页面中的内容和警告框的内容明显是不一样的。

图 5-30　Vue 3 组合式 API 中方法的定义和使用

下面来验证一下 Vue 3 的组合式 API 和选项式 API 到底能否同时出现，请看下面的例子。

```
<template>
 <div class="hello">
        <p>姓名：{{name}}
```

```
        </p>
        <p>
            年龄：{{age}}
        </p>
        <p>
            电话：{{phone}}
        </p>
        <button @click="changeName">修改姓名</button>
        <button @click="changeAge">修改年龄</button>
        <button @click="showPhone">修改电话</button>
        <p>测试 1：{{x}}</p>
        <p>测试 2：{{y}}</p>
        <p>测试 3：{{age}}</p>
 </div>
</template>
<script>
 export default {
        name: 'HelloWorld',
        data() {
            return{
                x:10,
                y:this.name,
                // age:100
            }
        },
        methods:{
            fun1(){
            }
        },
        setup() {
            console.log(this)
            //1.关于数据的使用
            let name = "zhangsan";
            let age = 18;
            let phone = 136****7777;
            function changeName() {
                name = "张三" //给 name 重新赋值，但是页面没有发生变化
                console.log("此时的名字：" + name) //name 不是响应式数据了
            }
            function changeAge() {
                age = age + 1
                alert("此时的年龄为：" + age)
                console.log("此时的年龄：" + age)
            }
            function showPhone() {
                alert(phone)
```

```
50            }
51            return {
52                name,
53                age,
54                phone,
55                changeName,
56                changeAge,
57                showPhone
58            }
59        },
60        props: {
61            msg: String
62        }
63    }
64 </script>
65 <style scoped>
66  h3 {
67        margin: 40px 0 0;
68  }
69  ul {
70        list-style-type: none;
71        padding: 0;
72  }
73  li {
74        display: inline-block;
75        margin: 0 10px;
76  }
77  a {
78        color: #42b983;
79  }
80 </style>
```

- 22～28 行定义 data 函数，其中，变量 y 使用 this.name 方法调用了 setup 属性的值。
- 26 行定义了 age 变量，这个变量和 setup 属性中的 age 变量重名了，运行时会报错，所以在这个地方进行了注释。

注意：setup 属性是不能调用 data 函数中的这些变量的，所以官方不建议同时使用 methods、data 和 setup。

运行结果如图 5-31 所示。

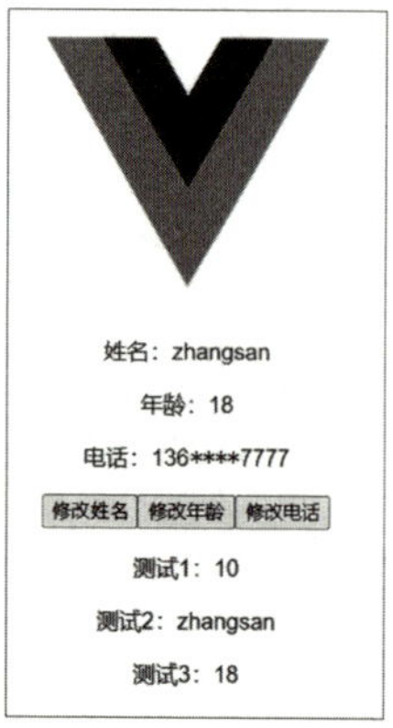

图 5-31 Vue 3 的组合式 API 和选项式 API 同时出现

注意：在 Vue 3 中，组合式 API 和选项式 API 可以同时使用。这可以使开发者根据需要混合使用两种方式，从而提高代码的灵活性和可读性。

4. 响应式数据之 ref

要想让基本类型数据成为响应式数据，在定义变量的值时使用 ref("zhangsan")形式即可，如果此时要修改该变量的值，则需要使用 name.value 方法进行修改。请看下面的例子。

```
<template>
 <div class="hello">
        <p>姓名：{{name}}
        </p>
        <p>
            年龄：{{age}}
        </p>
        <p>
            电话：{{phone}}
        </p>
        <button @click="changeName">修改姓名</button>
        <button @click="changeAge">修改年龄</button>
        <button @click="showPhone">修改电话</button>
 </div>
</template>
<script setup>
 import {
        ref
 } from 'vue'
 console.log(this)
 //1.关于数据的使用
 let name = ref("zhangsan")
 let age = ref(18)
 let phone = 136****7777;
 function changeName() {
        name.value = "张三" //给 name 重新赋值，页面同步发生变化
        console.log("此时的名字：" + name.value) //name 是响应式数据
 }
 function changeAge() {
        age.value = age.value + 1
        alert("此时的年龄为：" + age.value)
        console.log("此时的年龄：" + age.value )
 }
 function showPhone() {
        alert(phone)
 }
</script>
<style scoped>
 h3 {
        margin: 40px 0 0;
 }
 ul {
```

```
43            list-style-type: none;
44            padding: 0;
45      }
46      li {
47            display: inline-block;
48            margin: 0 10px;
49      }
50      a {
51            color: #42b983;
52      }
53    </style>
```

- 22 行定义局部变量 name，并使用 ref 关键字包裹该变量的值，使其成为响应式数据。
- 23 行定义局部变量 age，并使用 ref 关键字包裹该变量的值，使其成为响应式数据。
- 24 行定义局部变量 phone。
- 25～28 行定义 changeName 函数，该函数使用 name.value 方法给变量 name 重新赋值，并向浏览器控制台打印输出变量 name 的值。
- 29～33 行定义 changeAge 函数，该函数使用 age.value 方法修改变量 age 的值，通过警告框弹出变量 age 的值，并向浏览器控制台打印输出变量 age 的值。

运行结果如图 5-32 所示。

图 5-32　响应式数据之 ref 实例

5. 响应式数据之 reactive

对象类型的数据如何成为响应式数据呢？对于对象类型的数据，通常使用 reactive 函数来使其成为响应式数据。请看下面的例子。

```
import { reactive } from 'vue';
export default {
  setup() {
    // 使用 reactive 创建一个响应式对象
    const state = reactive({
      count: 0,
      name: 'Vue 3'
    });
    // 返回一个包含状态的函数的对象
```

```
    return {
      state,
      increment() {
        state.count++;
      }
    };
  }
}
```

在这个例子中，state 是一个响应式对象，它的 count 和 name 属性都是响应式的。当这些属性的值发生改变时，任何依赖于这些属性的组件或计算属性都会自动更新。

也可以在 setup 函数之外使用 reactive，但通常我们会在 setup 函数中使用它，因为 setup 函数是 Vue 3 的组合式 API 的一部分，它允许我们以更灵活和模块化的方式组织和重用代码。下面给出一个完整的例子。

```
01  <template>
02      <div>
03          <p>姓名为：{{obj.name}}</p>
04          <p>数量为：{{obj.count}}</p>
05          <button @click="increment">改变数据</button>
06      </div>
07  </template>
08  <script setup>
09      import {
10          reactive
11      } from 'vue';
12      let obj = reactive({
13          count: 0,
14          name: 'Vue3'
15      })
16      function increment() {
17          obj.count++;
18          obj.name = 'Vue3.' + obj.count
19      }
20  </script>
21  <style>
22</style>
```

- 03 行使用插值表达式调用对象的 name 属性。
- 04 行使用插值表达式调用对象的 count 属性。
- 05 行设置单击事件，当单击按钮时将触发 increment 函数。
- 09～11 行从 Vue.js 中导入 reactive 模块。
- 12～15 行定义 obj 对象，该对象定义了两个属性，一个是 count，另一个是 name，并给定了初始值，同时使用 reactive 关键字将其转换为响应式数据。
- 16～19 行定义 increment 函数，并对对象属性 count 和 name 进行修改。

运行结果如图 5-33 所示。

图 5-33　响应式数据之 reactive 实例

reactive 不仅能使对象类型数据成为响应式数据，还可以使数组等数据成为响应式数据，但是 reactive 不能使基本类型数据成为响应式数据。而 ref 不仅能使基本类型数据成为响应式数据，还可以使对象类型、数组等数据成为响应式数据。请看下面的例子。

```
<template>
 <h1>reactive 的使用</h1>
 <p>图书信息</p>
 <ul>
        <li v-for="item in book" :key="item.id">{{item.bookname}}</li>
 </ul>
 <button @click="onChange">改变数据</button>
 <p>测试对象</p>
 姓名：{{person.name}},年龄：{{person.age}}
 <br />
 <button @click="personChange">修改 person 对象数据</button>
</template>
<script setup>
 import {
        reactive,ref
 } from 'vue';
 let book = reactive([{
            id: 1,
            bookname: "《C 程序设计》",
            price: 38.70
        },
        {
            id: 2,
            bookname: "《微信小程序设计》",
            price: 51.20
        },
```

```
27          {
28              id: 3,
29              bookname: "《Java 程序设计》",
30              price: 58.20
31          }
32  ]);
33  let person=ref({name:"zhangsan",age:20})
34  function onChange(){
35          book[0].bookname="《uni.app 程序设计》"
36          console.log(book[0].bookname)
37          alert(book[0].bookname)
38  }
39  function personChange(){
40          person.value.name="lisi"
41  }
42 </script>
43 <style>
44  li{
45          list-style: none;
46  }
47 </style>
```

- 05 行遍历 book 对象，指定 key 为 id，并使用插值表达式显示每条记录的书名。
- 07 行设置单击事件 onChange。
- 09 行使用插值表达式显示 person 对象的 name 和 age 属性。
- 14～16 行从 Vue.js 中导入 reactive 和 ref 模块。
- 17～32 行定义 book 数组对象，该对象包含 id、bookname、price 属性，并给定初始值，同时使用 reactive 关键字使其成为响应式数据。
- 33 行定义 person 对象，并使用 ref 关键字使其成为响应式数据。
- 34～38 行定义 onChange 函数，在该函数中，修改了数组的第一个元素的 bookname 属性，并向浏览器控制台及网页输出 book[0].bookname 的值。
- 39～41 行定义 personChange 函数，并修改 person 对象的 name 属性值。

注意：使用 ref 定义的响应式数据在修改值时，要使用对象.value.属性的方式，否则不会修改成功。如果是数组对象，则要使用数组对象名.value[下标].属性的方式来修改。这里的下标如果取为 0，就表示修改的是数组的第一个元素；如果取为 1，就表示修改的是数组的第二个元素，以此类推。

运行结果如图 5-34 所示。

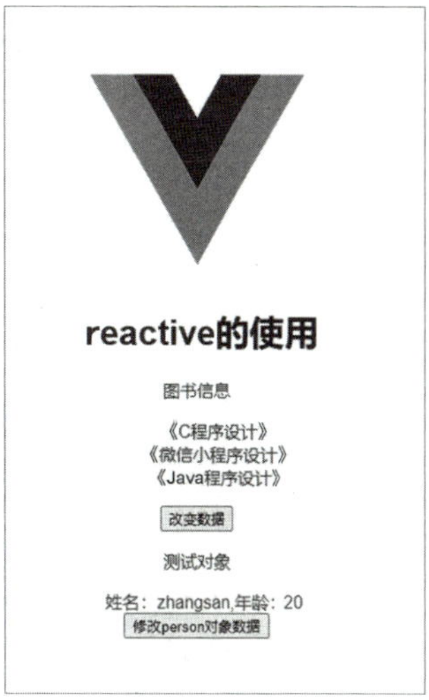

图 5-34 reactive、ref 响应式数据实例

接下来，对比 ref 和 reactive。

从宏观角度看：

- ref 用来定义基本类型数据、对象类型数据；
- reactive 用来定义对象类型数据。

两者的区别：

- ref 创建的对象必须使用对象.value 属性的方式来修改其值；
- reactive 将重新分配一个新对象，会使原来的对象失去响应式特性。

使用原则：

- 若需要得到一个基本类型的响应式数据，则必须使用 ref；
- 若需要得到一个响应式对象，且层级不深，则使用 ref、reactive 都可以；
- 若需要得到一个响应式对象，且层级较深，则推荐使用 reactive。

关于 reactive 将重新分配一个新对象，会使原来的对象失去响应式特性的举例如下。

```
<template>
 <h1>reactive 的使用</h1>
 <p>图书信息</p>
 <ul>
         <li v-for="item in book" :key="item.id">{{item.bookname}}</li>
 </ul>
 <button @click="onChange">改变数据</button>
 <p>测试对象</p>
 姓名：{{person.name}},年龄：{{person.age}}
 <br />
 <button @click="personChange">修改 person 对象数据</button>
</template>

<script setup>
 import {
         reactive,ref
 } from 'vue';
 let book = reactive([{
              id: 1,
              bookname: "《C 程序设计》",
              price: 38.70
         },
         {
              id: 2,
              bookname: "《微信小程序设计》",
              price: 51.20
         },
         {
              id: 3,
              bookname: "《Java 程序设计》",
              price: 58.20
```

```
32              }
33      ]);
34      let person=reactive({name:"zhangsan",age:20})
35      function onChange(){
36              book[0].bookname="《uni.app 程序设计》"
37              console.log(book[0].bookname)
38              alert(book[0].bookname)
39      }
40      function personChange(){
41              person={name:"lisi",age:20}
42          }
43   </script>
44   <style>
45      li{
46              list-style: none;
47      }
48   </style>
```

- 34 行定义 person 对象，并使用 reactive 关键字使其成为响应式数据。
- 40～42 行定义 personChange 函数，在该函数中，person 对象被重新分配了一个对象。

运行程序，会发现此时不能修改 penson 对象了，也就是出现了交互式数据失效的情况。要避免出现此情况，可以使用 Object.assign 方法。

Object.assign 方法主要用于对象的合并，即将源对象的所有可枚举属性复制到目标对象中，并返回目标对象。它至少需要使用两个对象作为参数：target 是目标对象，后面的参数都是源对象。该方法的基本用法如下。

源对象和目标对象没有同名属性的情况：

```
  let target1={
      name:'小红'
  }
  let source1={
      sex:'女'
  }
  let source2={
      age:'26'
}
console.log(Object.assign(target1,source1,source2))
```

上面程序的运行结果为{name: "小红", sex: "女", age: "26"}。

源对象和目标对象有同名属性的情况：

```
let targetObj1 = { a: 10, b: 20 };
let sourceObj1 = { b: 100};
let sourceObj11 = { c: 30 };
Object.assign(targetObj1, sourceObj1, sourceObj11);
console.log(targetObj1);
```

上面程序的运行结果为{a: 20, b: 100, c: 30}。

注意：如果有多个源对象，在源对象和目标对象没有同名属性的情况下，系统会直接将其复制到目标对象中，在两者有同名属性的情况下，后面的属性值会覆盖前面的属性值。

由于 undefined 和 null 无法转换成对象，因此如果它们作为参数，系统就会报错。

```
console.log(Object.assign(null))
```

对于嵌套的对象，Object.assign 方法的处理方式是替换，而不是添加。

```
let target = { a: { b: 'c', d: 'e' } }
let source = { a: { b: 'hello world' } }
Object.assign(target, source)
console.log(target)
```

上面程序的运行结果为 {a: {b: 'hello world'}}。

注意：在上面的代码中，target 对象的 a 属性被 source 对象的 a 属性整个替换掉了，因此不会得到{ a: { b: 'hello', d: 'e' } }的结果。

综合上面的知识，给出上面案例的解决代码。

```
<template>
 <h1>reactive 的使用</h1>
 <p>图书信息</p>
 <ul>
        <li v-for="item in book" :key="item.id">{{item.bookname}}</li>
 </ul>
 <button @click="onChange">改变数据</button>
 <p>测试对象</p>
 姓名：{{person.name}},年龄：{{person.age}}
 <br />
 <button @click="personChange">修改 person 对象数据</button>
</template>
<script setup>
 import {
        reactive,ref
 } from 'vue';
 let book = reactive([{
            id: 1,
            bookname: "《C 程序设计》",
            price: 38.70
        },
        {
            id: 2,
            bookname: "《微信小程序设计》",
            price: 51.20
        },
        {
            id: 3,
```

```
29              bookname: "《Java 程序设计》",
30              price: 58.20
31          }
32  ]);
33  let person=reactive({name:"zhangsan",age:20})
34  function onChange(){
35          book[0].bookname="《uni.app 程序设计》"
36          console.log(book[0].bookname)
37          alert(book[0].bookname)
38  }
39  function personChange(){
40          Object.assign(person,{name:"lisi",age:20})
41          // person={name:"lisi",age:20}
42  }
43 </script>
44 <style>
45  li{
46          list-style: none;
47  }
48 </style>
```

40 行使用 Object.assign 方法直接替换对象 person，经过这一操作，此时的 person 对象又成了响应式数据。运行结果如图 5-35 所示。

图 5-35　reactive 会使原来的对象失去响应式特性的举例

任务示范

1. 后端开发对应的 API

（1）创建对应的 JavaBean 对象。

```
@Data
```

```
02  @AllArgsConstructor
03  @NoArgsConstructor
04  @TableName(value = "jq_article")
05  public class ArticleBean {
06      @TableId                                    // 标记为主键
07      private Integer aid;                        // 文章 ID
08      @TableField("cat_id")                       // 指定字段对应的数据库列名
09      private Integer catId;                      // 分类 ID
10      @TableField("title")
11      private String title;                       // 标题
12      @TableField("short_title")
13      private String shortTitle;                  // 缩略标题
14      @TableField("source")
15      private String source;                      // 来源
16      @TableField("keywords")
17      private String keywords;                    // 关键词
18      @TableField("description")
19      private String description;                 // 摘要
20      @TableField("body")
21      private String body;                        // 正文
22      @TableField("clicks")
23      private Integer clicks;                     // 单击次数
24      @TableField("picture")
25      private String picture;                     // 缩略图
26      @TableField("author_id")
27      private Integer authorId;                   // 作者 ID
28      @TableField("allowcomments")
29      private Integer allowComments;              // 是否允许评论
30      @TableField("status")
31      private Integer status;                     // 状态
32      @TableField("create_time")
33      private LocalDateTime createTime;           // 创建时间
34      @TableField("is_delete")
35      private Byte isDelete;                      // 删除标记
36      @TableField("flag")
37      private Byte flag;                          // 标志位
38  }
```

- 01～03 行使用 Lombok 库的注解来简化代码。@Data 自动生成 getter、setter、equals、hashCode 和 toString 方法。@AllArgsConstructor 自动生成包含所有字段的构造方法。@NoArgsConstructor 自动生成无参构造方法。
- 04 行使用@TableName 注解来指定这个 Java 类映射到数据库中的 jq_article 表。
- 05 行定义一个名为“ArticleBean”的公共类。
- 06～07 行使用@TableId 注解来指定 aid 字段为数据库表的主键，其用于存储文章的唯一标识符。

- 08～35 行使用@TableField 注解来指定 Java 类的字段与数据库表中列之间的映射关系。例如，catId 字段映射到 cat_id 列，title 字段映射到 title 列，以此类推。
- 36～37 行新添加了一个 flag 字段，并使用@TableField 注解来指定 Java 类的字段与数据库表中列之间的映射关系。整个 ArticleBean 类通过注解和字段定义，实现了与数据库表 jq_article 的映射，除自定义的 flag 字段以外，其他字段都与数据库表中的列有一一对应的关系。这使得在 Java 代码中能够方便地对数据库表进行增、删、改、查等操作，同时保持了代码的简洁性和易读性。

（2）完善 Map 层接口。

```
01 @Mapper
02 @Component
03 public interface ArticleDao extends BaseMapper<ArticleBean> {
04     //获取下一条数据
05     @Select("select * from jq_article where aid > #{id} ORDER BY aid ASC LIMIT 1")
06     ArticleBean nextSelectById(@Param("id") int id);
07     //获取上一条数据
08     @Select("select * from jq_article where aid < #{id} ORDER BY aid DESC LIMIT 1")
09     ArticleBean preSelectById(@Param("id") int id);
10 }
```

这段代码定义了一个名为“ArticleDao”的接口，它使用了 MyBatis-Plus 框架的注解将数据库操作映射到 Java 方法上。这个接口继承自 BaseMapper<ArticleBean>，这意味着 ArticleDao 接口将自动拥有 BaseMapper 接口中定义的一系列 CRUD 操作方法，这些操作方法是针对 ArticleBean 类型的实体的。不过，这个特定的接口还额外定义了两个自定义的查询方法：nextSelectById 和 preSelectById。

- 01 行是 MyBatis-Plus 提供的一个注解，用于标识这个接口是一个 Mapper 接口，MyBatis-Plus 会自动扫描这些接口，并创建它们的动态代理实现类，以便在应用程序中通过依赖注入（DI）来使用这些 Mapper 接口。
- 03 行表示 ArticleDao 接口继承了 BaseMapper 接口，并指定了泛型参数为 ArticleBean。BaseMapper 是 MyBatis-Plus 提供的一个接口，提供了大量的 CRUD 操作方法，使得开发者不需要手动编写这些基本的数据库操作方法。通过继承 BaseMapper 接口，ArticleDao 接口自动获得了这些功能，可以针对 ArticleBean 类型的数据进行操作。
- 04～10 行自定义两个方法，即 nextSelectById(@Param("id") int id)和 preSelectById(@Param("id") int id)。nextSelectById(@Param("id") int id)方法通过 MyBatis-Plus 的@Select 注解定义了一个 SQL 查询，用于获取数据库中 aid（假设是文章 ID）大于给定 id 的下一篇文章，通过 ORDER BY aid ASC LIMIT 1 确保只返回一条结果，即 aid 大于给定 id 的最小值的那条记录。类似地，preSelectById(@Param("id") int id)方法也通过@Select 注解定义了一个 SQL 查询，用于获取数据库中 aid 小于给定 id 的上一篇文章，通过 ORDER BY aid DESC LIMIT 1 确保只返回一条结果，即 aid 小于

给定 id 的最大值的那条记录。

（3）定义 Service 层。

```
//根据文章 ID 获取文章详细信息
public  ArticleBean get_details(int id){
   ArticleBean bean=new ArticleBean();
   try {
      bean=articleDao.selectById(id);
   }catch (Exception e){
      e.printStackTrace();
   }
   return bean ;
}
//获取下一条数据
public ArticleBean get_next_detail(int id){
   ArticleBean bean=new ArticleBean();
   try {
      bean=articleDao.nextSelectById(id);
   }catch (Exception e){
      e.printStackTrace();
   }
   return bean ;
}
//获取上一条数据
public ArticleBean get_pre_detail(int id){
   ArticleBean bean=new ArticleBean();
   try {
      bean=articleDao.preSelectById(id);
   }catch (Exception e){
      e.printStackTrace();
   }
   return bean ;
}
//文章详情页的模糊查询
public  List<ArticleBean> get_search_result(){
   QueryWrapper<ArticleBean> wrapper=new QueryWrapper<>();
   wrapper.like("title","科技");
   List<ArticleBean> news=articleDao.selectList(wrapper);
   for(ArticleBean articleBean:news){
      System.out.println(articleBean);
   }
   return news;
}
```

以上代码段展示了几个使用 ArticleDao 接口（Mapper 接口）来操作 ArticleBean（文章数据模型）的方法。这些方法位于一个 Service 层中，用于处理与文章相关的业务逻辑。下面是对每个方法的详细解释。

- 02～10 行根据文章 ID 获取文章的详细信息。首先，get_details(int id)方法创建了一个 ArticleBean 实例对象 bean。然后，它尝试通过调用 articleDao.selectById(id)方法从数据库中检索与给定 id 对应的文章。如果发生异常，则捕获异常并打印堆栈跟踪（但不处理异常，继续执行并返回创建的 bean 实例对象，这可能包含空值或默认值）。最后，该方法返回 bean 实例对象。
- 12～30 行分别获取给定文章 ID 的下一篇文章和上一篇文章的详细信息。
- 32～40 行执行基于标题的模糊查询，获取包含特定关键词（如“科技”）的文章列表，get_search_result 方法首先创建了一个 QueryWrapper<ArticleBean>实例对象 wrapper，这是一个由 MyBatis-Plus 提供的条件构造器，用于构建查询条件。然后，它使用 wrapper.like("title","科技")来指定查询条件，即选择标题中包含“科技”的文章。接着，它调用 articleDao.selectList(wrapper)方法来执行查询并获取结果列表。最后，它遍历结果列表并打印每个 ArticleBean 实例对象（这是为了调试），并返回结果列表。

（4）定义返回接口的数据类型。

```
01 @Data
02 @NoArgsConstructor
03 @AllArgsConstructor
04 public class PageListResult {
05     private Integer code;
06     private String msg;
07     private Integer total;         //总记录数
08     private Integer page_total;  //总分页数
09     private List<ArticleBean> list;
10     public static PageListResult success(Integer code,String msg,
Integer total,Integer pages,List<ArticleBean> list) {
11         return new PageListResult(code, msg, total,pages,list);
12 }
```

这段代码定义了一个名为“PageListResult”的 Java 类，它用于封装分页查询的结果。这个类使用了 Lombok 库中的几个注解来简化代码，同时提供了一个静态方法 success，其用于快速创建并返回一个 PageListResult 实例对象。

- 01 行使用@Data 注解，自动生成了所有字段的 getter 和 setter 方法，以及 equals、hashCode 和 toString 方法。这极大地减少了样板代码的数量。
- 02 行生成一个无参构造函数。这是某些框架（如 Hibernate）在实例化对象时所必需的。
- 03 行生成一个包含所有字段作为参数的构造函数。这使得在创建对象时可以一次性设置所有字段的值。
- 04～12 行定义一个用于封装分页查询结果的 PageListResult 类。它包含几个关键的字段。

code：通常用于表示操作的状态码，比如成功、失败等。

msg：与 code 配合使用，用于给出更详细的操作结果描述。

total：查询结果的总记录数。

page_total：也可命名为 pages，表示总分页数。注意：这里变量名 page_total 可能有些误导，它实际上表示的是总分页数，而不是总记录数。

list：一个 List<ArticleBean>类型的列表，用于存储分页查询得到的记录。这里假设 ArticleBean 是一个用于封装文章数据的类。

（5）定义控制层。

```
@RestController//使用@Controller 会报错
@CrossOrigin//处理跨域请求
@RequestMapping("/article")
public class ArticleController {
    @Autowired
    ArticleService articleService;
    @Resource
    ArticleDao articleDao;
    //新闻列表分页操作
    @RequestMapping("/page")//不能是/page/，只能是/page
    public PageListResult get_page(@RequestParam(name = "pageNum", required = false, defaultValue = "1") String pageNum, @RequestParam(name = "PageSize",required = false, defaultValue = "2") String PageSize){
        //Integer page1=1;
        Integer pagesize=2;
        IPage<ArticleBean> page=null;
        page = new Page<>((pageNum !=null) ?Integer.valueOf(pageNum) : 1,(PageSize !=null) ? Integer.valueOf(PageSize) :2);
        // 创建查询条件
//        page = new Page<>(1,2);
        QueryWrapper<ArticleBean> queryWrapper = new QueryWrapper<>();
        // 执行分页查询
        IPage<ArticleBean> userPage =articleDao.selectPage(page, queryWrapper);
        // 获取查询结果
        // 获取当前页的记录列表
        List<ArticleBean> artList = userPage.getRecords();
        long total = userPage.getTotal();  // 获取总记录数
        System.out.println("总记录数为"+total);
        //总分页数
        Integer pages= (int) Math.ceil(((double) total/pagesize));
        return PageListResult.success(200,"获取成功",Integer.valueOf((int) total),pages,artList);
    } }
```

这段代码定义了一个 Spring Boot 控制器（Controller），名为 ArticleController，它用于

处理与文章（Article）相关的 HTTP 请求。特别是，这个控制器提供了一个分页查询文章列表的接口。

- 01 行是一个组合注解，它结合了@Controller 和@ResponseBody 的功能。@Controller 用于标记该类为 Spring MVC 的控制器，而@ResponseBody 表示该控制器的所有方法返回的数据都会直接写入 HTTP 响应体中（通常是 JSON 或 XML 格式），而不是解析为跳转路径。因此，这个控制器主要用于处理 RESTful 风格的请求。
- 02 行中的注解用于处理跨域请求。在 Web 开发中，出于安全考虑，浏览器会限制来自不同源（协议、域名、端口）的 HTTP 请求。@CrossOrigin 注解可以配置跨域请求的处理策略，允许来自不同源的 HTTP 请求访问该控制器的方法。
- 03 行中的注解用于将 HTTP 请求映射到特定的处理函数上。在这个例子中，它映射了所有以"/article"开头的请求到 ArticleController 类中。
- 05～08 行中的@Autowired 和@Resource 都用于注入依赖，即将 Spring 容器中的 bean 注入到当前类中。@Autowired 默认按类型装配依赖，而@Resource（如果不指定 name 属性）也按类型装配，但还可以通过 name 属性指定 bean 的名称来装配。在这个例子中，ArticleService 和 ArticleDao 被注入 ArticleController 中，用于处理业务逻辑和数据访问。
- 11～27 行中的 get_ page 方法提供了分页查询文章列表的功能。它接收两个请求参数：pageNum（页码，默认值为 1）和 PageSize（每页大小，默认值为 2）。在方法内部，首先创建了一个 Page 对象，用于进行分页查询。Page 对象接收页码和每页大小作为参数。然后创建了一个 queryWrapper 对象，用于构建查询条件（查询条件为空，即查询所有文章）。接着使用 articleDao.selectPage 方法执行分页查询，该方法接收 Page 对象和 queryWrapper 对象作为参数，并返回一个包含查询结果的 IPage 对象。从 IPage 对象中获取当前页的文章列表和总记录数。最后计算总分页数，并将其与文章列表、总记录数、状态码和消息一起封装到 PageListResult 对象中返回。

使用 http://localhost:8090/article/page?pageNum=2 网址进行测试，可以得到图 5-36 所示的 JSON 数据。

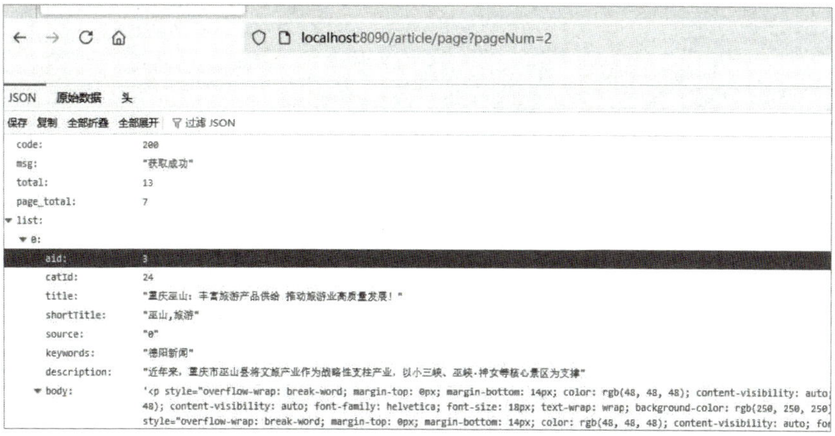

图 5-36　测试新闻列表分页接口

注意：测试的时候，这里的 pageNum 值是可以变化的，可以取为 1、2、3 等。这里得到的 JSON 数据有省略，只是截取了一部分内容。

2. 新闻新闻列表页功能实现

（1）script 部分的代码。

```
<script setup>
import axios from 'axios'
import {
        useRoute
} from 'vue-router';
import {
        onMounted,
        ref,
        reactive,
        toRefs,
        watch,
        computed
} from 'vue';
// 使用 Vue-Router 的 useRoute 生命周期钩子函数获取当前路由
const route = useRoute();
const state = reactive({
        newslist: [],        // 新闻列表
        pagelist: [],        // 分页列表
        currentPageId: 1,    // 当前分页 ID
        pagetotal: 0,        // 总分页数
        total: 0,            // 总记录数
        nextpage: 0,         // 下一页页码（使用计算属性或方法可能更合适）
        prepage: 0,          // 上一页页码（使用计算属性或方法可能更合适）
        formData: {
            key: '',         // 表单数据
        },
});
watch(
        () => route.params.id, // 监听 route.params.id 的变化
        (newId, oldId) => {
            state.currentPageId = newId; // 更新 currentPageId 的值
            console.log("分页 ID 为: " + state.currentPageId);
        }, {
            immediate: true // 设置 immediate: true，以立即触发 handler 函数
        }
);
onMounted(async () => {
        // 请求新闻列表
        try {
```

```
            const newslist_res = await axios.get('http:// localhost:8090/article/all');
            console.log("请求到的新闻列表数据为-----: ", newslist_res.data.list);
            state.newslist = newslist_res.data.list;
            console.log("state.newsList 数据为 111111111" + state.newslist)
        } catch (error) {
            console.error("请求新闻列表出错: ", error);
        }
        // 请求分页数据
        try {
            const newslist_res1 = await axios.get(
                `http:// localhost:8090/article/page?pageNum=${state.currentPageId}`);
            console.log("请求到的分页数据为-----: ", newslist_res1.data.list);
            state.pagelist = newslist_res1.data.list;
            state.pagetotal = newslist_res1.data.page_total;
            state.total = newslist_res1.data.total;
            // 注意边界情况，如果 currentPageId 是第一页，则 prepage 应该保
            // 持为 0 或禁用上一页按钮
            state.prepage = Math.max(state.currentPageId - 1, 0);
            state.nextpage = state.currentPageId + 1; // 下一页页码

        } catch (error) {
            console.error("请求分页数据出错: ", error);
        }
    });
    // 时间戳转换函数
    function timestampToDateTime(ts) {
        const date = new Date(ts);
        const year = date.getFullYear();
        const month = (date.getMonth() + 1).toString().padStart(2, '0');
        const day = date.getDate().toString().padStart(2, '0');
        const hours = date.getHours().toString().padStart(2, '0');
        const minutes = date.getMinutes().toString().padStart(2, '0');
        const seconds = date.getSeconds().toString().padStart(2, '0');
        return `${year}-${month}-${day} ${hours}:${minutes}:${seconds}`;
    }
    const pages = computed(() => {
        let pagesArray = [];
        let begin = 0;
        let end = 0;
        if (state.pagetotal <= 5 && state.currentPageId <= 3) {
            for (let i = 1; i <= state.pagetotal; i++) {
```

```
79                      pagesArray.push(i);
80                  }
81              } else if (Number(state.currentPageId) + 2 >= state.pagetotal) {
82                  end = state.pagetotal;
83                  begin = state.pagetotal - 4;
84                  if (begin < 1) begin = 1; // 防止 begin 小于 1
85                  for (let i = begin; i <= end; i++) {
86                      pagesArray.push(i);
87                  }
88              } else {
89                  begin = state.currentPageId - 2;
90                  end = Number(state.currentPageId) + 2;
91                  if (begin < 1 && state.pagetotal <= 5) {
92                      begin = 1;
93                      end = state.pagetotal;
94                  } else if (begin < 1 && state.pagetotal > 5) {
95                      begin = 1;
96                      end = 5;
97                  } else if (end > state.pagetotal) {
98                      end = state.pagetotal;
99                  }
100                 for (let i = begin; i <= end; i++) {
101                     pagesArray.push(i);
102                 }       }
103             return pagesArray;
104         });
105     </script>
```

- 01 行表示这段代码是使用 Vue 3 的组合式 API 和<script setup>语法编写的。
- 02 行引入 Axios 网络请求库。
- 03～13 行引入 Vue 3 的组合式 API 函数，如 onMounted、ref、reactive、toRefs、watch 和 computed。
- 14 行获取当前路由。
- 15～26 行使用 reactive 函数创建一个响应式对象 state，其中包含多个与新闻列表和分页相关的属性。这些属性包括 newslist（新闻列表）、pagelist（分页列表）、currentPageId（当前分页 ID）、pagetotal（总分页数）、total（总记录数）、nextpage（下一页页码）、prepage（上一页页码）及 formData（表单数据对象）。
- 27～35 行使用 watch 函数监听路由参数 id 的变化。这通常用于处理基于 id 的路由。例如，/news/1 表示查看 id 为 1 的新闻。当 route.params.id 发生变化时，更新 state.currentPageId 的值，并立即在控制台打印输出当前的分页 ID。immediate: true 选项确保了在组件挂载时立即触发 handler 函数，即使 route.params.id 没有发生变化。
- 36～61 行在 onMounted 生命周期钩子函数中发起网络请求，并将返回值赋给对应的变量。

- 63～72 行定义时间戳转换函数。
- 73～104 行定义 computed 属性，用于计算并返回一个分页的页码数组。
- 74 行定义 pagesArray 数组，用来存储页码。
- 75～76 行定义 begin 和 end 变量，分别代表要显示的分页的起始页和结束页。
- 77～80 行定义如果总页数（pagetotal）小于或等于 5，并且当前页码（currentPageId）小于或等于 3，那么直接显示所有页码。
- 81～87 行表示如果当前页码加上 2（即显示当前页及其前后页）大于或等于总页数，那么从总页数减去 4 开始显示页码，最多显示到总页数（例如，如果有 10 页，当前页为第 9 页，那么会显示第 6、7、8、9、10 页）；如果 begin 的值小于 1，则将其值设置为 1，以确保不会显示小于 1 的页码。
- 88～102 行是最常见的情况，即当前页码既不是最后一页也不是前几页。初始设置 begin 的值为当前页码减去 2，end 的值为当前页码加上 2。如果 begin 的值小于 1，那么有两种子情况：如果总页数小于或等于 5，那么显示所有页码（从 1 到总页数）；如果总页数大于 5，那么只显示前 5 页（从 1 到 5）。如果 end 的值大于总页数，那么将其值设置为总页数。最后，根据 begin 和 end 的值，将页码添加到 pagesArray 中。
- 103 行返回计算得到的 pagesArray 数组，这个数组包含了应该显示的页码。

（2）template 部分的代码。

```
<template>
 <!-- 头部区域开始 -->
 <div class="index_header">
         <nav class="navbar navbar-default">
             <div class="container-fluid">
                 <div class="navbar-header">
                     <button type="button" class="navbar-toggle collapsed" data-toggle="collapse"
                         data-target="#bs-example-navbar-collapse-1" aria-expanded="false">
                         <span class="sr-only">Toggle navigation</span>
                         <span class="icon-bar"></span>
                         <span class="icon-bar"></span>
                         <span class="icon-bar"></span>
                     </button>
                     <router-link to="/"><span class="navbar-brand">网站首页</span> </router-link>
                     <!-- <div id="search_form" class=" navbar-brand">
                         <i class="bi-search" id="bi-search" style="font-size: 1.8rem; color: cornflowerblue;"></i>
                     </div> -->
                 </div>
                 <div class="collapse navbar-collapse" id="bs-
```

```
example-navbar-collapse-1">
                    <ul class="nav  navbar-nav">
                        <li class="active"><a href="#">首页 <span class="sr-only">(current)</span></a></li>
                        <li><a href="#">企业新闻</a></li>
                        <li><a href="#">行业新闻</a></li>
                    </ul>
                    <form class="navbar-form navbar-left" role="search" @submit.prevent="searchForm">
                        <div class="form-group">
                            <input type="text" class="form-control" placeholder="Search" v-model="state.formData.key">
                        </div>
                        <button type="submit" class="btn btn-default">提交按钮</button>
                    </form>
                    <ul class="nav navbar-nav navbar-right">
                        <li><a href="#">登录</a></li>
                        <li><a href="#">注册</a></li>
                        <li class="dropdown">
                            <a href="#" class="dropdown-toggle" data-toggle="dropdown" role="button"
                                aria-haspopup="true" aria-expanded="false">欢迎您！ <span class="caret"></span></a>
                            <ul class="dropdown-menu">
                                <li><a href="#">用户中心</a></li>
                                <li><a href="#">修改密码</a></li>
                                <li><a href="#">退出登录</a></li>
                            </ul>
                        </li>
                    </ul>
                </div>
            </div>
        </nav>
    </div>
    <!-- 头部区域结束 -->
    <!-- 轮播图开始 -->
    <div class="container-fluid">
        <div class="detail_banner">
        </div>
    </div>
    <!-- 轮播图结束 -->
    <!--当前位置开始-->
    <div class="location">
        <ul class="location_position">
            <span class="glyphicon glyphicon-home"></span><span
```

```
class="pos">当前位置：</span> <span><router-link to="/">首页
                    </router-link>> 新闻列表 </span>
            </ul>
    </div>
    <!--当前位置结束-->
    <!-- 新闻列表页内容开始 -->
    <div class="container-fluid">
            <div class="row">
                <div class="col-xl-9 col-md-9 col-lg-9 col-sm-9">
                    <div class="detail_left">
                        <div class="row" v-for="(node, index) in state.pagelist" :key="index"
                            style="padding-left: 40px;margin-bottom: 20px;">
                            <div class="media">
                                <a href="#" class="media-left media-middle media-bottom">
                                    <img src="./pic/nopic.png" width="220" height="180" />
                                </a>
                                <div class="media-body" style="text-align: left;">
                                    <h3 class="media-heading"><router-link
                                            :to="'/article/'+node.aid">{{ node.title }}</router-link></h3>
                                    <p class="list_desc">
                                        {{node.description}}
                                    </p>
                                    <h4><span class="glyphicon glyphicon-time" aria-hidden="true"></span><span
                                            class="list_time">{{timestampToDateTime(node.createTime)}}</span></h4>
                                </div>
                            </div>
                        </div>
                        <!-- <ul>
                            <li v-for="item in pages" :key="item">{{ item }}</li>
                        </ul> -->
                        <!-- 分页开始 -->
                        <div class="row">
                            <nav>
                                <ul class="pagination">
                                    <li class="page-item"><a class="page-link" :href="'/news/' + 1">首页</a></li>
```

```
                        <li class="page-item" v-if="(state.currentPageId-1)>0"><a class="page-link":href="'/news/' + state.prepage">上一页</a></li>
                        <!-- <li class="page-item"><a class="page-link" href="#">1</a></li> -->
                        <li class="page-item" v-for="page in pages" :key="page" v-bind:class="{ 'active': currentPageId==page }"><a class="page-link":href="'/news/' + page">{{page}}</a></li>
                        <li class="page-item" v-if="nextpage<=pagetotal"><a class="page-link":href="'/news/' + nextpage">下一页</a></li>
                        <li class="page-item"><a class="page-link" :href="'/news/' + pagetotal">尾页</a></li>
                    </ul>
                </nav>
            </div>
            <!-- 分页结束 -->
        </div>
    </div>
    <div class="col-xl-3 col-md-3 col-lg-3 col-sm-3">
        <div class="detail_right">
            <!-- 右侧边栏开始 -->
            <div class="detail_right_menu">最新文章</div>
            <div class="steps">
                <div class="step-item" v-for="(node, index) in state.newslist" :key="index">
                    <span class="step-dot"></span>
                    <div class="step-content">
                        <div class="step-title">{{timestampToDateTime(node.createTime)}}</div>
                        <div class="step-desc"><router-link
                                :to="'/article/'+node.aid">{{ node.title }}</router-link></div>
                    </div>
                    <div class="step-line"></div> <!-- 添加这一行 -->
                </div>
            </div>
        </div>
    </div>
</div>
</div>
<!-- 页脚代码开始 -->
<div class="container-fluid foot_top"></div>
<!--主页脚内容开始-->
<footer class="main-footer" style="background: url(images/
```

```
background/1.jpg);">
        <div class="footer-top">
            <div class="container">
                <div class="row">
                    <div class="col-lg-4 col-md-6 col-sm-6 col-xs-12">
                        <div class="about-widget">
                            <div class="footer-logo">
                                <figure> <a href="/index.html">
                                    </a> </figure>
                            </div>
                            <p>专注网站建设。</p>
                            <p>我们非常荣幸地为中国超过 1200 个客户提供网站建设解决方案及服务。</p>
                        </div>
                    </div>
                    <div class="col-lg-2 col-md-6 col-sm-6 col-xs-12">
                        <div class="menu-link">
                            <div class="sec-title">
                                <h6>关于佳奇 CMS</h6>
                            </div>
                            <ul>
                                <li><a class="  " href="/about/c1/">品牌客户</a></li>
                                <li><a class="  " href="/about/c2/">服务优势</a></li>                <li><a class="  " href=
"/about/c3/"> 产品服务</a></li>  <li><a class="  " href="/about/c4/"> 联系方式
</a></li>
                            </ul>
                        </div>
                    </div>
                    <div class="col-lg-3 col-md-6 col-sm-6 col-xs-12">
                        <div class="menu-link">
                            <div class="sec-title">
                                <h6>技术支持</h6>
                            </div>
                            <ul>
                                <li><a href="/Service/c1/"><i class="fa fa-angle-right" aria-hidden="true"></i>制作流程</a>
                                </li>
                                <li><a href="/Service/c2/"><i class="fa fa-angle-right" aria-hidden="true"></i>售后服务</a>
                                </li>
                                <li><a href="/Service/c3/"><i class="fa fa-angle-right" aria-hidden="true"></i>付款方式</a>
                                </li>
                                <li><a href="/Service/c4/"><i class=
```

```
"fa fa-angle-right" aria-hidden="true"></i>常见问题</a>
164                             </li>
165                             <li><a href="/Service/c5/"><i class="fa fa-angle-right" aria-hidden="true"></i>合同下载</a>
166                             </li>
167                         </ul>
168                     </div>
169                 </div>
170                 <div class="col-lg-3 col-md-6 col-sm-6 col-xs-12">
171                     <div class="gallery-widget">
172                         <div class="sec-title">
173                             <h6>友情链接</h6>
174                         </div>
175                         <div class="clearfix">
176                             <figure class="image"> </figure>
177                         </div>
178                         <div class="sec-title">
179                             <h6></h6>
180                         </div>
181                         <ul>
182                             <li><a href="" target="_blank"><i class="fa fa-angle-right" aria-hidden="true"></i></a>
183                             </li>
184                         </ul>
185                     </div>
186                 </div>
187             </div>
188         </div>
189     </div>
190     <div class="footer-bottom">
191         <div class="container">
192             <div class="copyright-text text-center">
193                 <p>
194                     <a href="">佳奇 CMS</a> 2005—2018 &copy;重庆佳奇电子商务有限公司 版权所有. 渝 ICP 备<a href="http://www. **.gov.cn">09003237 号-1</a>
195                 </p>
196             </div>
197         </div>
198     </div>
199   </footer> <!--主页脚内容结束-->
200   <!-- 页脚代码结束 -->
201 </template>
```

- 03～47 行定义网站顶部导航菜单。
- 50～53 行定义网站轮播图。

- 68～84 行定义列表显示的内容，包括文章缩略图、文章标题、文章摘要、文章创建时间等。
- 92 行使用<a>标签链接到首页。
- 93 行表示如果上一页存在，则显示上一页，且设置了上一页的链接。
- 95 行遍历分页数据 pages；如果是当前页，则使用 v-bind:class 方法将页码设置为高亮显示；设置当前页面的链接。
- 96 行表示如果下一页的数字小于总分页数，则显示下一页。
- 97 行显示尾页。
- 107～118 行定义网页右侧边栏显示文章列表，主要显示文章创建时间、文章标题等。
- 124～199 行定义网站页脚内容。

运行结果如图 5-37 所示。

图 5-37　新闻列表页运行结果

3. 新闻详情页功能实现

在新闻列表页单击某条新闻时，要传递一个新闻（文章）的 id 参数，这个参数到达新闻详情页以后，要先使用 Axios 发起网络请求，即请求该新闻详情信息对应的 JSON 数据，然后对请求到的新闻详情信息进行渲染。

（1）script 部分的代码。

```
<script>
 import axios from 'axios'
 import {
        RouterLink
```

```
} from 'vue-router';
export default {
        name: "detailsCom",
        data() {
            return {
                title: "",
                clicks: "",
                createTime: "",
                keywords: "",
                body: "",
                description: "",
                newslist: [],
                current_id: 0,
                previous_list: {
                    title: '',
                    id: 0,
                },
                next_list: {
                    title: '',
                    id: 0,
                },
                formData: {
                    key: '',
                }
            }
        },
        async mounted() {
            console.log("新闻详情页收到的 ID:" + this.$route.params.id);
            let id = this.$route.params.id;
            this.current_id = parseInt(id);
            let res = await axios.get('http:// localhost:8090/article/detail/' + id)
            this.title = res.data.data.title;
            this.clicks = res.data.data.clicks;
            this.createTime = this.timestampToDateTime(res.data.data.createTime);
            this.keywords = res.data.data.keywords;
            this.body = res.data.data.body;
            this.description = res.data.data.description;
            console.log(res.data.data)
            // 请求新闻列表
            let newslist_res = await axios.get('http:// localhost:8090/article/all')
            console.log("请求到的数据为-----: " + newslist_res.data.list)
            this.newslist = newslist_res.data.list
```

```
            // 获取上一条数据
            let previous_res = await axios.get('http:// localhost:8090/article/pec/' + (this.current_id))
            if (previous_res.data.data != null) {
                this.previous_list.id = previous_res.data.data.aid;
                this.previous_list.title = previous_res.data.data.title;
            }
            // 获取下一条数据
            let next_res = await axios.get('http:// localhost:8090/article/next/' + (this.current_id))
            if (next_res.data.data != null) {
                this.next_list.id = next_res.data.data.aid;
                this.next_list.title = next_res.data.data.title;
            }
        },
        methods: {
            jump() {
                this.$router.push({
                    path: '/news/1'
                });
            },
            // 时间戳转换函数
            timestampToDateTime(ts) {
                const date = new Date(ts);
                const year = date.getFullYear();
                const month = (date.getMonth() + 1).toString().padStart(2, '0');
                const day = date.getDate().toString().padStart(2, '0');
                const hours = date.getHours().toString().padStart(2, '0');
                const minutes = date.getMinutes().toString().padStart(2, '0');
                const seconds = date.getSeconds().toString().padStart(2, '0');
                return `${year}-${month}-${day} ${hours}:${minutes}:${seconds}`;
            },
            searchForm() { //搜索表单事件
                if (!this.formData.key) {
                    console.log("输入的内容为空！")
                    alert("请输入内容！")
                } else {
                    this.keywords = this.formData.key
                    this.$router.push({
                        name: 'search',
```

```
85                          params: {
86                              key: this.formData.key,
87                              id: 1
88                          }
89                      })
90                  }
91              }
92          }
93    }
94  </script>
```

- 02 行引入 Axios 网络请求库。
- 03～05 行从 vue-router 导入 RouterLink。
- 06 行导出 Vue.js 组件的默认对象。
- 07 行为组件定义一个名字。
- 08～30 行定义 title、clicks、createTime、keywords、body、description 变量，用于显示新闻或文章详情的字段，以及定义 newslist 数组、current_id 变量、previous_list 对象、next_list 对象和 formData 对象。newslist 数组用于存储多个新闻或文章对象。current_id 表示当前正在查看的新闻或文章 ID。previous_list 对象和 next_list 对象分别用于显示上一条和下一条新闻或文章的标题和 ID，以便实现分页或浏览历史记录。formData 对象用于存储表单数据，但在这里只有一个 key 字段，可能是简化的示例或代码未编写完成。
- 32 行在控制台打印输出当前路由参数中的 id，该 id 是某篇文章或某个项目的唯一标识符。
- 33 行从路由参数中获取 id。
- 34 行将获取的 id 转换为整数类型，并赋值给组件的 current_id 属性。
- 35～41 行使用 await 和 Axios 发起一个 Get 请求，从后端服务器获取指定 id 的文章详情，并将返回的数据中的各个字段（如标题、单击次数、创建时间等）赋值给组件的相应属性。
- 44～46 行再次使用 await 和 Axios 发起 Get 请求，获取所有新闻列表，并将返回的数据赋值给组件的 newslist 属性。
- 48～52 行请求上一条新闻的数据（根据当前 current_id），如果数据不为空，则将其 aid 和 data 赋值给 previous_list 对象的相应属性。
- 54～58 行请求下一条新闻的数据（根据当前 current_id），如果数据不为空，则将其 aid 和 title 赋值给 next_list 对象的相应属性。
- 61～65 行定义页面跳转，使用 this.$router.push 方法将页面路由跳转到/news/1 路径。这里的 path 指示了一个具体的路径，但是通常在 Vue.Router 中使用 name 和 params 或 query 来进行命名路由的跳转，以便更好地管理和处理路由参数。
- 67～76 行将时间戳（UNIX 时间戳）转换为可读的日期时间字符串，首先使用 new Date(ts)创建一个日期对象。然后使用日期对象的方法（如 getFullYear、getMonth、

getDate 等）获取年、月、日、时、分、秒，并对月、日和小时进行补零处理（确保它们始终是两位数）。最后将这些部分组合成一个格式化的日期时间字符串并返回。

- 77～91 行处理搜索表单的提交事件，首先检查 formData.key 是否存在（即用户是否输入了搜索内容），如果 formData.key 为空（即用户没有输入任何内容），则通过 console.log 打印一条消息到控制台中，并通过 alert 弹出一个警告框提示用户输入内容。如果 formData.key 不为空，则将 formData.key 的值赋给组件的 keywords 属性，并使用 this.$router.push 进行页面跳转。跳转的目标是一个名为 search 的命名路由，并传递了两个参数：key（即搜索关键词）和 id（这里将其硬编码为 1，在实际应用中可以根据具体需求进行调整）。

（2）template 部分的代码。

```
<template>
 <!-- 头部区域开始 -->
 <div class="index_header">
        <nav class="navbar navbar-default">
            <div class="container-fluid">
                <div class="navbar-header">
                    <button type="button" class="navbar-toggle collapsed" data-toggle="collapse"
                        data-target="#bs-example-navbar-collapse-1" aria-expanded="false">
                        <span class="sr-only">Toggle navigation</span>
                        <span class="icon-bar"></span>
                        <span class="icon-bar"></span>
                        <span class="icon-bar"></span>
                    </button>
                    <router-link to="/"><span class="navbar-brand">网站首页</span> </router-link>                <!-- <div id="search_form" class=" navbar-brand">
                        <i class="bi-search" id="bi-search" style="font-size: 1.8rem; color: cornflowerblue;"></i>
                    </div> -->
                </div>
                <div class="collapse navbar-collapse" id="bs-example-navbar-collapse-1">
                    <ul class="nav  navbar-nav">
                        <li class="active"><a href="#">首页 <span class="sr-only">(current)</span></a></li>
                        <li><a href="#">企业新闻</a></li>
                        <li><a href="#">行业新闻</a></li>
                    </ul>
                    <form class="navbar-form navbar-left" role="search" @submit.prevent="searchForm">
                        <div class="form-group">
```

```
                        <input type="text" class="form-control" placeholder="Search" v-model="formData.key">
                    </div>
                    <button type="submit" class="btn btn-default">提交按钮</button>
                </form>
                <ul class="nav navbar-nav navbar-right">
                    <li><a href="#">登录</a></li>
                    <li><a href="#">注册</a></li>
                    <li class="dropdown">
                        <a href="#" class="dropdown-toggle" data-toggle="dropdown" role="button"
                            aria-haspopup="true" aria-expanded="false">欢迎您！ <span class="caret"></span></a>
                        <ul class="dropdown-menu">
                            <li><a href="#">用户中心</a></li>
                            <li><a href="#">修改密码</a></li>
                            <li><a href="#">退出登录</a></li>
                        </ul>
                    </li>
                </ul>
            </div>
        </div>
    </nav>
</div>
<!-- 头部区域结束 -->
<!-- 轮播图开始 -->
<div class="container-fluid">
    <div class="detail_banner">
    </div>
</div>
<!-- 轮播图结束 -->
<!--当前位置开始-->
<div class="location">
    <ul class="location_position">
        <span class="glyphicon glyphicon-home"></span><span class="pos">当前位置：</span> <span> <router-link to="/">首页
            </router-link>> <router-link :to="{path:'/news/1'}">新闻列表</router-link> > 新闻详情 </span>
    </ul>
</div>
<!--当前位置结束-->
<!--主体内容开始-->
<div class="container-fluid">
    <!-- 文章正文开始 -->
    <div class="col-xl-9 col-md-9 col-lg-9 col-sm-9">
```

```
            <!-- detail_left 开始 -->
            <div class="detail_left">
                <!-- 标题开始 -->
                <div class="col-md-12">
                    <div class="news-title">
                        <h1>{{title}}</h1>
                    </div>
                </div>
                <!-- 标题结束 -->
                <!-- 文章其他信息开始 -->
                <div class="col-md-12 article_info">
                    <span class="pubdate">{{createTime}}</span>
                    <span class="source">出处：网络 </span>
                    <span class="author">作者：admin</span>
                    <span class="editor">单击：{{clicks}}</span>
                    <span id="cmt_count" class="cmt_count"></span>
                </div>
                <!-- 文章其他信息结束 -->
                <!-- 分割线开始 -->
                <div class="col-md-12">
                    <div class="divider"></div>
                </div>
                <!-- 分割线结束 -->
                <!-- 正文内容开始 -->
                <div class="article_body" v-html="body">
                </div>
                <!-- 正文内容结束 -->
                <!-- 分割线开始 -->
                <div class="divider"></div>
                <!-- 分割线结束 -->
                <div class="other_content">
                    <div class="other_info">
                        <ul>
                            <li class="url_title" v-if="previous_list.title">上一条：<router-link:to="'/article/'+previous_list.id">{{previous_list.title}}</router-link></li>
                            <li class="url_title" v-else>上一条：没有了</li>
                            <li class="url_title" v-if="next_list.title">下一条：<router-link:to="'/article/'+next_list.id">{{next_list.title}}</router-link></li>
                            <li class="url_title" v-else>下一条：没有了</li>
                        </ul>
                    </div>
                    <div class="link_info">
```

```
                        <button type="button" class="btn-lg btn-danger" @click="jump">返回列表</button>
                    </div>
                </div>
            </div>
            <!-- detail_left 结束 -->
        </div>
        <!-- 文章正文结束 -->
        <div class="col-xl-3 col-md-3 col-lg-3 col-sm-3">
            <div class="detail_right">
                <!-- 右侧边栏开始 -->
                <div class="detail_right_menu">最新文章</div>
                <div class="steps">
                    <div class="step-item" v-for="(node, index) in newslist" :key="index">
                        <span class="step-dot"></span>
                        <div class="step-content">
                            <div class="step-title">{{timestampToDateTime(node.createTime)}}</div>
                            <div class="step-desc"><router-link :to="'/article/'+node.aid">{{ node.title }}</router-link></div>
                        </div>
                        <div class="step-line"></div> <!-- 添加这一行 -->
                    </div>
                </div>
                <!-- 右侧边栏结束 -->
            </div>
        </div>
    </div>
    <!--主体内容结束-->
    <div class="container-fluid foot_top"></div>
    <!--主页脚内容开始-->
    <footer class="main-footer" style="background: url(images/background/1.jpg);">
        <div class="container">
            <div class="row">
                <div class="col-lg-4 col-md-6 col-sm-6 col-xs-12">
                    <div class="about-widget">
                        <div class="footer-logo">
                            <figure> <a href="/index.html">
                                </a> </figure>
                        </div>
                        <p>专注网站建设。</p>
                        <p>我们非常荣幸地为中国超过 1200 个客户提供网站建设解决方案及服务。</p>
```

```
        </div>
    </div>
    <div class="col-lg-2 col-md-6 col-sm-6 col-xs-12">
        <div class="menu-link">
            <div class="sec-title">
                <h6>关于佳奇 CMS</h6>
            </div>
            <ul>
                <li><a class="  " href="/about/c1/">品牌客户</a></li>
                <li><a class="  " href="/about/c2/">服务优势</a></li>
                <li><a class="  " href="/about/c3/">产品服务</a></li>
                <li><a class="  " href="/about/c4/">联系方式</a></li>
            </ul>
        </div>
    </div>
    <div class="col-lg-3 col-md-6 col-sm-6 col-xs-12">
        <div class="menu-link">
            <div class="sec-title">
                <h6>技术支持</h6>
            </div>
            <ul>
                <li><a href="/Service/c1/"><i class="fa fa-angle-right" aria-hidden="true"></i>制作流程</a>
                </li>
                <li><a href="/Service/c2/"><i class="fa fa-angle-right" aria-hidden="true"></i>售后服务</a>
                </li>
                <li><a href="/Service/c3/"><i class="fa fa-angle-right" aria-hidden="true"></i>付款方式</a>
                </li>
                <li><a href="/Service/c4/"><i class="fa fa-angle-right" aria-hidden="true"></i>常见问题</a>
                </li>
                <li><a href="/Service/c5/"><i class="fa fa-angle-right" aria-hidden="true"></i>合同下载</a>
                </li>
            </ul>
        </div>
    </div>
    <div class="col-lg-3 col-md-6 col-sm-6 col-xs-12">
        <div class="gallery-widget">
            <div class="sec-title">
```

```
183                                 <h6>友情链接</h6>
184                             </div>
185                             <div class="clearfix">
186                                 <figure class="image"> </figure>
187                             </div>
188                             <div class="sec-title">
189                                 <h6></h6>
190                             </div>
191                             <ul>
192                                 <li><a href="" target="_blank"><i
class="fa fa-angle-right" aria-hidden="true"></i></a>
193                                 </li>
194                             </ul>
195                         </div>
196                     </div>
197                 </div>
198             </div>
199         </div>
200         <div class="footer-bottom">
201             <div class="container">
202                 <div class="copyright-text text-center">
203                     <p>
204                         <a href="">佳奇 CMS</a> 2005—2018 &copy;重庆佳
奇电子商务有限公司 版权所有. 渝 ICP 备<a href="http://www. **.gov.cn">09003237 号-1
205                         </a>
206                     </p>
207                 </div>
208             </div>
209         </div>
210     </footer> <!--主页脚内容结束-->
211 </template>
```

- 03～46 行定义网站顶部导航菜单。
- 49～52 行定义网站轮播图。
- 55～60 行定义网站当前位置。
- 71 行使用插值表达式调用变量 title 来显示文章标题。
- 77 行使用插值表达式调用变量 createTime 来显示文章创建时间。
- 80 行使用插值表达式调用变量 clicks 来显示文章的单击次数。
- 90～91 行使用 v-html 指令显示变量 body 的内容，即对应的文章（新闻）内容。
- 99 行表示如果当前文章的上一条数据存在，则显示上一条数据。
- 100 行表示如果上一条数据不存在，则上一条数据显示为“上一条：没有了”。
- 101 行表示如果当前文章的下一条数据存在，则显示下一条数据。
- 102 行表示如果下一条数据不存在，则下一条数据显示为“下一条：没有了”。
- 105～107 行设置单击事件 jump，通过单击“返回列表”按钮，返回新闻列表页。

- 116～126 行定义右侧边栏要显示的内容。
- 134～210 行定义网站页脚内容。

任务进阶

下面来介绍一下 toRefs 和 toRef。toRefs 和 toRef 是两个与组合式 API 相关的实用函数，用于处理响应式引用。它们主要用于处理从 setup 函数返回模板的响应式数据。

1）toRefs

toRefs 的主要作用是将一个响应式对象转换为单独的响应式引用。这在将对象中的所有属性都暴露给模板时特别有用。

在 Vue 3 中，析构概念通常指的是 ES6（ECMAScript 2015）中的解构赋值（Destructuring Assignment）。解构赋值是一种 JavaScript 表达式，可以将值从数组或对象中提取到不同的变量中。这在 Vue 3、Vue 2 和其他 JavaScript 环境中是一种常用的语法。

请看一个简单的例子。

```
const person = {
  name: 'John',
  age: 30
};

const { name, age } = person;
console.log(name); // 输出“John”
console.log(age);  // 输出“30”
```

我们来讨论一下，在 Vue.js 中通过析构，对象的属性是否是响应式数据。请看下面未使用 toRefs 的例子。

```
<template>
 <div>
        <h1>未使用 toRefs</h1>
        <p>姓名：{{person.name}}</p>
        <p>年龄：{{person.age}}</p>
        <button @click="changeName">修改姓名</button>
        <button @click="changeAge">修改年龄</button>
 </div>
</template>
<script setup>
 import {
        reactive,toRefs
 } from 'vue'
 let person = reactive({
        name: 'zhangsan',
        age: 20
```

```
17    });
18    let {name,age} = person;
19    function changeName(){
20            name+="*"
21            console.log(name,person.name)
22    }
23    function changeAge(){
24            age+=1
25            console.log(age)
26    }
27  </script>
28  <style>
29  </style>
```

- 11～13 行从 Vue.js 中导入 reactive、toRefs 模块。
- 14～17 行定义 person 对象，并使用 reactive 关键字使其成为响应式数据。
- 18 行从 person 对象中析构出 name 和 age 属性。
- 19～22 行定义 changeName 函数。
- 23～26 行定义 changeAge 函数。

注意：这里从 person 对象中析构出 name 和 age 属性以后，name 和 age 属性就不再是响应式数据了。

运行结果如图 5-38 所示。

图 5-38　未使用 toRefs 的运行结果

那么如何让对象的属性成为响应式数据呢？这就要用到 toRefs 了。请看下面的例子。

```
<template>
 <div>
        <h1>toRefs 的使用</h1>
        <p>姓名：{{person.name}}</p>
        <p>年龄：{{person.age}}</p>
```

```
06          <button @click="changeName">修改姓名</button>
07          <button @click="changeAge">修改年龄</button>
08     </div>
09   </template>
10   <script setup>
11     import {
12          reactive,toRefs
13     } from 'vue'
14     let person = reactive({
15          name: 'zhangsan',
16          age: 20
17     });
18     let {name,age} = toRefs(person);
19     function changeName(){
20          name.value+="*"
21          console.log(name,person.name)
22     }
23     function changeAge(){
24          age.value+=1
25          console.log(age)
26     }
27   </script>
28   <style>
29   </style>
```

- 18 行从响应式对象 person 中析构出 name 和 age 属性，并将 name 和 age 属性转换成响应式的 ref 对象。
- 20 行改变响应式对象 name 的值，每次单击都会加上“*”。
- 24 行改变响应式对象 age 的值。

运行结果如图 5-39 所示。

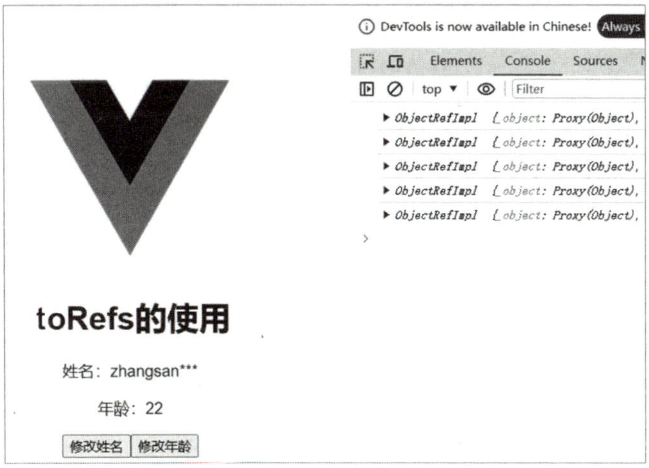

图 5-39　使用 toRefs 的运行结果

2）toRef

toRef 的作用是将给定的属性名转换为响应式引用。这在只想将对象中的某个特定属性暴露给模板时特别有用。请看下面的例子。

```
01  <template>
02   <div>
03          <h1>toRef 的使用</h1>
04          <p>姓名：{{name1}}</p>
05          <button @click="changeName">修改姓名</button>
06   </div>
07  </template>
08  <script setup>
09   import {
10          reactive,toRefs,toRef
11   } from 'vue'
12   let person = reactive({
13          name: 'zhangsan',
14          age: 20
15   });
16   let name1 = toRef(person,'name');
17   function changeName(){
18          name1.value+="*"
19   }
20   </script>
21  <style>
22  </style>
```

- 08～11 行从 Vue.js 中导入 reactive、toRefs、toRef 模块。
- 12 行定义对象 person，并使用 reactive 关键字使其成为响应式数据。
- 16 行使用 toRef 将对象 person 的 name 属性转换为响应式数据，并重命名为“name1”。
- 17～19 行定义函数 changeName，该函数使用 name1.value 方法修改响应式数据 name1 的值。

运行结果如图 5-40 所示。

图 5-40　toRef 的使用

任务实施

任务步骤	任务要点	实施记录
任务准备	1. 更换实训服、鞋套等 2. 检查机房软硬件环境	是否完成：是□ 否□
工具准备	教材、参考资料、纸、笔、特殊工具	是否完成：是□ 否□

续表

<table>
<tr><th>任务步骤</th><th>任务要点</th><th>实施记录</th></tr>
<tr><td>制订计划</td><td colspan="2">根据任务目标，制订任务实施计划
<table><tr><th>序号</th><th>作业项目</th><th>实施要点</th></tr><tr><td></td><td></td><td></td></tr><tr><td></td><td></td><td></td></tr><tr><td></td><td></td><td></td></tr><tr><td></td><td></td><td></td></tr><tr><td></td><td></td><td></td></tr><tr><td></td><td></td><td></td></tr><tr><td></td><td></td><td></td></tr><tr><td></td><td></td><td></td></tr></table></td></tr>
<tr><td>收集资讯</td><td>1．什么是选项式 API
2．什么是组合式 API
3．组合式 API 中 setup 的作用是什么</td><td>检索记录：</td></tr>
<tr><td>任务实施
过程记录</td><td colspan="2">任务示范实现的关键步骤记录：

任务进阶实现的关键步骤记录：</td></tr>
<tr><td>设备断电并
整理现场</td><td>将现场设备、工具等物品按 6S 标准清理归位</td><td>是否完成：是□　否□</td></tr>
</table>

评价反馈

<table>
<tr><td rowspan="2">任务总结</td><td colspan="7">对组合式 API，以及组合式 API 中 setup 的认知总结：</td></tr>
<tr><td colspan="7">工作实施情况反思：</td></tr>
<tr><td rowspan="5">质量评价</td><td>评分项目</td><td>学生出勤
（20 分）</td><td>工作过程
（30 分）</td><td>成果汇报
（30 分）</td><td>职业素养
（10 分）</td><td>工作规范
（10 分）</td><td>总评</td></tr>
<tr><td>自我评分</td><td></td><td></td><td></td><td></td><td></td><td></td></tr>
<tr><td>小组评分</td><td></td><td></td><td></td><td></td><td></td><td></td></tr>
<tr><td>教师评分</td><td></td><td></td><td></td><td></td><td></td><td></td></tr>
<tr><td>合计</td><td></td><td></td><td></td><td></td><td></td><td></td></tr>
</table>

任务 4　网站搜索功能的实现

本任务使用 Spring Boot +Mybatis-Plus+MySQL 开发网站搜索功能所需要用到的 API 数据，并使用 Vuex 存取数据及清除数据的方法实现网站搜索记录的保存、展现及清除功能。

任务演示

在首页、新闻列表页、新闻详情页等页面的搜索框中键入关键词，跳转到搜索页面，呈现搜索结果，且搜索页面可以分页显示，搜索记录可以保存，如图 5-41 所示。

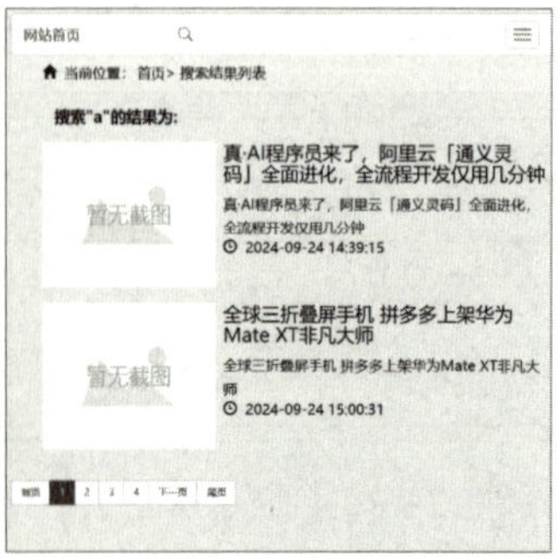

图 5-41　搜索页面效果

知识准备

1. Vuex 的基本概念及安装

Vuex 是一个专门为 Vue.js 应用程序开发的状态管理模式。使用 Vuex 存放的状态是响应式的，更改状态只有唯一的途径，即通过提交（Commit）来触发 mutation，最终实现更改 state 的状态。

Vuex 是 Vue.js 中必不可少的一部分。当基于父子、兄弟组件传值时，可能实现起来会很方便，但如果是在没有关联的组件之间要使用同一组数据，就不太好实现了，而 Vuex 就可以很好地解决这种问题，它相当于一个公共仓库，保存着所有组件共用的数据。

下面，我们一起来看看在 Vue.js 项目中如何使用 Vuex。要想使用 Vuex，必须先进行安装，可以使用如下命令进行安装。

```
npm install vuex@next --save
```

若出现图 5-42 所示的信息，则表示 Vuex 安装成功。

```
"dependencies": {
  "axios": "^0.27.2",
  "core-js": "^3.8.3",
  "vue": "^3.2.13",
  "vue-router": "^4.1.3",
  "vuex": "^4.0.2"
},
```

图 5-42 Vuex 安装成功

2. Vuex 的基本使用

（1）创建一个 Vuex store。

在 src 目录下创建名为“store”的子目录，在其中新建一个 index.js 文件（命名看个人习惯，如果没有 store 目录，则可以新建一个，当然也可以不创建 store 目录，直接在 src 目录下新建一个 JavaScript 文件），并在其中编写如下代码。

```
// store.js
import {
 createStore
} from 'vuex';

export default createStore({
 state: {
         count: 0,
 },
 getters: {
         doubleCount: (state) => state.count * 2,
 },
 mutations: {
         increment(state) {
              state.count++;
```

```
16          },
17    },
18      actions: {
19          increment({
20              commit
21          }) {
22              commit('increment');
23          },
24    },
25    modules: {},
26   });
```

- 02～04 行从 Vuex 中导入 createStore 模块。Vuex 是 Vue.js 的状态管理模式和库，采用集中式存储和管理应用的所有组件的状态，并以相应的规则保证状态以一种可预测的方式发生变化。createStore 是 Vuex 的核心 API 之一，用于创建一个新的 Vuex store 实例对象。这个 store 实例对象用于管理 Vue.js 应用的状态，并通过 mutations、actions、getters 等 API 提供对状态的访问和修改。
- 07～09 行定义 store 的初始状态，即在 state 对象中定义一个名为“count”的状态变量，该状态变量的初始值为“0”。
- 10～12 行定义 getters 状态，用于从 state 中派生出一些状态，这里定义了一个 doubleCount getter，用于返回 count 的 2 倍值。
- 13～17 行定义 mutations 属性，这是更改状态的唯一方法，且该属性必须是同步的。这里定义了一个 increment mutation，用于增加 count 的值。
- 18～24 行定义 actions 属性，类似于 mutations 属性，但它是异步的，可以包含任意异步操作。它使用 commit 方法提交了一个 increment mutation。
- 25 行定义 modules 属性，用于将单一 state 树分割成多个模块，每个模块都拥有自己的 state、mutation、action、getter，甚至是嵌套子模块，但所有模块的状态会合并到单一的 state 树中，并且每个模块都拥有自己的命名空间。在这里 modules 属性的值是空的，因为还没有使用模块化的状态管理。

上面代码的主要作用是持久化保存各种数据。state 是自定义的变量，用来保存数据，mutations 用来触发事件，相当于方法，用户需要通过触发这个方法来保存数据，并在方法中赋值给 state 中的变量。

（2）在 main.js 文件中引用 Vuex store（注意路径即可）。

```
// 引入 Vuex store
import store from './store/index';
app.use(store)
```

（3）在 Vue.js 组件中使用 Vuex。

获取变量，当获取不到初始数据时，可以使用计算属性来获取，对应的代码如下。

```
<template>
 <p>{{ $store.state.count }}</p>
```

```
  <p>{{ $store.getters.doubleCount }}</p>
  <button @click="increment()">单击加 1</button>
 </template>
 <script>
     export default {
         data() {
             return {
             };
         },
         methods: {
             increment() {
                 this.$store.dispatch('increment');
             }
         }
  }
 </script>
 <style>
 </style>
```

运行结果如图 5-43 所示。

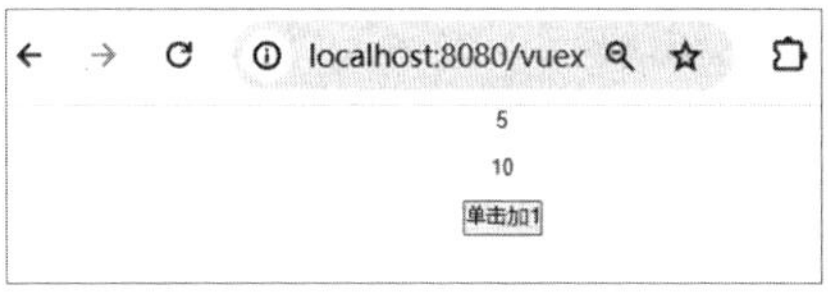

图 5-43 Vuex 的基本使用

这样其他组件就可以共用这个保存起来的数据了，也能对其进行相应的修改。下面通过一个具体的例子来进行进一步说明。

（1）创建 Vuex store。

```
// store.js
import {
 createStore
} from 'vuex';
export default createStore({
 state: {
        searchRecords: []
 },
 mutations: {
        addSearchRecord(state, record) {
            state.searchRecords.push(record);
        }
 },
 actions: {
        addSearchRecord({
            commit
```

```
        }, record) {
            commit('addSearchRecord', record);
        }
    }
});
```

（2）在 Vue.js 应用中引用 Vuex store。

```
import { createApp } from 'vue'
import App from './App.vue'
import VueRouter from 'vue-router'
import router from './router'
import store from './vuex/store.js';
//使用路由器
createApp(App).use(router).use(store).mount('#app')
```

（3）在 Vue.js 组件中使用 Vuex store 来保存和访问搜索记录。

```
<template>
 <div>
        <input v-model="searchQuery" @input="addSearchRecord(searchQuery)">
        <button @click="clearSearchRecords">清空数据</button>
        <ul>
            <li v-for="record in searchRecords" :key="record">{{ record }}</li>
        </ul>
 </div>
</template>
<script>
 export default {
        data() {
            return {
                searchQuery: ''
            };
        },
        computed: {
            searchRecords() {
                return this.$store.state.searchRecords;
            }
        },
        methods: {
            addSearchRecord(record) {
                this.$store.dispatch('addSearchRecord', record);
            },
            clearSearchRecords() {
                this.$store.commit('searchRecords', []);
                console.log("已经执行了数据清空操作")
```

```
            }
        }
  };
</script>
```

运行结果如图 5-44 所示。

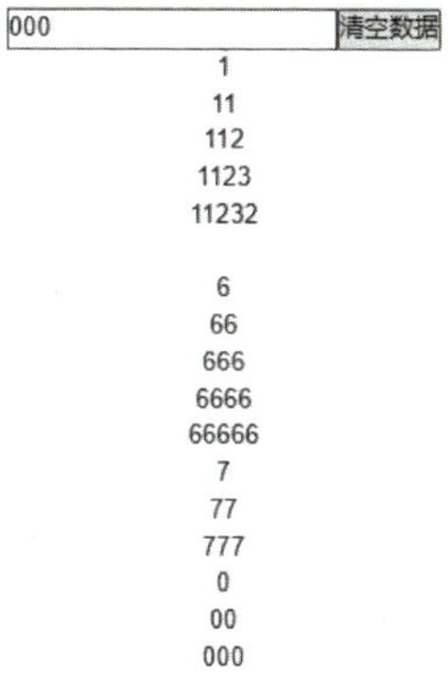

图 5-44 Vuex 使用实例

任务示范

1. 模糊搜索的 API 开发

在 controller 目录下创建 ArticleController.java 文件，并在其中编写如下代码。

```
    //不能是/page/，只能是/page，访问方式为http://localhost:8090/article/search?pageNum=1&keywords="科技"
     @RequestMapping("/search")
    public PageListResult get_page_search(@RequestParam(name = "pageNum",required = false, defaultValue = "1") String pageNum,
@RequestParam(name = "PageSize",required = false, defaultValue = "2") String PageSize,
                                     @RequestParam(name = "keywords", required =false,defaultValue = "-0") String keywords){
        Integer pagesize=2;
        IPage<ArticleBean> page=null;
        page = new Page<>((pageNum !=null) ?Integer.valueOf(pageNum) : 1,(PageSize !=null) ? Integer.valueOf(PageSize) :2);
        // 创建查询条件
        QueryWrapper<ArticleBean> queryWrapper = new QueryWrapper<>();
        queryWrapper.like("title",keywords);//必须有
        if (keywords != null && !keywords.isEmpty()) {
            queryWrapper.like("title", keywords);
            System.out.println("接收的参数为"+keywords);
        }
```

```
            else {
                return PageListResult.success(200,"参数非法",0,0,null);
            }
            // 执行分页查询
            IPage<ArticleBean> userPage =articleDao.selectPage(page, queryWrapper);
            // 获取查询结果
              // 获取当前页的记录列表
            List<ArticleBean> artList = userPage.getRecords();
            long total = userPage.getTotal();  // 获取总记录数
            System.out.println("总记录数为"+total);
            //总分页数
            Integer pages= (int) Math.ceil(((double) total/pagesize));
            return PageListResult.success(200,"获取成功",Integer.valueOf((int) total),pages,artList);
        }
```

使用 ApiPost7 软件进行测试，运行结果如图 5-45 所示。

图 5-45　模糊搜索的 API 开发测试

2. JavaScript 代码部分

在 data 函数中增加如下代码。

```
keywords: "", //搜索关键词
              formData: {
                  key: '',
                  }
```

修改 watch 方法，对应的代码如下。

```
watch: {
              // 通过监听$route 对象的变化来更新 currentPageId
              '$route': {
```

```
                immediate: true,
                handler(route) {
                    this.currentPageId = route.params.id;
                    console.log("分页 ID 为：" + this.currentPageId)
                    if (this.keywords === "") {
                        this.keywords = route.params.key;
                    }
                    console.log("用户的搜索关键词为：" + this.keywords)

                }
            }
        },
```

在 methods 属性中增加处理表单提交的方法。

```
methods: {
            searchForm() { //搜索表单事件，与其他页面的处理逻辑不同
                if (!this.formData.key) {
                    console.log("输入的内容为空！")
                    alert("请输入内容！")
                } else {
                    this.keywords = this.formData.key
                    this.$router.push({
                        name: 'search',
                        params: {
                            key: this.formData.key,
                            id: 1
                        }
                    })
                }
            }
        },
```

在 mounted 属性中增加如下代码。

```
        async mounted() {
            // 请求新闻列表
            let newslist_res = await axios.get('http:// localhost:8090/article/all')
            console.log("请求到的数据为-----：" + newslist_res.data.list)
            this.newslist = newslist_res.data.list
            //请求分页数据
            console.log("此时的关键词为" + this.keywords)
            console.log("此时的分页 ID 为" + this.currentPageId)
            let newslist_res1 = await axios.get('http:// localhost:8090/article/search', {
                params: {
```

```
                    keywords: this.keywords,
                    pageNum: this.currentPageId
                }
            })
            if (this.keywords) {
                //保存搜索记录
                if (this.$store.state.searchRecords.indexOf(this.keywords) === -1) {
                    this.$store.dispatch('addSearchRecord', this.keywords);
                    // state.searchRecords = [this.keywords...state.searchRecords].slice(0, 10);
                }
                // this.$store.dispatch('addSearchRecord', this.keywords);
            }
            console.log("请求到的数据为-----: " + newslist_res1.data.list)
            this.pagelist = newslist_res1.data.list
            this.pagetotal = newslist_res1.data.page_total
            this.total = newslist_res1.data.total
            this.nextpage = Number(this.currentPageId) + Number(1)
            console.log("下一页的数据为111----" + this.nextpage)
            console.log("总分页数为----" + this.pagetotal)
            this.prepage = this.currentPageId - 1 //请求分页数据
        },
```

在 computed 属性中增加如下代码。

```
searchRecords() { //搜索记录
                return this.$store.state.searchRecords;
        }
```

3. template 部分的代码

搜索表单部分的代码如下。

```
<form class="navbar-form navbar-left" role="search" @submit.prevent="searchForm">
                <div class="form-group">
    <input type="text" class="form-control" placeholder="Search" v-model="formData.key">
                </div>
                <button type="submit" class="btn btn-default">提交按钮</button>
</form>
```

显示搜索结果对应的代码如下。

```
<div class="detail_left">
                    <h4 class="search_result_titile"> 搜索"{{keywords}}"的结果为：</h4>
                    <!-- <div>
                        <ul>
                            <li v-for="term in searchRecords" :key="term">{{ term }}</li>
                        </ul>
                    </div> -->
                    <div class="row" v-for="(node, index) in pagelist" :key="index"
                        style="padding-left: 40px;margin-bottom: 20px;">
                        <div class="media">
                            <a href="#" class="media-left media-middle media-bottom">
                                <img src="./pic/nopic.png" width="220" height="180" />  </a>
                            <div class="media-body" style="text-align: left;">
<h3 class="media-heading"><router-link:to="'/article/'+node.aid">{{ node.title }}</router-link></h3>
                                <p class="list_desc">
                                    {{node.description}}
                                </p>
    <h4><span class="glyphicon glyphicon-time" aria-hidden="true"></span><span
                                        class="list_time">{{node.createTime}}</span></h4>
                            </div>
                        </div>
                    </div>
                    <div class="row" v-if="total===0">
                        <h4>没有记录！</h4>
                    </div>
                    <!-- <ul>
                        <li v-for="item in pages" :key="item">{{ item }}</li>
                    </ul> -->
                    <!-- 分页开始 -->
                    <div class="row">
                        <nav>
                            <ul class="pagination">
                                <li class="page-item"><a class="page-link" :href="'/search/'+keywords+'/' + 1">首页</a>
                                </li>
```

```
                                <li class="page-item" v-if="(currentPageId-1)>0"><a class="page-link" :href="'/search/'+keywords+'/' + prepage">上一页</a></li>
                                <!-- <li class="page-item"><a class="page-link" href="#">1</a></li> -->
                                <li class="page-item" v-for="page in pages" :key="page"
                                    v-bind:class="{ 'active': currentPageId==page }"><a class="page-link" :href="'/search/'+keywords+'/' + page">{{page}}</a></li>
                                <li class="page-item" v-if="nextpage<=pagetotal"><a class="page-link" :href="'/search/'+keywords+'/' + nextpage">下一页</a></li>
                                <li class="page-item"><a class="page-link" :href="'/search/'+keywords+'/' + pagetotal">尾页</a></li>
                            </ul>
                        </nav>
                    </div>
                    <!-- 分页结束 -->
                </div>
```

此时的运行结果如图 5-46 所示。

图 5-46　搜索结果页显示效果

4. 保存搜索过的关键词

HTML 代码如下。

```
<div class="detail_right_menu">搜索记录</div>
                <div class="row">
                    <div class="col-md-5 gray-box" v-for="term in searchRecords" :key="term">{{term}}</div>
                </div>
```

运行结果如图 5-47 所示。

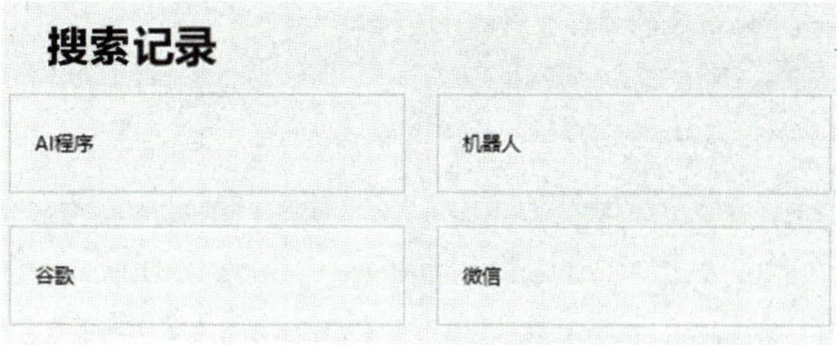

图 5-47 显示搜索记录

任务进阶

1. 一键清除搜索记录

在使用 Vuex 将搜索过的关键词保存并显示到网页中后，如果想要清空搜索记录，该如何实现呢？这主要用到了 localStorage.removeItem 方法。具体实现步骤如下。

（1）创建 vuex/index.js 文件，并添加如下代码。

```
01  import {
02   createStore
03  } from 'vuex';
04  import createPersistedState from 'vuex-persistedstate';
05  export default createStore({
06   // 08~10 行中的 state 用于管理数据，管理的数据是响应式的
07   //当数据发生改变时，驱动视图更新，类似于组件的 data
08   state: {
09          searchRecords: JSON.parse(localStorage.getItem('searchRecords')) || []
10   },
11   //mutations 用于更新数据
12   //state 中的数据只能使用 mutations 来改变
13   mutations: {
14          addSearchRecord(state, record) {
15              state.searchRecords.push(record);
16              localStorage.setItem('searchRecords', JSON.stringify(state.searchRecords));
17          },
18          clearSearchRecords(state) {
19              state.searchRecords = [];
20              // 清空 localStorage 中的数据
21              localStorage.removeItem('searchRecords');
22          }
23   },
24   //
25   //actions 用于把数据提交给 mutations
```

```
  //可以进行异步操作，但不能直接修改 state
  actions: {
        addSearchRecord({
            commit
        }, record) {
            commit('addSearchRecord', record);
        },
        clearSearchRecords({
            commit
        }) {
            commit('clearSearchRecords');
        }
  },
  // plugins: [createPersistedState({
  // storage: window.sessionStorage, // 或者使用 localStorage
  // })]
});
```

（2）在 main.js 文件中添加如下代码。

```
import store from './vuex/index.js';
app.use(router).use(store).use(ElementPlus).use(VueUeditorWrap).mount('#app')
```

（3）创建 front/SearchPage.vue 文件并增加 JavaScript 部分的代码。

```
methods: {
del_histroy(){
                //alert("单击了")
                //this.$store.commit('searchRecords', []);
                this.$store.dispatch('clearSearchRecords')
                console.log("已经执行了数据清空操作")
            },
},
computed: {
searchRecords() { //搜索记录
                return this.$store.state.searchRecords;
            }
}
```

（4）在 front/SearchPage.vue 文件的 template 部分增加如下代码。

```
 <div class="detail_right_box">
                    <div class="detail_right_menu">搜索记录</div><div class="detail_right_right"><span class="glyphicon glyphicon-trash" @click="del_histroy()"></span></div>
                </div>
```

运行结果如图 5-48 所示。

图 5-48　实现一键清空搜索记录

2. Vue 3 的生命周期

Vue 3 对生命周期进行了显著的更新和改进，主要是为了能够更好地与现代前端框架和库进行集成，以及提升性能。在 Vue 3 中，生命周期的概念仍然保留，但许多生命周期钩子函数的名称和用法有所改变，以反映它们在不同阶段的职责。

1）Vue 3 的生命周期概念

Vue 3 的生命周期是指 Vue.js 组件从创建到销毁的整个过程。在这个过程中，Vue.js 提供了多个生命周期钩子函数（也称为生命周期钩子或生命周期事件），允许开发者在组件的不同阶段添加自己的代码。这些钩子函数使得开发者能够执行如数据获取、DOM 操作、事件监听器设置和清理等任务。

2）Vue 2 的生命周期函数

根据 Vue 2 生命周期钩子函数在组件生命周期中的位置，大致可以将其分为以下几类。

（1）创建前/后。

beforeCreate：在实例对象初始化之后，数据观测（Data Observer）和事件监听器的配置之前被调用。

created：在实例对象创建完成后被立即调用。在这一步，实例对象已完成数据观测、属性和方法的运算、watch/event 事件回调。然而，挂载阶段还没开始，所以$el 属性目前不可见。

（2）挂载前/后。

beforeMount：在挂载开始之前被调用，相关的 render 函数首次被调用。该生命周期钩子函数在服务器端渲染期间不被调用。

mounted：el 被新创建的 vm.el 替换，并挂载到实例对象上之后调用该生命周期钩子函数。如果根实例对象挂载了一个文档内元素，那么当 mounted 被调用时 vm.el 也在文档内。

（3）更新前/后。

beforeUpdate：数据更新时被调用，发生在虚拟 DOM 打补丁之前。这里适合在更新之前访问现有的 DOM，比如手动移除已添加的事件监听器。

updated：数据更改将导致虚拟 DOM 重新渲染和打补丁，在这之后会调用生命周期这个钩子函数。当这个生命周期钩子函数被调用时，组件 DOM 已经更新，所以现在可以执行依赖于 DOM 的操作。然而，在大多数情况下，应该避免在此期间更改状态，因为这可能会导致更新无限循环。

（4）销毁前。

beforeUnmount：在销毁组件实例对象之前被调用。在这个阶段，实例对象仍然完全可用。

（5）销毁后。

unmounted：在销毁组件实例对象后被调用。调用该生命周期钩子函数后，组件实例对象指示的所有指令被解绑，所有的事件监听器被移除，所有的子实例对象也被销毁。

（6）其他（针对 Composition API）。

onActivated 和 onDeactivated：这两个生命周期钩子函数在<keep-alive>组件包裹的组件中特别有用，分别用于组件被激活和停用时的情景。

Vue 3 的生命周期钩子函数如表 5-1 所示。

表 5-1　Vue 3 的生命周期钩子函数

生命周期钩子函数	解释
setup	开始创建组件，在 beforeCreate 和 created 之前被执行，创建的是 data 和 method
onBeforeMount	组件挂载到节点之前被执行
onMounted	组件挂载完成之后被执行
onBeforeUpdate	组件更新之前被执行
onUpdated	组件更新完成之后被执行
onBeforeUnmount	组件销毁之前被执行
onUnmounted	组件销毁完成之后被执行
onActivated	在组件被激活时调用 onActivated 钩子函数，用于恢复组件状态或执行一些初始化操作
onDeactivated	从 A 组件切换到 B 组件，A 组件消失时被执行
onErrorCaptured	当捕获一个来自子孙组件的异常时被执行

注意：<keep-alive> 是 Vue.js 中的一个内置抽象组件，主要用于保持组件的状态或避免组件被重新渲染。当使用<keep-alive>包裹动态组件或<router-view>时，它将缓存不活动的组件实例对象，而不是销毁它们。这意味着，当组件被重新访问时，Vue.js 会重用缓存的组件实例对象，而不是重新创建它，从而保持了组件的状态和避免了不必要的性能开销。

<keep-alive>非常有用，特别是在构建单页面应用（SPA）时，这些应用中经常会切换不同的视图或组件，并且用户期望能够快速切换视图，同时保持一些状态（如表单输入、滚动位置等）。

关于<keep-alive>，举一个最简单的例子。

```
<template>
<div id="app">
 <keep-alive>
 <router-view></router-view>
</keep-alive> </div>
</template>
```

在这个例子中，所有通过 Vue-Router 渲染的组件都将被<keep-alive>缓存。

这里特别强调下 setup 函数，该函数在开始创建组件之前，在 beforeCreate 和 created 之前被执行，创建的是 data 和 method。这里为了便于读者理解，给出了 Vue 2 和 Vue 3 的生命周期钩子函数的对比，如表 5-2 所示。

表 5-2　Vue 2 和 Vue 3 的生命周期钩子函数的对比

Vue 2 生命周期钩子函数名称	Vue 2 生命周期钩子函数说明	Vue 3 生命周期钩子函数名称	Vue 3 生命周期钩子函数说明
beforeCreate	执行于组件实例被创建之初，data 和 methods 中的数据还没有被初始化	setup	Vue 3 中的 setup 函数指开始创建组件，在 beforeCreate 和 created 之前被执行，创建的是 data 和 method
created	实例创建完成后被调用，此阶段完成了数据观测（data observer）、属性和方法的运算，以及 watch/event 事件的设置。但是此时还没有挂载到 DOM 上	setup	Vue 3 中的 setup 函数指开始创建组件，在 beforeCreate 和 created 之前被执行，创建的是 data 和 method
beforeMount	挂载前，指令解析完毕，内存中已经生成 DOM 树但尚未挂载到页面。此时页面还是旧的	onBeforeMount	组件挂载到节点之前被执行的函数
mounted	挂载完毕，将解析完毕的内容挂载到页面。此时就能获取 DOM 元素了	onMounted	组件挂载完成之后被执行的函数
beforeUpdate	更新前，检测到 data 数据变化，但是还没有开始重新渲染（data 变了，准备重新渲染中），会执行多次	onBeforeUpdate	组件更新之前被执行的函数
updated	更新完毕，变化后的 data 数据完成渲染到页面（完成重新渲染），会重复执行	onUpdated	组件更新完成之后被执行的函数
beforeDestroy	销毁前执行的函数	onBeforeUnmount	组件销毁之前被执行的函数
destroyed	销毁完毕执行的函数	onUnmounted	组件销毁完成之后被执行的函数
activated	组件激活时执行的函数	onActivated	在组件被激活时调用 onActivated 钩子函数，用于恢复组件状态或执行一些初始化操作
deactivated	组件停用时执行的函数	onDeactivated	从 A 组件切换到 B 组件，A 组件消失时被执行的函数
errorCaptured	在捕获一个来自后代组件的错误时被调用	onErrorCaptured	当捕获一个来自子孙组件的异常时被执行的函数

注意：Vue 2 和 Vue 3 的生命周期钩子函数的变化不大，beforeCreate、created 被 setup 替代。这里为了便于比较，给出一个 Vue 2 的生命周期函数的示例，代码如下。

```
<!DOCTYPE html>
<html>
 <head>
      <meta charset="utf-8">
      <title>Vue.js 的引入</title>
```

```
    <script src="vue2.js"></script>
    <!-- <script src="https://cdn.**.net/npm/vue@2.6.12"></script> -->
</head>
<body>
    <div id="app">
        <h2 id="name">{{username}}</h2>
        <h2 id="age">{{age}}</h2>
        <div>
            <button @click='changeName()'>修改姓名</button>
            <button @click='changeAge()'>修改年龄</button>
            <button @click='destroy'>销毁吧</button>
        </div>
    </div>
    <script type="text/javascript">
        //Vue.config.productionTip = false
        const vm = new Vue({
            data: {
                username: '张三',
                age: 18,
                count:0
            },
            methods: {
                destroy() {
                    //调用销毁当前 Vue.js 实例对象的方法
                    //注意：销毁后，当前 Vue.js 实例对象还在，只是该对象不能
                    //再重新挂载到页面
                    this.$destroy()
                },
                changeName(){
                    this.count=this.count+1
                    this.username=this.username+this.count
                },
                changeAge(){
                    this.age=this.age+1
                }
            },
            //1.beforeCreate--组件创建之前（数据初始化之前）
            beforeCreate() {
                console.log('---------beforeCreate------------')
                //这个生命周期钩子函数基本上不用，除非要设置 Vue.js 实例对象的
内容
                this.__proto__.fn = function() {
                    alert('你好！')
                }
                //Vue.js 实例对象已经创建完成
                console.log(this);
```

```
            //Vue.js 实例对象身上的数据还没有初始化完成
            console.log("Vue.js 实例对象身上的数据还没有初始化完成，输出的数据为："+this.username + ' ' + this.age);
        },
        //2.created--组件创建完成（数据初始化完成）
        created() {
            console.log('---------created------------')
            //这个生命周期钩子函数通常用于初始化 Vue.js 管理的数据，比如，
            //发送 AJAX 请求会放在这里。
            console.log(this);
            console.log("Vue.js 实例对象身上的数据初始化完成，输出的数据为："+this.username + ' ' + this.age);
        },
        //3.beforeMount--组件挂载之前（模板已经成功渲染，但是还没有将内
        //容挂载到页面中）
        beforeMount() {
            console.log('---------beforeMount-------------')
            //这个生命周期钩子函数基本上不用
            console.log(this.$el);
            document.querySelector('#name').innerHTML = '挂载之前的名字'
        },
        //4.mounted--组件挂载完成（模板已经成功渲染，并将内容挂载到页面中）
        mounted() {
            console.log('---------mounted-------------')
            //这个生命周期钩子函数通常用于对 DOM 进行重新改动
            console.log(this.$el);
            document.querySelector('#name').innerHTML = '挂载之后的名字'
        },
        //5.beforeUpdate--修改之前（数据已经修改了，但是还没有被重新挂载
        //到页面中）
        beforeUpdate() {
            console.log('---------beforeUpdate-------------')
            console.log(this.username + ' ' + this.age);
            console.log(this.$el);
        },
        //6.updated--修改完成（数据已经修改了，页面也已经重新挂载）
        updated() {
            console.log('---------updated------------')
            console.log(this.username + ' ' + this.age);
            console.log(this.$el);
        },
        //7.beforeDestroy--销毁之前
        beforeDestroy() {
            console.log('---------beforeDestroy-------------')
```

```
                    //这个生命周期钩子函数用得多一些
                    console.log(this);
                    //对数据做任何修改，都不会重新渲染到页面中
                    this.username = '王五'
                },
                //8.destroyed--销毁完成
                destroyed() {
                    console.log('---------destroyed------------')
                    //这个生命周期钩子函数几乎不用
                    console.log(this);
                    //对数据做任何修改，都不会重新渲染到页面中
                        this.username = '王五'
                    }
                })
                //console.log(vm)
                //vm.$mount('#app')
                 setTimeout(()=>{//5s 后完成挂载
                  vm.$mount('#app')
                 },5000)
            </script>
        </body>
</html>
```

以上代码给出了详细注释，这里就不再逐行解释了。运行代码，结果如图 5-49 所示。

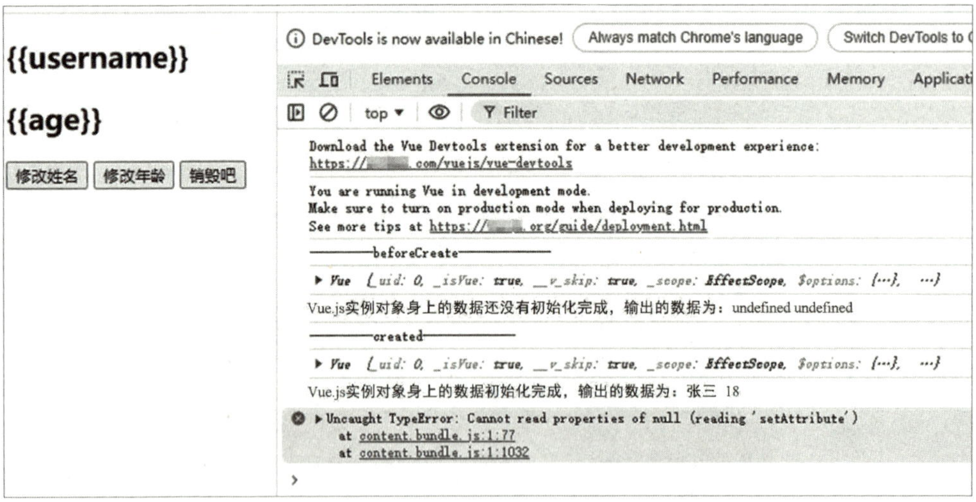

图 5-49　Vue.js 实例对象数据初始化过程

注意：此时是 5s 前运行的结果，Vue.js 对对象进行了实例化，数据也有一个从没有初始化到初始化完成的过程。此时这个 Vue.js 实例对象没有被挂载到网页的 DOM 节点上，所以这里插值表达式{{username}}等是没有结果的，单击“修改姓名”和“修改年龄”按钮也不会发生改变。

5s 以后的运行结果如图 5-50 所示。

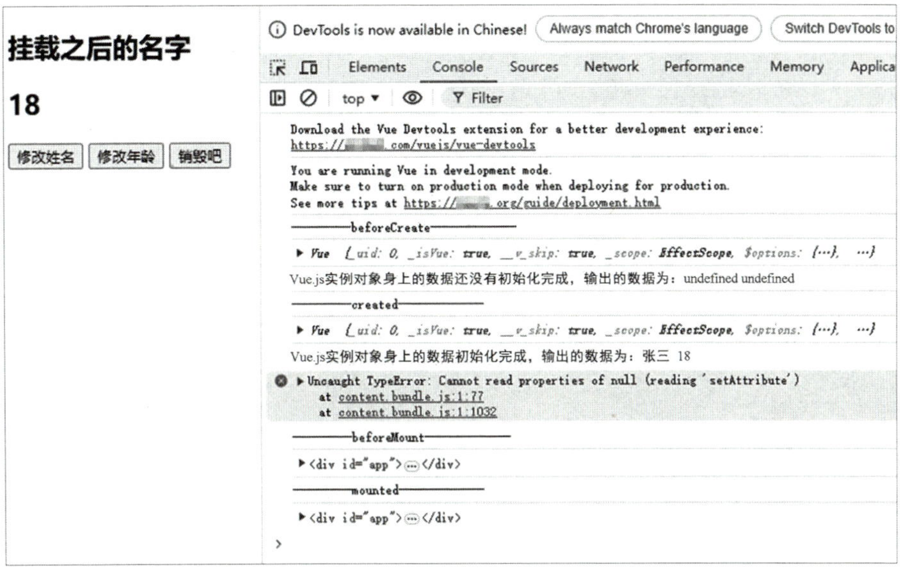

图 5-50　Vue.js 实例对象挂载到网页的 DOM 节点上的运行结果

此时依次单击网页上的“修改姓名”和“修改年龄”按钮，结果如图 5-51 所示。

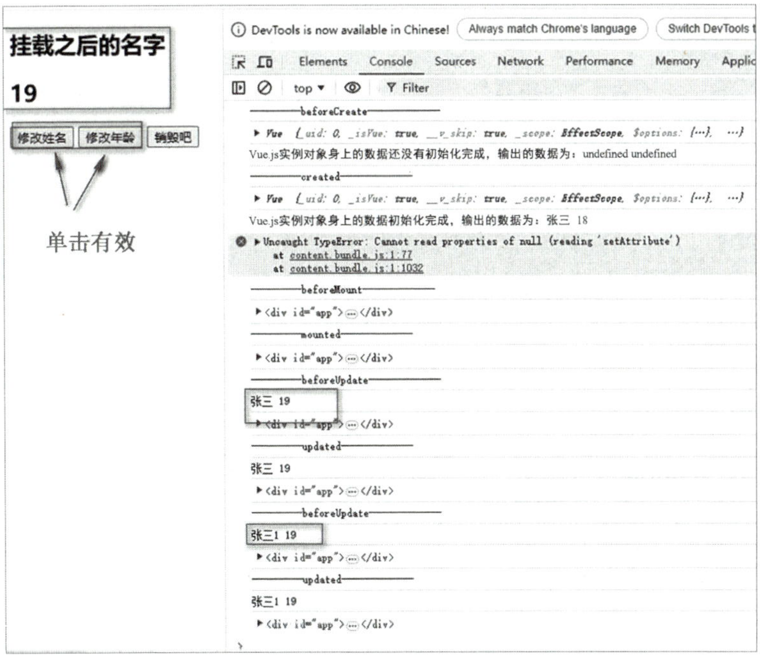

图 5-51　实例对象挂载后触发单击事件的运行结果

注意：5s 以后，如果单击了“销毁吧”按钮，那么此时再单击“修改姓名”和“修改年龄”按钮是没有效果的，Console 面板也不会输出结果，请读者自行验证。

以下是一个 Vue 3 组件的示例，该组件演示了如何使用一些常见的生命周期钩子函数来执行不同的任务。我们将使用 setup 函数来演示如何在 Composition API 中使用生命周期钩子函数。

```
<template>
 <div>
     <h1>Vue 3 的生命周期钩子函数</h1>
     <h2>响应式数据 data 的值是：{{msg}}</h2>
     <h3>这里是一个定时器：{{num}}</h3>
     <p><button @click="numAdd">{{btnText}}</button></p>
     <p><button @click="changeMsg">单击改变 msg</button></p>
 </div>
</template>
<script>
 import {
     ref,
     reactive,
     onUnmounted,
     onUpdated,
     onMounted,
     onActivated,
     toRefs
 } from 'vue'; // 引入需要的模块
 // 默认导出的内容是一个对象，不过该对象中只有一个 setup 函数
 export default {
     setup() {
         // 初始化项目工作都放在 setup 函数中
         console.log("当前应用程序被安装了");
         // 定义一个不需要改变的数据
         const btnText = '单击这个按钮，上面的数字会变';
         // 定义一个 名为“num”的响应式数据，并赋值为 0
         const num = ref(0);
         // 定义一个函数，修改 num 的值
         const numAdd = () => {
             num.value++;
         }
         // 定义一个名为“state”的响应式对象，并为其赋值
         const state = reactive({
             msg: '薄技在身', // 定义变量
             changeMsg: () => { // 定义方法
                 state.msg = '胜握千金'
             }
         })
         let timer = 0;
         let count = 0;
         // 其他的生命周期钩子函数都写在这里
         //组件挂载完成之后执行的函数（只执行一次）
         onMounted(() => {
             console.log('页面挂载完成，触发了 onMounted 生命周期钩子函数');
             timer = setInterval(() => {
```

```
                console.log('定时器正在运行中', count++)
            }, 1000)
        });
        //组件被激活时执行的函数（每次进去都执行）
        onActivated(() => {
            console.log("刷新");
        });
        onUpdated(() => {
            console.log('数据发生了更新，触发了 onUpdated 生命周期钩子函数')
        });
        onUnmounted(() => {
            console.log('页面/组件退出，触发了 onUnmounted 生命周期钩子函数')
            // 如果不清除挂载，这些异步的行为就会常驻在内存中，在一定程度上会造成常驻内存不必要的消耗，以及内存泄漏
            clearInterval(timer);
        });
        return {
            btnText,
            num,
            numAdd,
            ...toRefs(state)
        }
    }
}
</script>
```

使用 Google 浏览器，在地址栏中输入 http://localhost:8080/life，并按 F12 键，结果如图 5-52 所示。

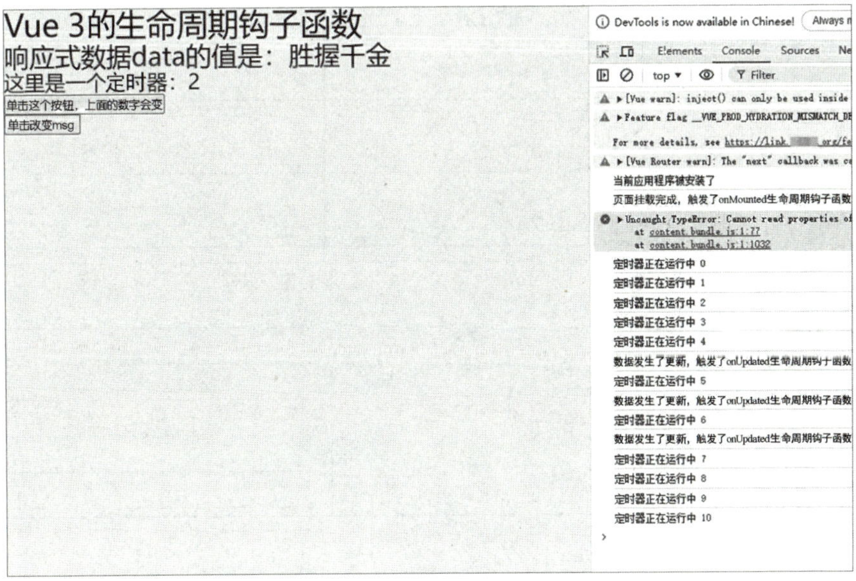

图 5-52　Vue 3 生命周期钩子函数作用结果

注意：要调试此程序，请先在路由文件中进行配置，具体配置代码请参考本书配套资源。

Vue 3 的生命周期钩子函数为开发者提供了在组件生命周期的不同阶段执行特定逻辑的能力。通过合理使用这些生命周期钩子函数，开发者可以更好地管理组件的状态、DOM 操作和副作用，从而创建出更高效、更健壮的 Vue.js 应用程序。每个生命周期钩子函数都有其特定的使用场景，了解并正确使用它们可以大大提高开发效率。

任务实施

<table>
<tr><th>任务步骤</th><th>任务要点</th><th>实施记录</th></tr>
<tr><td>任务准备</td><td>1. 更换实训服、鞋套等
2. 检查机房软硬件环境</td><td>是否完成：是□ 否□</td></tr>
<tr><td>工具准备</td><td>教材、参考资料、纸、笔、特殊工具</td><td>是否完成：是□ 否□</td></tr>
<tr><td>制订计划</td><td colspan="2">根据任务目标，制订任务实施计划
<table>
<tr><th>序号</th><th>作业项目</th><th>实施要点</th></tr>
<tr><td></td><td></td><td></td></tr>
<tr><td></td><td></td><td></td></tr>
<tr><td></td><td></td><td></td></tr>
<tr><td></td><td></td><td></td></tr>
<tr><td></td><td></td><td></td></tr>
<tr><td></td><td></td><td></td></tr>
<tr><td></td><td></td><td></td></tr>
<tr><td></td><td></td><td></td></tr>
</table>
</td></tr>
<tr><td>收集资讯</td><td>1. 什么是模糊搜索
2. 什么是 Vuex</td><td>检索记录：
______
______
______
______
______
______</td></tr>
</table>

续表

任务步骤	任务要点	实施记录
任务实施过程记录	任务示范实现的关键步骤记录： ____________________ ____________________ ____________________ ____________________ ____________________ ____________________ 任务进阶实现的关键步骤记录： ____________________ ____________________ ____________________ ____________________ ____________________ ____________________	
设备断电并整理现场	将现场设备、工具等物品按 6S 标准清理归位	是否完成：是☐ 否☐

评价反馈

任务总结	对 Vuex 的安装及使用、模糊搜索功能实现的认知总结： 工作实施情况反思：						
质量评价	评分项目	学生出勤（20 分）	工作过程（30 分）	成果汇报（30 分）	职业素养（10 分）	工作规范（10 分）	总评
	自我评分						
	小组评分						
	教师评分						
	合计						

拓展阅读

“钢铁裁缝”付浩——努力与勤奋成就技能大师

被誉为“钢铁裁缝”的大国工匠付浩尽管天赋不高，但他凭借认真与负责的态度，在CAD学习上取得了显著成就。他甚至在学习过程中整夜不眠地画图，专注与努力令人钦佩。付浩的故事诠释了“努力与勤奋成就技能大师”的真谛，鼓励我们在学习和工作中保持冲劲，从自身做起，从小事做起，脚踏实地，少浮躁、多思考。他提醒学生，在学习命令时不要过分追求方法和技巧，而应下真功夫，从而为国家建设贡献自己的力量。

项目小结

本项目主要讲解了响应式网页的设计方法、Swiper轮播组件的基本用法、Vue 3组合式API的基本用法、Vue.js应用程序开发的状态管理模式和Vuex库的基本用法。

课后习题

一、单项选择题

1. 在设计响应式网页时，（　　）方法不常用于适应不同屏幕尺寸。

A. 使用媒体查询　　B. 设定固定的布局宽度

C. 使用流式布局（Fluid Layout）　　D. 使用视口单位（Viewport Units）

2. 在Swiper轮播组件中，以下（　　）属性用于设置轮播图的数量。

A. slidesPerView　　B. loop　　C. autoplay　　D. effect

3. 在Vue 3中，以下（　　）选项是组合式API的一部分，用于声明响应式引用。

A. data　　B. computed　　C. ref　　D. methods

4. 在Vue 3的组合式API中，以下（　　）函数用于监听响应式引用的变化。

A. watch　　B. computed　　C. onMounted　　D. ref

5. 在模板中，访问ref包裹的值的实际内容的方法是（　　）。

A. 直接使用ref变量名（如{{ myRef }}）

B. 使用ref变量名的.value属性（如{{ myRef.value }}）

C. 使用ref变量名的.data函数（如{{ myRef.data }}）

D. 使用unref函数（如{{ unref(myRef) }}）

二、判断题，正确的画“√”，错误的画“×”

1. 响应式网页的设计方法主要依靠媒体查询和流式布局来实现不同设备上的自适应显示。（　　）

2．Swiper 轮播组件只能通过 jQuery 插件的形式使用。（　　）

3．Vue.js 应用程序开发中的状态管理只能通过 Vuex 来实现。（　　）

4．Vue 3 的生命周期相较于 Vue 2 有了重大改变，所有生命周期钩子函数的命名都变成了以 on 开头。（　　）

5．在 Vue 3 中，setup 函数是组合式 API 特有的，并且会在组件实例化之前被调用。（　　）

三、编程题。

1．设计一个响应式导航，该导航在小屏幕设备上显示为汉堡菜单图标，单击后显示下拉菜单；在大屏幕设备上则直接显示菜单项。要求：

- 使用 HTML、CSS 和 JavaScript 实现；
- 至少包含三个菜单项；
- 使用媒体查询实现响应式设计。

2．使用 Swiper（或类似的轮播组件）创建一个至少包含三张图片的轮播组件。要求：

- 使用 HTML 和 Swiper 库；
- 每张图片都有不同的 URL；
- 设置自动循环播放。

项目 6 实现网站简易后台系统

项目描述

本项目主要使用 Vue.js 的组件开发企业网站的后台系统，主要内容包括：当用户登录时使用验证码进行验证；当用户在没有登录的状态下访问其他后台页面时，则强制跳转到登录页面；当用户登录后，直接跳转到后台首页，在后台可以实现简单的文章（新闻）添加、编辑、修改功能。

项目分析

要完成项目任务，需要掌握嵌套路由、路由守卫、Redis 的安装和使用、验证码的产生方法、百度编辑器 UEditor 的配置和使用等知识。

学习目标

扫一扫

微课

知识目标

1. 了解嵌套路由；
2. 掌握路由守卫的概念；
3. 了解 Redis 的安装和使用方法；
4. 掌握验证码的产生方法；
5. 掌握百度编辑器 UEditor 的配置方法。

技能目标

1. 能运用高级路由管理和页面访问控制的知识，给不同页面配置不同的访问路由；
2. 能运用用户登录使用验证码的知识，实现用户登录时实现验证码验证的功能，以提升网站的安全性；
3. 能运用百度编辑器上传文字、图片、音频、视频等富媒体。

素养目标

1. 培养按标准做事的习惯；
2. 培养独立完成任务的品格素质、技能素质；

3．能够找到适合自己的学习方法并正确运用；
4．培养团队合作精神；
5．培养善于总结、勤于思考、发现规律并遵循规律的学习探究精神；
6．树立正确的“三观”和良好的品格。

能量小贴士

同学们，在构建后台系统的权限验证模块时，路由守卫与验证码技术的运用，恰如《论语》所言的“见利思义，见危授命”。当我们通过 beforeEach 全局守卫拦截未登录请求时，那些 next('/login')的跳转逻辑不仅是技术屏障，更隐喻着“礼以别异”的秩序智慧，路由守卫以代码践行着“克己复礼”的职业准则。

生成图形验证码时，验证码库随机绘制的扭曲字符，暗合《孙子兵法》中“先为不可胜以待敌之胜”的防御哲学——既要用 Redis 为验证码设置 300 秒时效，体现“言必信，行必果”的契约精神，也要在 API 接口设计中贯彻“己所不欲，勿施于人”的用户关怀。

当你们调试路由被强制要求携带 token 访问时，请思考《孟子》中“规矩，方圆之至也”的深意——技术规范不仅是开发约束，更是数字时代“有所为有所不为”的道德准绳。正如后台系统通过路由分级实现权限隔离，职业生涯的高度亦建立在对规则的敬畏之心与对用户隐私的守护承诺之上，这正是“技以载道”的现代诠释。

任务 1　后台登录功能的实现

本任务对项目 4 中的登录功能进行了优化，启用了验证码。验证码一般用于防止有人利用机器人自动批量恶意注册、恶意破解密码、恶意刷票或刷评论等。验证码在网络系统中扮演着重要的角色，它通过多种方式增强了系统的安全性，保护了用户的数据和隐私。验证码是一张混合了数字和符号的图片，人眼看起来都费劲，机器识别起来就更困难了，可以防止大规模匿名的无意义或者有害信息的产生。同时要求实现的逻辑是：用户使用用户名、密码及验证码登录页面，如果没有登录直接访问后台首页，则跳转到登录页面强制用户登录；如果用户已经登录了，再次访问登录页面则直接跳转到后台首页。

任务演示

本任务来实现后台登录功能，页面效果如图 6-1 所示。

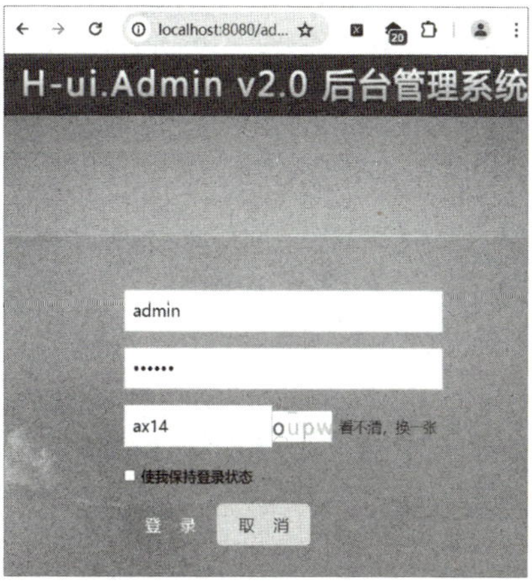

图 6-1　后台登录页面效果

知识准备

1. 嵌套路由

嵌套路由就是路由里面嵌套了子路由，通过配置 children 可实现多层嵌套，子路由可以有自己的路由导航<router-link>和路由容器（<router-view>）。

1）嵌套路由的实现方法

```
{
        path:'/main',
        component:Main,//嵌套路由
        children:[
            {
                path:"admin",
                component:Admin
            },
            {
                path:'/role',
                component:Role
            }
        ]
}
```

在上面的代码中，定义了“/main”路由，同时使用关键字“children”给该路由定义了子路由，子路由中又使用了 path 和 component 关键字。

2）<router-link>的使用方法

<router-link>组件支持用户在具有路由功能的应用中单击导航，通过 to 属性指定目标地址，默认渲染为带有正确链接的<a>标签，可以通过配置 tag 属性生成别的标签。另外，当目标路由被成功激活时，链接元素自动设置一个表示激活的 CSS 类名。

<router-link>组件的属性包括 to、replace、tag、event、append、exact、router-link-active、active-class、exact-active-class。

（1）to 属性（必选参数）：默认会被渲染为带有正确链接的<a>标签，类型是 string/location。

```
01  //字符串
02  <router-link to="path(路径)">AAAA</router-link>
03  //对象
04  <router-link to="{path:'路径'}">AAAA</router-link>
```

- 02 行中的 to 属性被设置为一个字符串“path(路径)”，但这里的“path(路径)”实际上是一个字面量字符串，并不是一个有效的路由路径。在实际情况中，应该用实际的路径来替换“path(路径)”。
- 04 行中的 to 属性被设置为一个对象，该对象具有一个 path 属性。同样地，“路径”并不是一个有效的路径，应该用实际的路径来替换它。例如：

```
<router-link to="{path:'/about'}">AAAA</router-link>
```

（2）replace 属性：该属性不会保存历史记录，因此在指定 replace（直接写属性名即可，不用设置属性值）的情况下，不能后退到上一条记录。

```
<router-link to="/home" tag="button" replace>Home</router-link>
```

（3）tag 属性：可以将<router-link>组件渲染成指定的标签，默认渲染成<a>标签。

```
//将<router-link>渲染成<li>标签
<router-link :to="index"
             tag="li"
             event="mouseover">Home
</router-link>
```

上面的代码将<router-link>组件渲染成了<li>标签。

```
<router-link tag="button" to="/home"> </router-link>
```

上面的代码将<router-link>组件渲染成了<button>标签。

如果此时想要在这个<li>标签中添加<a>标签，则可以不为<a>标签添加 href 属性，如下所示。

```
<router-link :to="{name:'Home'}" tag="li">
    <a>Home</a>
</router-link>
```

（4）event 属性：用于指定触发<router-link>组件的鼠标事件类型，默认值为“click”。

```
<router-link :to='home' event='mouseover'>
    home
</router-link>
```

上面的代码将<router-link>组件触发鼠标事件的类型改为了“mouseover”（鼠标移入事件）。

（5）append 属性：如果将 append 属性值设置为“true”，则链接将会被追加到当前路由路径的末尾，而不是替换掉当前路径。这对于创建嵌套路由链接很有用。其默认值是“false”。

```
<router-link to="/user" :append="true">User</router-link>
```

（6）exact 属性：如果将 exact 属性值设置为“true”，则只有在链接路径与当前路由精确匹配时，链接才会被视为活动链接。其默认值是“false”。

```
<!-- 这个链接只有在地址为“/”时才会被激活 -->
<router-link to="/" exact>Home</router-link>
```

（7）router-link-active 属性：用于监听<router-link>组件是否被激活，也就是监听它当前是否被单击。

在开发过程中，被激活的<router-link>标签要与其他的标签不一样，这样才能便于了解目前所在的页面对应的路由。被激活的<router-link>标签总是会多出一些 Class 类名。

```
<router-link class="router-link-active"> </router-link>
```

（8）active-class 属性：链接被激活时使用的 CSS 类名。

```
01  <router-link to='/'
02               tag="a"
03                active-class="red"
04                >AAA
05  </router-link>
```

- 01 行声明了一个<router-link>组件，并设置了 to 属性值为“/”，表示当这个链接被单击时，它会导航到 Vue-Router 配置中的根路径（/）。
- 02 行的 tag 属性用于指定<router-link>被渲染为哪种 HTML 标签。在默认情况下，<router-link>会被渲染为一个<a>标签，但可以通过 tag 属性将其更改为其他标签，如<li>、<span>或其他任何标签。在这里，虽然 tag 属性值被设置为“a”，但这是多余的，因为其默认就是被渲染为<a>标签的。
- 03 行指定当链接处于激活状态（即当前路由与 to 属性指定的路由匹配）时，应该应用哪个 CSS 类名。
- 04 行是<router-link>组件的开始和结束标签之间的内容。在这个例子中，它简单地显示文本“AAA”。当这个链接被渲染到页面上时，用户将看到一个可以被单击的文本“AAA”。

active-class 属性的默认值通过路由的构造选项 linkActiveClass 来进行全局配置。

```
01  export default new Router({
02   mode: 'history',
03   linkActiveClass:'is-active',
04   routes:[
05           {
06               path:'router',
07               component:home
08           }
09    ]
10  })
```

- 01 行定义新的 Vue-Router 实例对象并将其作为默认对象导出。
- 02 行设置路由的模式。
- 03 行定义路由链接处于活动状态。
- 04～09 行定义路由配置数组，使用名为“router”的路由，关联的组件为“home”。

（9）exact-active-class 属性：用于设置链接在精确匹配活动路由时应用的 CSS 类。在默认情况下，精确匹配活动路由会添加类名“exact-active”。

```
<router-link to="/profile" exact-active-class="exact-active">Profile</
router-link>
```

3）嵌套路由举例

扫一扫

微课：嵌套路由

（1）创建名为“VUE-DEMO02”的工程，其目录结构如图 6-2 所示。

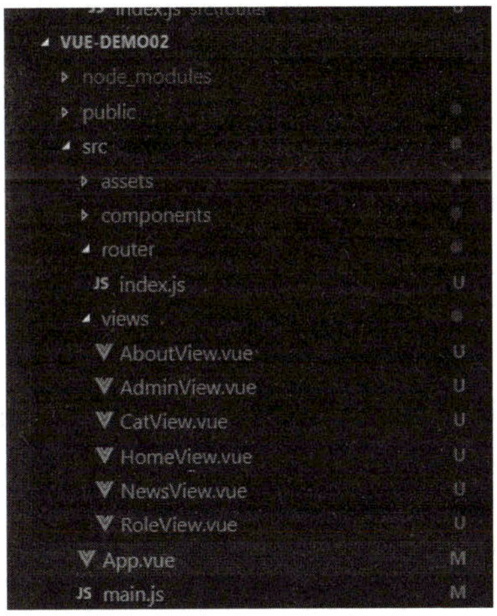

图 6-2　VUE-DEMO02 工程的目录结构

（2）首先在 src 目录下创建一个名为“views”的子目录，然后在该目录下创建一个 HomeView.vue 文件，并在其中编写如下代码。

```
01  <template>
02  <h3>这是网站首页</h3>
03  </template>
```

- 01 行是 Vue.js 模板的开始标签。在 Vue.js 组件中，<template>标签用于包裹组件的 HTML 结构。需要注意的是，<template>标签本身不会被包含在渲染后的 DOM 中，它只是一个容器，用于组织组件的 HTML 结构。
- 02 行定义一个三级标题，并设置其文本内容为“这是网站首页”。
- 03 行是 Vue.js 模板的结束标签，标志着模板内容的结束。

（3）在 views 目录下创建 AboutView.vue 文件，并在其中编写如下代码。

```
01  <template>
02   <h3>这是关于我们页面</h3>
03  </template>
```

- 01 行是 Vue.js 模板的开始标签。
- 02 行定义一个三级标题，并设置其文本内容为“这是关于我们页面”。
- 03 行是 Vue.js 模板的结束标签，标志着模板内容的结束。

（4）在 views 目录下创建 NewsView.vue 文件，并在其中编写如下代码。

```
01  <template>
02   <h3>这是新闻中心页面</h3>
03  </template>
```

（5）在 views 目录下创建 AdminView.vue 文件，并在其中编写如下代码。

```
01  <template>
02   <h3>后台首页</h3>
03   <ul class="nav nav-tabs">
04          <li><router-link to="/admin/role">角色管理</router-link></li>
05          <li><router-link to="/admin/cat">分类管理</router-link></li>
06   </ul>
07   <router-view/>
08  </template>
```

- 01 行是 Vue.js 模板的开始标签。
- 02 行定义一个三级标题，并设置其文本内容为“后台首页”。
- 03～06 行创建两个导航链接，分别使用路由链接到角色管理页面和分类管理页面。

（6）在 views 目录下创建 RoleView.vue 文件，并在其中编写如下代码。

```
01  <template>
02   <h3>角色管理</h3>
03  </template>
```

- 01 行是 Vue.js 模板的开始标签。
- 02 行定义一个三级标题，并设置其文本内容为“角色管理”。
- 03 行是 Vue.js 模板的结束标签。

（7）在 views 目录下创建 CatView.vue 文件，并在其中编写如下代码。

```
01  <template>
02   <h3>新闻类别管理</h3>
03  </template>
```

- 01 行是 Vue.js 模板的开始标签。
- 02 行定义一个三级标题，并设置其文本内容为“新闻类别管理”。
- 03 行是 Vue.js 模板的结束标签。

（8）首先在 src 目录下创建名为“router”的子目录，然后在该目录下创建 index.js 文件，并在其中编写如下代码。

```
01  import { createRouter, createWebHashHistory } from "vue-router";
02  import HomeView from "../views/HomeView.vue"//导入 HomeView 组件
03  import NewsView from "../views/NewsView.vue"//导入 NewsView 组件
04  import AdminView from "../views/AdminView.vue"//导入 AdminView 组件
05  import RoleView from "../views/RoleView.vue"//导入 RoleView 组件
06  import CatView from "../views/CatView.vue"//导入 CatView 组件
07  import AboutView from "../views/AboutView.vue"//导入 AboutView 组件
08  const routes=[
09   {
10          path:'/',//使用路由“/”
11          name:'home',//定义名字
12          component:HomeView//路由和 HomeView 组件关联
```

```
},
{
        path:'/about',//使用路由“/about”
        name:'about',//定义名字
        component:AboutView//路由和 AboutView 组件关联
},
{
        path:'/news',//使用路由“/news”
        name:'news',//定义名字
        component:AboutView//路由和 AboutView 组件关联
},
{
        path:'/admin',//使用路由“/admin”
        name:'admin',//定义名字
        component:AdminView//路由和 AdminView 组件关联
},
childrent:[
        {
             path:'role',//使用路由“role”
             name:'role',//定义名字
             component:RoleView//路由和 RoleView 组件关联
        },
        {
             path:'cat',//使用路由“cat”
             name:'cat',//定义名字
             component:CatView//路由和 CatView 组件关联
        }
 ]
]
```

上面的代码是一个Vue-Router的路由配置，首先导入了几个Vue.js组件，包括HomeView、NewsView、AdminView、RoleView等，每个路由对象描述了当某个URL路径被访问时应该渲染哪个组件。

（9）在index.js文件中继续编写如下代码。

```
01 const router=createRouter({//使用 createRouter 方法创建 Vue-Router 实例对象
02  history:createWebHashHistory(),//定义 Hash 路由
03  routes//设置路由
04 })
05 export default router //导出路由实例对象
```

- 01 行创建一个 Vue-Router 实例对象，并将其赋值给常量 router。createRouter 是一个来自 Vue-Router 的方法，用于创建一个新的 Vue-Router 实例对象。
- 02 行定义 Hash 路由。
- 03 行的 routes 是 createRouter 的另一个配置项，它接收一个数组，数组中的每个元素都是一个路由实例对象，定义了当 URL 匹配到某个路径时应该渲染哪个组件或

进行哪些操作。

- 05 行将刚刚创建的路由实例对象导出，以便在其他文件或模块中导入和使用它。

（10）找到 main.js 文件，并在其中增加如下代码。

```
01  import{createApp} from 'vue'
02  import App from './App.vue'
03  import router from './router'//导入路由
04  createApp(App).use(router).mount('#app')//挂载到 app 节点上
```

- 01 行从 Vue.js 包中导入 createApp，createApp 是 Vue 3 提供的一个函数，用于创建一个新的 Vue.js 应用实例。
- 02 行从当前目录下的 App.vue 文件中导入 App 组件。
- 03 行从当前目录下的 router 文件（或目录）中导入 router 对象。
- 04 行使用 createApp 函数创建一个新的 Vue.js 应用实例，并将 App 组件作为根组件；使用 use 方法将 router 插件安装到 Vue.js 应用中。这样用户就可以在组件中使用与路由相关的功能，将 Vue.js 应用挂载到 DOM 中的 app 节点上。

（11）找到 App.vue 文件，将 template 和 script 部分的代码修改为如下内容。

```
01  <template>
02   <img alt="Vue logo" src="./assets/logo.png">
03   <router-view></router-view><!--指定组件的呈现位置-->
04   <router-link to="/home">首页</router-link>
05   <router-link to="/news">新闻中心</router-link>
06   <router-link to="/about">关于我们</router-link>
07   <router-link to="/admin">后台管理</router-link>
08  </template>
09  <script>
10   export default{
11           name:'App',
12   }
13  </script>
```

- 03 行指定组件的呈现位置。
- 04～07 行是 Vue-Router 提供的导航链接组件，用于触发路由导航。to 属性指定了链接的目标路由路径。例如，<router-link to="/home">首页</router-link>表示当用户单击“首页”链接时，将导航到/home 路径对应的组件。
- 10～12 行定义默认导出，并定义组件的名字为“App”。

2. 路由守卫

路由守卫实际上可以理解为路由拦截。当访问某个网站的某些页面时，其要求用户登录后才能进行进一步操作，那么，此时就需要用到 Vue.js 路由守卫功能。

路由守卫分为三种，分别是全局路由守卫、组件路由守卫、独享路由守卫。

1）全局路由守卫

全局路由守卫又分为全局前置守卫和全局后置守卫。

（1）router.beforeEach((to, from, next)=>{})。

全局前置守卫中的参数 to 表示进入哪个路由，from 表示从哪个路由离开，next 是一个函数，用于决定是否展示用户要看到的路由页面。

全局前置守卫从名字上看不难理解，它是全局的，即对整个单页应用中的所有路由都生效，所以当定义了全局前置守卫后，在进入每个路由之前都会调用该全局前置守卫中的回调函数。那么如果用户在回调函数中对路由的跳转条件判断有误，那么将出现死循环，因为如果遗漏了某种路由跳转的条件，那么全局前置守卫会一直执行。所以在使用全局前置守卫时，用户一定要判断清楚可能会出现的路由跳转条件。

```
01  router.beforeEach((to, from, next) => {
02      const token = store.state.token;
03      if (!token && to.name !== 'Login') {
04          next("/login");
05      } else if (token && to.name === "Login") {
06          next("/");
07      } else {
08          next();
09      }
10  });
```

- 01 行定义 Vue-Router 的全局前置守卫。它会在每次路由发生改变之前被调用。to 是即将要进入的目标路由对象，from 是当前导航正要离开的路由对象，next 是一个必须调用的函数，表示是否继续进行路由导航，可以根据条件决定是否允许进入下一个路由，或者重定向到别的路由。
- 02 行从 Vuex store（假设 store 是 Vuex store 的一个实例对象）的 state 中获取 token。这个 token 通常用于验证用户是否已经登录。
- 03 行判断用户是否没有 token（即未登录）且他们尝试访问的页面不是登录页面。
- 04 行表示如果上述条件满足（用户未登录且不是访问登录页面），则使用 next 函数重定向到登录页面。
- 05 行是一个额外的判断，用于检查用户是否已经有 token（即已登录）且他们正在尝试访问登录页面。
- 06 行表示如果上述条件满足（用户已登录且尝试访问登录页面），则使用 next 函数重定向到应用的首页（或任何其他默认页面）。
- 07 行表示如果上述两个条件都不满足（即用户要么已登录且访问非登录页面，要么未登录且访问登录页面），则执行这个 else 块。
- 08 行在 else 块中直接调用 next 函数，允许导航到目标路由。

（2）router.afterEach((to, from) =>{})。

全局后置守卫有两个参数，to 表示进入哪个路由，from 表示从哪个路由离开。理解了全局前置守卫，那么全局后置守卫也就好理解了。在整个单页应用中每次路由跳转后都会执行全局后置守卫中的回调函数，所以其多用于路由跳转后的相应页面操作，并不像全局前置守卫那样会在回调函数中进行页面的重定向或跳转。

```
router.afterEach((to,from)=>{
})
```

上面的代码定义了 Vue-Router 的全局后置守卫。与全局前置守卫不同，全局后置守卫在导航完成之后被调用，即路由已经成功改变。它接收两个参数：to 和 from。to 是即将要进入的目标路由对象，from 是当前导航正要离开的路由对象。

2）组件路由守卫

组件路由守卫分为路由到达组件之前和离开组件之前两种情况。

```
beforeRouteEnter:(to,from,next)=>{}//路由到达组件之前
beforeRouteLeave:(to,from,next)=>{}//路由离开组件之前
```

to 和 from 参数与全局路由守卫的使用方法一致。next 回调函数略有不同。当单击其他组件时，next 函数用于判断是否确认离开。确认离开执行 next()；取消则执行 next(false)，留在当前页面。

3）独享路由守卫

```
beforeEnter:(to,from,next)=>{}
```

独享路由守卫与全局路由守卫的用法一致，但它只能针对一个页面使用。

下面来看一个例子。在前面项目的基础上，我们来创建一个登录页面，要求用户单击我的页面时，如果没有 token 信息（表示登录的信息），就立即跳转到登录页面。

在 views 目录下创建一个 LoginView.vue 文件，并在其中编写如下代码。

```
01  <template>
02    <h5>登录页面</h5>
03  </template>
```

- 01 行定义<template>标签。
- 02 行定义三级标题，标题的内容是“登录页面”。
- 03 行定义</template>标签。

注册 LoginView.vue 文件对应的路由。在 router 目录的 index.js 文件中增加如下代码，引入 LoginView 组件。

```
import LoginView from "../views/LoginView.vue"//引入 LoginView 组件
```

继续在 index.js 文件中增加如下代码。

```
{
        path:'/login',//使用路由“/login”
        name:'login',//定义名字
        compontent:LoginView//路由和 LoginView 组件关联
},
```

上述代码表示定义路由“/login”并和对应的 LoginView 组件关联。继续在 index.js 文件中增加如下代码。

```
router.beforeEach((to,from,next)=>{
 if(to.fullPath=='/user'){//访问的路由如果等于'/user'
 alert("即将跳转到登录页面！");//则让用户确认
 next('/login');//直接跳转到登录页面
 }
 else{
        next();//其他页面一律放行
 }
})
```

3. Redis 的安装和使用

本项目产生的验证码使用 Redis 保存，所以这里介绍一下 Redis 的安装和用法。首先介绍一下 Redis 的下载及安装步骤。

（1）从 GitHub 中下载 Windows 的 6.0 版本（Redis-x64-6.0.14.1.zip）或其他版本。

（2）将下载的压缩包解压缩到指定的文件夹中，如 D:\redis，如图 6-3 所示。

图 6-3　解压缩 Redis 压缩包

（3）找到 Redis 安装目录下的 redis.windows.conf 文件，使用编辑器工具打开，准备开启远程访问。

将#bind 127.0.0.1 修改为如下代码。

```
bind 0.0.0.0
```

将 protected-mode yes 修改为如下代码。

```
protected-mode no
```

（4）继续在 redis.windows.conf 文件中配置数据库的访问密码。

将#requirepass foobared 修改为如下代码。

```
requirepass 123456
```

（5）将 Redis 定义为 Windows 安装服务。

进入 Redis 安装包目录，输入“cmd”后按回车键，进入命令行窗口，输入如下命令，如图 6-4 所示。

```
redis-server --service-install redis.windows.conf
```

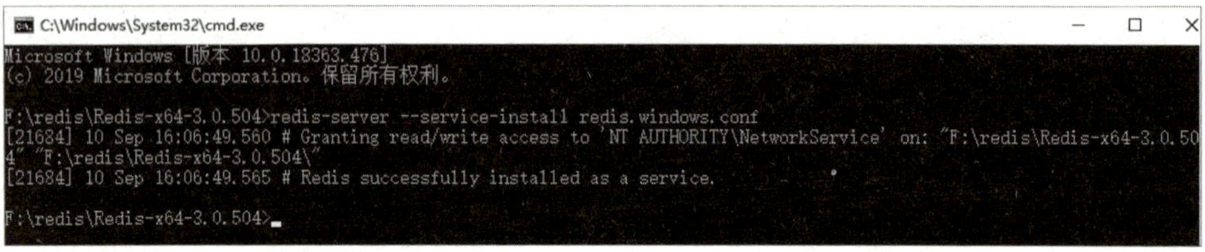

图 6-4　在命令行窗口下执行命令

输入命令后，按回车键。随后按 Windows+R 组合键调出“运行”对话框，输入“services.msc”，查看是否已存在 Redis 服务，如图 6-5 所示。

图 6-5　已存在 Redis 服务

注意：在使用 Redis 服务时，请关闭防火墙将或防火墙放行。

在使用 Redis 服务时，主要会用到以下几个命令。

- 安装服务（redis-install.bat）：redis-server --service-install redis.windows.conf。
- 开启服务（start-redis.bat）：redis-server --service-start。
- 停止服务（stop-redis.bat）：redis-server --service-stop。
- 卸载服务（redis-uninstall.bat）：redis-server --service-uninstall。

可以使用“redis-cli”命令连接到 Redis 服务器。

```
redis-cli -h host -p port -a password
```

其中，host 是 Redis 服务器的主机名，port 是 Redis 服务器的端口号，password 是连接密码（如果有）。

Redis 存取数据常用的操作命令如表 6-1 所示。

表 6-1 Redis 存取数据常用的操作命令

命令	举例	功能
SET	SET name zhangsan	将键“name”设置为值“zhangsan”
GET	GET name	获取键“name”的值
EXPIRE	EXPIRE name 60	将键“name”的过期时间设置为 60s
TTL	TTL name	表示键“name”的过期剩余时间
EXISTS	EXISTS name	检查键“name”是否存在，如果存在，则返回 1；如果不存在，则返回 0
DEL	DEL age	删除键“age”
INCR	INCR cnt	表示键“cnt”自增 1
DECR	DECR cnt	表示键“cnt”自减 1

上述服务命令及数据操作命令要有序执行。例如，不能在 Redis 服务没有开启的情况下就存取数据；在存取数据之前，要先使用“redis-cli”命令连接到 Redis 服务器等。在学习上我们每个人要善于总结，勤于思考，能够发现规律，遵循规律，这样才能又快又好地习得知识，取得成就。

任务示范

（1）template 部分的代码如下。

```
<form class="form form-horizontal" :model="form" ref="form" action="">
            <div class="row cl">
                <label class="form-label col-xs-3"><i class="Hui-iconfont">&#xe60d;</i></label>
                <div class="formControls col-xs-8">
                    <input id="username" name="username" type="text" placeholder="用户名" class="input-text size-L"
                        v-model="form.username" @keyup="checkInfo"><span class="tip">{{tips}}</span>
                </div>
            </div>
            <div class="row cl">
                <label class="form-label col-xs-3"><i class="Hui-iconfont">&#xe60e;</i></label>
                <div class="formControls col-xs-8">
                    <input id="password" name="password" type="password" placeholder="密码" class="input-text size-L"
                        v-model="form.password" @keyup=
```

```
"checkInfo"><span class="tip">{{tips1}}</span>
  14                    </div>
  15                </div>
  16                <div class="row cl">
  17                    <div class="formControls col-xs-8 col-xs-offset-3">
  18                        <input class="input-text size-L" type="text"
placeholder="验证码"
  19                            onblur="if(this.value==''){this.value='验
证码:'}"
  20                            onclick="if(this.value=='验证码:'){this.
value='';}" value="验证码:" style="width:150px;"
  21                            name="checkcode" v-model="form.checkcode">
  22                        <img :src=captchaUrl v-on:click="refresh()"
style="width: 60px;height: 30px;margin-right: 6px;">
  23                        <a id="kanbuq" v-on:click="refresh()">看不清,
换一张</a>
  24                    </div>
  25                </div>
  26                <div class="row cl">
  27                    <div class="formControls col-xs-8 col-xs-offset-3">
  28                        <label for="online">
  29                            <input type="checkbox" name="online" id=
"online" value="">
  30                            使我保持登录状态</label>
  31                    </div>
  32                </div>
  33                <div class="row cl">
  34                    <div class="formControls col-xs-8 col-xs-offset-3">
  35                        <input type="submit" class="btn btn-success
radius size-L"
  36                            value=" 登    录
 " @click="submitForm('form')">
  37                        <input name="" type="reset" class="btn btn-
default radius size-L"
  38                            value=" 取    消
 ">
  39                    </div>
  40                </div>
  41            </form>
```

- 01 行表示这是一个表单标签，具有两个自定义的类名：form 和 form-horizontal（可以用于 CSS 样式）。:model="form"是 Vue.js 的动态绑定语法，表示这个表单的数据模型是 Vue.js 实例对象的 form 数据属性。ref="form"是 Vue.js 的引用系统，允许通过 this.$refs.form 在 Vue.js 实例对象的方法中直接访问这个 DOM 元素或子组件。action=""表示表单的提交动作默认为空，这是为了在 Vue.js 方法中处理提交，而不是直接发送到某个 URL。

- 02～08 行定义一个用于输入用户名的表单项。<label>标签包含一个图标。<input>标签用于输入用户名。v-model="form.username"表示输入框的值与 Vue.js 实例对象的 form.username 数据属性实现了双向绑定。@keyup="checkInfo"表示每当用户在输入框中输入字符时，都会调用 Vue.js 实例对象的 checkInfo 方法。<span class="tip">{{tips}}</span>用于显示提示信息，{{tips}}是 Vue.js 的插值表达式，用于显示 Vue.js 实例对象的 tips 数据属性的值。
- 09～15 行与 02～08 行类似，此处定义了一个用于输入密码的表单项。密码输入框的类型是 password，所以输入的内容会被隐藏。
- 16～25 行是一个用于输入验证码的表单项。验证码输入框有一些特殊的交互行为。例如，当输入框失去焦点且值为空时，会自动填入“验证码”。<img :src=captchaUrl v-on:click="refresh()">定义了一张验证码图片，其源地址 captchaUrl 是动态绑定的，单击验证码图片时会调用 refresh 方法刷新验证码。<a id="kanbuq" v-on:click="refresh()">是一个链接，用于刷新验证码，同样调用了 refresh 方法。
- 26～32 行定义一个复选框，用于选择是否“使我保持登录状态”。
- 35～36 行定义一个提交按钮，当用户单击“登录”按钮时，会调用 Vue.js 实例对象的 submitForm 方法，并将表单的引用作为参数传递。
- 37～38 行定义重置按钮。

（2）script 部分的代码如下。

```
<script>
 import Qs from 'qs'
 import axios from 'axios'
 import {
        ElMessage
 } from 'element-plus'
 export default {
        data() {
            return {
                captcha: '',
                captchaUrl: 'http:// localhost:8090/common/code',
                login_success: 0,
                tips: "",
                tips1: "",
                colorStyle: "color:red",
                isRight: false,
                returnUrl: null,
                form: {
                    username: 'admin',
                    password: '123456',
                    checkcode: 'ax14'
                },
                //表单相关逻辑定义完成
```

```
            }
        },
        methods: {
            refresh() {
                this.captchaUrl = 'http:// localhost:8090/common/code?' + Math.random();
                console.log(this.captchaUrl)
            },
            checkInfo: function() {
                if (this.form.username == "") {
                    this.tips = "请输入用户名！";
                    this.isRight = false;
                } else if (this.form.username.length < 4 || this.form.username.length > 20) {
                    this.tips = "用户名长度必须为 4～20 个字符！";
                    this.isRight = false;
                } else {
                    //用户名合法，校验密码
                    if (this.form.password == "") {
                        this.tips1 = "请输入密码！";
                        this.isRight = false;
                    } else if (this.form.password.length < 4 || this.form.password.length > 16) {
                        this.tips1 = "密码长度必须为 4～16 个字符！";
                        this.isRight = false;
                    } else {
                        this.tips = "";
                        this.tips1 = "";
                        this.isRight = true;
                    }
                }
            },
            async submitForm(formName) {
                //console.log("登录开始")
                const data = {
                    username: this.form.username,
                    password: this.form.password,
                    checkcode: this.form.checkcode
                };
                if (data.username == "" || data.password == "") {
                    alert("请输入用户名或密码")
                } else {
                    //发起网络请求
                    const response = await axios.post('http:// localhost:8090/user/login', Qs
                        .stringify(data))
```

```
                    if (response.data.code == 200) {
                        console.log(response.data.user)
                        let user = JSON.stringify(response.data.user);
                        sessionStorage.setItem("user", user)
                        var isLogin = true;
                        sessionStorage.setItem("isLogin", JSON.stringify(isLogin))
                        alert('登录成功！');
                    } else {
                        alert('登录失败，用户名或密码错误！' + response.data.msg);
                    }
                }
            },
        }
    }
</script>
```

这里限于篇幅，关于验证码及登录逻辑的代码，就不再赘述了，请读者参考本书配套资源进行学习。运行结果如图 6-6 所示。

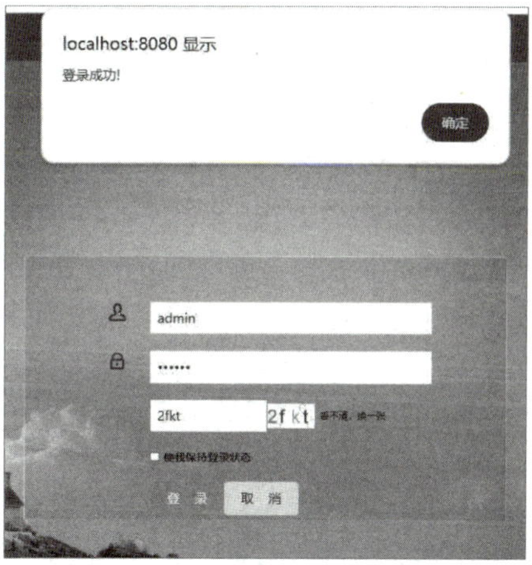

图 6-6　后台登录页面运行结果

任务进阶

现在有这样一个需求：如果用户没有登录，就必须访问登录页面进行登录；如果用户已经登录，再次访问登录页面，就直接跳转到后台首页。下面来实现这个需求。

首先来看一个简单的示例。

```
const router = new VueRouter({ // ... （路由配置） });
router.beforeEach((to, from, next) =>
 { if (to.path.startsWith('/admin') && !isUserLoggedIn())
```

```
04    { // 如果用户没有登录，并且正在尝试访问以“/admin”开头的路由，则重定向到登录页面
05    next('/login'); }
06   else { // 否则，继续进行路由导航 next(); } });
07   function isUserLoggedIn() {
08   // 这里应该是一个检查用户是否已经登录的逻辑，例如，检查 token 或者 cookie，返回
true 或 false
09    }
```

上述代码是 Vue.js 路由守卫的一个示例，使用了全局前置守卫（beforeEach）。它用于在路由发生改变之前进行一些检查或操作。

- 01 行创建一个新的 Vue-Router 实例对象，并传入一些路由配置（这部分在代码中省略了）。
- 02 行的 router.beforeEach((to, from, next) => {})表示全局前置守卫，beforeEach 是 Vue-Router 提供的一个全局前置守卫，在导航到目标路由（to）之前被触发。这个守卫有三个参数：to、from、next。to 表示 route 对象，即将要进入的目标路由对象，from 表示 route 对象，即当前导航正要离开的路由。next 表示 Function 函数对象，必须调用 next 方法来 resolve（解析）router.beforeEach 钩子函数，执行效果依赖 next 函数的调用参数。这里的 next 函数，表示允许导航继续，这会让路由继续跳转到目标路由（to）。
- 03～05 行表示如果用户没有登录，并且正在尝试访问以“/admin”开头的路由，则重定向到登录页面。
- 06 行表示如果用户已登录则直接放行。
- 07～09 行表示检查用户是否登录的逻辑，返回 true 或 false。

有了上述思路以后，我们来看看具体的实现逻辑。

（1）登录页面存储用户的登录状态。

```
01   const response = await axios.post('http:// localhost:8090/user/
login', Qs.stringify(data))
02                           if (response.data.code == 200) {
03                               console.log(response.data.user)
04                               let user = JSON.stringify(response.data.user);
05                               sessionStorage.setItem("user", user)
06                               var isLogin = true;
07                               sessionStorage.setItem("isLogin", JSON.
stringify(isLogin))
08                               alert('登录成功！');
09                               this.$router.replace("/admin/index")
10                           } else {
11                               alert('登录失败，用户名或密码错误！' + response.
data.msg);
12   }
```

- 01 行使用 Axios 库发送一个 Post 请求到 http:// localhost:8090/user/login。Qs.stringify(data) 用于将 JavaScript 对象 data（可能包含用户名和密码）转换为 URL 编码的查询字符串，

这通常用作 Post 请求的正文。该代码还使用了 await 关键字，这意味着代码在继续执行之前会等待这个异步操作执行完成。

- 02 行检查服务器响应的 code 属性是否为 200（这通常表示请求成功）。
- 03 行表示如果请求成功，则在控制台中打印输出服务器返回的 user 对象。
- 04 行将服务器返回的 user 对象转换为 JSON 字符串。
- 06 行声明一个变量 isLogin 并设置其值为“true”，表示用户已成功登录。
- 07 行将 isLogin 变量（一个布尔值）转换为 JSON 字符串，并存储在 sessionStorage 中。虽然在这种情况下，布尔值可以直接存储为字符串（"true"），但转换为 JSON 字符串是为了保持代码的一致性或未来代码的灵活性。
- 08 行显示一个警告框，用于通知用户已登录成功。
- 09 行使用 Vue-Router 的 replace 方法导航到/admin/index 路由。与 push 方法不同，replace 方法不会保留历史记录。
- 10～12 行表示如果服务器返回的 code 不是 200（即请求失败），则执行此部分的代码，显示一个警告框，通知用户登录失败，并显示服务器返回的附加消息（如果存在）。

（2）关于路由文件 index.js 的处理。

```
 //后台登录页面
 {
         //名字
         name: "admin_login",
         //路径
         path: '/admin/login',
         //组件
         component: LoginPageSec,
         //在访问 login 路由之前执行
         beforeEnter(to, from, next) {
              if (JSON.parse(sessionStorage.getItem('isLogin'))) {
                   next({
                        name: "admin_index"
                   })
              } else {
                   next()
              }
         }
 },
//创建路由
const router = createRouter({
 history,
 routes
})
var isLoginin = JSON.parse(sessionStorage.getItem('isLogin'));
const isLogin = isLoginin ? isLoginin : false
router.beforeEach((to, form, next) => {
```

```
28    /*
29    to：跳转的路由
30    from：从哪个路由来
31    next()：继续执行
32    */
33    if (to.name == "admin_login") next()
34    //判断是否已登录
35    if (!isLogin) {
36            //如果用户没有登录，不需要登录就能访问的页面直接放行
37            // if(to.name=="index" || to.name=="news") {
38            if (!to.path.startsWith("/admin")) {
39                next()
40            } else {
41                next({
42                    path: "/admin/login"
43                })
44            }
45    } else {
46            next()
47    } })
48   export default router
```

- 04～08 行定义名为“admin_login”的路由，路径为“/admin/login”，关联的组件为“LoginPageSec”。
- 10～18 行定义 beforeEnter 路由守卫，专门为 admin_login 路由定义。

beforeEnter(to, from, next)：当用户尝试进入 admin_login 路由时，会执行这个函数。

  - to：将要进入的目标路由对象。
  - from：当前导航正要离开的路由。
  - next：一定要调用 next 方法来 resolve 这个钩子函数。执行效果依赖 next 函数的调用参数。如果 sessionStorage 中的 isLogin 是 true（即用户已登录），则导航到 admin_index 路由（但这里没有给出 admin_index 路由的定义）。如果用户未登录，则继续执行（即允许用户访问登录页面）。

- 21～24 行创建 Vue-Router 实例。
  - history：一个 Vue-Router 的 History 模式的配置对象。
  - routes：一个包含所有路由定义的数组，但此处只给出了 admin_login 路由。
- 27～47 行定义全局前置守卫（beforeEach），其在路由发生变化之前被调用。
  - if (to.name == "admin_login") next()：如果目标路由是 admin_login，则允许导航继续。
  - if (!isLogin)：检查用户是否已登录。如果用户没有登录，并且目标路由不是以“/admin”开头的（即不是管理区域的路由），则允许导航继续。如果用户没有登录，并且目标路由是以“/admin”开头的，则重定向到/admin/login 登录页面。如果用户已登录，则允许导航继续。

任务实施

任务步骤	任务要点	实施记录
任务准备	1．更换实训服、鞋套等 2．检查机房软硬件环境	是否完成：是□ 否□
工具准备	教材、参考资料、纸、笔、特殊工具	是否正常：是□ 否□
制订计划	根据任务目标，制订任务实施计划	
收集资讯	1．什么是Redis？它有什么作用 2．什么是路由守卫 3．什么是嵌套路由	检索记录： ______ ______ ______ ______ ______ ______
任务实施 过程记录	任务示范实现的关键步骤记录： ______ ______ ______ ______ ______ ______ 任务进阶实现的关键步骤记录： ______ ______ ______	

序号	作业项目	实施要点

续表

任务步骤	任务要点	实施记录
任务实施过程记录		
设备断电并整理现场	将现场设备、工具等物品按 6S 标准清理归位	是否完成：是□ 否□

评价反馈

任务总结	对 Redis、路由守卫、嵌套路由的认知总结： 工作实施情况反思：						
质量评价	评分项目	学生出勤（20 分）	工作过程（30 分）	成果汇报（30 分）	职业素养（10 分）	工作规范（10 分）	总评
	自我评分						
	小组评分						
	教师评分						
	合计						

任务 2　添加文章功能的实现

本任务来开发添加文章功能的 API 数据，实际上是向服务器提交 POST 数据，前端通过配置和使用百度编辑器 UEditor 来实现富媒体文本的添加。

任务演示

本任务对百度编辑器 UEditor 进行配置，主要分为前端配置和后端配置两部分，配置以后就能够使用该编辑器实现富媒体文本（文章）的添加，如图 6-7 所示。

cat_id	parent_id	cat_name	keywords	description
1	0	企业动态	企业动态	企业动态
2	0	行业新闻	企业新闻	企业新闻
3	1	企业新闻	企业新闻	企业新闻
19	0	联系我们	联系我们	联系我们
24	1	企业公告	企业公告	企业公告
7	1	党建工作	党建工作	党建工作
8	1	企业活动	工会要闻	工会要闻
25	0	产品中心	产品中心	产品中心
26	25	文旅产品	文旅产品	文旅产品
27	25	电子产品	电子产品	电子产品
28	0	服务支持	服务支持	服务支持
29	28	服务理念	服务理念	服务理念
30	28	使用手册	使用手册	使用手册
31	28	下载中心	下载中心	下载中心
33	0	人才招聘	人才招聘	人才招聘
34	0	采购公告	采购公告	采购公告
35	0	经典案例	经典案例	经典案例

图 6-7　添加文章（新闻）

知识准备

1. 百度编辑器 UEditor 的基本使用之后端配置

（1）在 resources 目录中的配置。

首先在 resources 目录下创建名为“config”的子目录，然后在该目录下创建 config.json 文件，并在其中编写如下代码。

```
{
/* 上传图片配置项 */
"imageActionName": "uploadimage", /* 执行上传图片操作的 action 名称 */
"imageFieldName": "upfile", /* 提交的图片表单名称 */
"imageMaxSize": 2048000, /* 上传大小限制，单位为 B */
"imageAllowFiles": [".png", ".jpg", ".jpeg", ".gif", ".bmp"], /* 上传图片格式显示 */
"imageCompressEnable": true, /* 是否压缩图片，默认值是“true”*/
"imageCompressBorder": 1600, /* 图片压缩最长边限制 */
"imageInsertAlign": "none", /* 插入图片的浮动方式 */
"imageUrlPrefix": "http:// localhost:8090/", /* 图片访问路径前缀 */
"imagePathFormat": "image/{yyyy}{mm}{dd}/{time}{rand:6}", /* 上传并保存路径，可以自定义保存的路径和文件名格式 */
/* {filename} 会替换成原文件名，在配置这项时需要注意中文乱码问题 */
/* {rand:6} 会替换成随机数，后面的数字是随机数的位数 */
/* {time} 会替换成时间戳 */
/* {yyyy} 会替换成四位数的年份 */
/* {yy} 会替换成两位数的年份 */
/* {mm} 会替换成两位数的月份 */
/* {dd} 会替换成两位数的日期 */
/* {hh} 会替换成两位数的小时 */
```

```
/* {ii} 会替换成两位数的分钟 */
/* {ss} 会替换成两位数的秒 */
/* 非法字符有 \ : * ? " < > | */
/* 具体请看线上文档: fex.**.com/ueditor/#use-format_upload_filename */
/* 上传涂鸦图片配置项 */
"scrawlActionName": "uploadscrawl", /* 执行上传涂鸦图片操作的 action 名称 */
"scrawlFieldName": "upfile", /* 提交的图片表单名称 */
"scrawlPathFormat": "image/{yyyy}{mm}{dd}/{time}{rand:6}", /* 上传并保存路径，可以自定义保存的路径和文件名格式 */
"scrawlMaxSize": 2048000, /* 上传大小限制，单位为 B */
"scrawlUrlPrefix": "", /* 图片访问路径前缀 */
"scrawlInsertAlign": "none",    /* 上传截图工具*/
"snapscreenActionName": "uploadimage", /* 执行上传截图操作的 action 名称 */
"snapscreenPathFormat": "image/{yyyy}{mm}{dd}/{time}{rand:6}", /* 上传并保存路径，可以自定义保存的路径和文件名格式 */
"snapscreenUrlPrefix": "", /* 图片访问路径前缀 */
"snapscreenInsertAlign": "none", /* 插入图片的浮动方式 */
/* 抓取远程图片配置 */
"catcherLocalDomain": ["127.0.0.1", "localhost", "img.baidu.com"],
"catcherActionName": "catchimage", /* 执行抓取远程图片操作的 action 名称 */
"catcherFieldName": "source", /* 提交的图片列表表单名称 */
"catcherPathFormat": "image/{yyyy}{mm}{dd}/{time}{rand:6}", /* 上传并保存路径，可以自定义保存的路径和文件名格式 */
"catcherUrlPrefix": "", /* 图片访问路径前缀 */
"catcherMaxSize": 2048000, /* 上传大小限制，单位为 B */
"catcherAllowFiles": [".png", ".jpg", ".jpeg", ".gif", ".bmp"], /* 抓取图片格式显示 */
/* 上传视频配置 */
"videoActionName": "uploadvideo", /* 执行上传视频操作的 action 名称 */
"videoFieldName": "upfile", /* 提交的视频表单名称 */
"videoPathFormat": "video/{yyyy}{mm}{dd}/{time}{rand:6}", /* 上传并保存路径，可以自定义保存的路径和文件名格式 */
"videoUrlPrefix": "http:// localhost:8090/", /* 视频访问路径前缀 */
"videoMaxSize": 102400000, /* 上传大小限制，单位为 B，默认为 100MB */
"videoAllowFiles": [        ".flv", ".swf", ".mkv", ".avi", ".rm",
".rmvb", ".mpeg", ".mpg",       ".ogg", ".ogv", ".mov", ".wmv", ".mp4",
".webm", ".mp3", ".wav", ".mid"], /* 上传视频格式显示 */
/* 上传文件配置 */
"fileActionName": "uploadfile", /* 在控制器（controller）中，执行上传文件操作的 action 名称 */
"fileFieldName": "upfile", /* 提交的文件表单名称 */
"filePathFormat": "file/{yyyy}{mm}{dd}/{time}{rand:6}", /* 上传并保存路径，可以自定义保存的路径和文件名格式 */
"fileUrlPrefix": "", /* 文件访问路径前缀 */
"fileMaxSize": 51200000, /* 上传大小限制，单位为 B，默认为 50MB */
"fileAllowFiles": [       ".png", ".jpg", ".jpeg", ".gif", ".bmp",
```

```
".flv", ".swf", ".mkv", ".avi", ".rm", ".rmvb", ".mpeg", ".mpg",
".ogg", ".ogv", ".mov", ".wmv", ".mp4", ".webm", ".mp3", ".wav", ".mid",
".rar", ".zip", ".tar", ".gz", ".7z", ".bz2", ".cab", ".iso",     ".doc",
".docx", ".xls", ".xlsx", ".ppt", ".pptx", ".pdf", ".txt", ".md",
".xml"   ], /* 上传文件格式显示 */
/* 列出指定目录下的图片 */
"imageManagerActionName": "listimage", /* 执行图片管理操作的 action 名称 */
"imageManagerListPath": "image/", /* 指定要列出图片的目录 */
"imageManagerListSize": 20, /* 每次列出图片的数量 */
"imageManagerUrlPrefix": "", /* 图片访问路径前缀 */
"imageManagerInsertAlign": "none", /* 插入图片的浮动方式 */
"imageManagerAllowFiles": [".png", ".jpg", ".jpeg", ".gif", ".bmp"],
/* 列出的图片类型 */
/* 列出指定目录下的文件 */
"fileManagerActionName": "listfile", /* 执行文件管理操作的 action 名称 */
"fileManagerListPath": "file/", /* 指定要列出文件的目录 */
"fileManagerUrlPrefix": "", /* 文件访问路径前缀 */
"fileManagerListSize": 20, /* 每次列出文件的数量 */
"fileManagerAllowFiles": [      ".png", ".jpg", ".jpeg", ".gif",
".bmp",      ".flv", ".swf", ".mkv", ".avi", ".rm", ".rmvb", ".mpeg",
".mpg",      ".ogg", ".ogv", ".mov", ".wmv", ".mp4", ".webm", ".mp3",
".wav", ".mid",      ".rar", ".zip", ".tar", ".gz", ".7z", ".bz2", ".cab",
".iso",      ".doc", ".docx", ".xls", ".xlsx", ".ppt", ".pptx", ".pdf",
".txt", ".md", ".xml"   ] /* 列出的文件类型 */
}
```

（2）在 common 目录中创建 EditResponse.java 文件，并在其中编写如下代码。

```
package com.example.jiaqiapi.common;
import lombok.Builder;
import lombok.Data;
@Data
@Builder
public class EditResponse {
//状态值，若上传成功，则只能返回 SUCCESS（必须为大写的），否则填写失败原因
private String state;
    //上传路径
    //要想在编辑器中正确展示图片，需要确保 imageUrlPrefix + url 路径可以访问到图
片资源
    private String url;
    //标题，可不填
    private String title;
    //上传文件的原始名称，绑定在<img>标签的 alt 属性中
    private String original;
}
```

（3）在 controller 目录中创建 UeditorController.java 文件，该文件主要用于设置路由，

以及进行文件上传等，其内容如下。

```
package com.example.jiaqiapi.controller;
import cn.hutool.json.JSONUtil;
import com.alibaba.fastjson2.JSON;
import com.example.jiaqiapi.common.EditResponse;
import com.example.jiaqiapi.common.config.RuoYiConfig;
import com.example.jiaqiapi.pojo.ConfigPo;
import com.example.jiaqiapi.uitils.FileUploadUtils;
import org.springframework.boot.system.ApplicationHome;
import org.springframework.web.bind.annotation.*;
import org.springframework.web.multipart.MultipartFile;
import javax.servlet.http.HttpServletRequest;
import javax.servlet.http.HttpServletResponse;
import java.io.*;
import java.util.HashMap;
import java.util.Map;
import java.util.UUID;
@RestController//使用@Controller 会报错
@CrossOrigin//处理跨域问题
public class UeditorController {
    /**
     * 初始化配置，初始化以 Get 请求方式发送
     */
    @GetMapping("/config")
    public Object getConfig() {
        //返回一个 JSON 格式的字符串
        final InputStream resourceAsStream = getClass().getResourceAsStream("/config/config.json");
        assert resourceAsStream != null;
        try(BufferedReader reader = new BufferedReader(new InputStreamReader(resourceAsStream))){
            String line;
            final StringBuilder sb = new StringBuilder();
            while ((line=reader.readLine())!=null){
                sb.append(line);
            }
            return sb.toString();
        } catch (IOException e) {
            e.printStackTrace();
            return null;
        }
        //return JSONUtil.toJsonStr(new ConfigPo());
    }
    @RequestMapping("/ueditor")
    public String config(HttpServletRequest request, HttpServletResponse response, String action, MultipartFile[] upfile) throws
```

```
IOException {
    //public String upload(@RequestParam("upfile") MultipartFile
upfile, @RequestParam("action") String action) {
        // 根据 action 的值判断上传文件的类型，具体逻辑请读者自行实现
        String path=null;
        String img_url=null;
        if (action.equals("config")) {
            final InputStream resourceAsStream =
getClass().getResourceAsStream("/config/config.json");
            assert resourceAsStream != null;
            try(BufferedReader reader = new BufferedReader(new
InputStreamReader(resourceAsStream))){
                String line;
                final StringBuilder sb = new StringBuilder();
                while ((line=reader.readLine())!=null){
                    sb.append(line);
                }
                return sb.toString();
            } catch (IOException e) {
                e.printStackTrace();
                return null;
            }
           // return JSONUtil.toJsonStr(new ConfigPo());
        }
        else if (action.equals("uploadimage")) {
            Map<String, Object> result = new HashMap<String, Object>();
            for (MultipartFile multipartFile : upfile) {
        //调用系统写好的文件上传方法，并返回前端上传后的文件路径，文件路径需要拼接得到
                if(multipartFile.isEmpty()){
              String msg="图片地址为空";
                }
                //文件重命名
           String originalFilename= multipartFile.getOriginalFilename();
           //原始文件名
            String ext="."+originalFilename.split("\\.")[1];
            //int index=originalFilename.lastIndexOf(".");
            String uuid= UUID.randomUUID().toString().replace("-","");
            String fileName=uuid+ext;
            ApplicationHome applicationHome=new ApplicationHome
(this.getClass());
            // 如果使用的是 Linux 系统，则将\\替换为/
            String pre=applicationHome.getDir().getParentFile().
getParentFile().getAbsoluteFile()+"\\src\\main\\resources\\static\\uploads\\";
            path=pre+fileName;
            img_url="uploads/"+fileName;
            try {
```

```
82                  multipartFile.transferTo(new File(path));
83              }catch (Exception e){
84                  e.printStackTrace();
85              }
86                  result.put("title",img_url);
87                  result.put("original", multipartFile.
getOriginalFilename());
88                  result.put("state", "SUCCESS");
89                  result.put("url",img_url);
90                  String jStr = JSON.toJSONString(result);
91                  return jStr;
92              }
93          }
94          return null;
95      }
96  }
```

- 23 行配置了百度编辑器 UEditor 读取配置文件的路由，使用了 Get 请求。
- 24～40 行表示 getConfig 方法的功能是从类路径下的/config/config.json 文件中读取 UEditor 的配置信息，并将其作为字符串返回。它首先使用 getClass().getResourceAsStream ("/config/config.json")从类路径中加载配置文件。需要注意的是，这里的路径是相对于类路径的根目录，而不是项目的根目录。然后使用 StringBuilder 逐行读取文件内容，并将所有行合并为一个字符串作为结果返回。
- 41～95 行处理的是当 action 参数等于“uploadimage”时的逻辑。
- 64～69 行表示对于每个 MultipartFile 对象，首先检查它是否为空（即用户是否实际选择了文件）。如果文件为空（multipartFile.isEmpty()返回 true），则设置一个错误消息（当前代码并没有实际使用这个错误消息）。
- 71～75 行首先获取上传文件的原始文件名（getOriginalFilename()），从原始文件名中提取文件扩展名（如.jpg、.png 等）。然后使用 UUID（通用唯一识别码）为文件生成新的唯一名称，以确保文件名的唯一性，并避免可能的命名冲突。最后将 UUID 和扩展名组合成新的文件名。
- 76～78 行使用 ApplicationHome 类（自定义的）获取应用程序的根目录，并基于这个根目录构建一个文件存储路径。这里假设图片被存储在 src/main/resources/static/uploads/目录下。
- 79～85 行使用 multipartFile.transferTo 方法将文件保存到指定的路径下。如果在文件保存过程中发生异常，则将异常堆栈打印到控制台中。
- 86～91 行首先将上传后的文件 URL（相对于静态资源目录的路径）和其他相关信息（如原始文件名、状态等）添加到 result 映射中。然后使用 JSON 库（可能是 fastjson）将 result 映射转换为 JSON 字符串。最后返回 JSON 字符串作为 HTTP 响应，以便前端可以解析并显示上传的图片。

注意：在生产环境中，通常不建议将文件存储在项目的 src/main/resources 目录下，因为这可能会导致部署和版本控制问题。更常见的做法是将文件存储在外部目录或云存储服务中。另外，根据使用的操作系统（Windows 或 Linux），需要调整路径分隔符（在这段代码中，只考虑了 Windows 的情况）。

2. 百度编辑器 UEditor 的基本使用之前端配置

```
import axios from 'axios'
 let content = ref('<p>Hello UEditorPlus</p>')
 let editorConfig = {
        serverUrl: 'http:// localhost:8090/ueditor',
        // 配置 UEditorPlus 的资源
        UEDITOR_CORS_URL: '/ueditor/',
        UEDITOR_HOME_URL: '/ueditor/',
        //设置 z 轴顺序值，以避免工具栏或其他下拉组件被其他元素遮挡
        zIndex: 99999,
 }
 //上传文件后的 URL
 const fileUrl = ref("")
 //绑定输入框
 const file = ref()
 const formData = reactive({
        articletitle: '',
        articletitle2: '',
        articlesort: "",
        keywords: "",
        abstract: "",
        author: "",
        sources: "",
        allowcomments: "",
        fileUrl: "",
        content: "",
        cat_id: 1
 });
const upload = () => {
        let fileData = file.value.files[0];
        //提交数据
        let submitData = new FormData();
        //添加文件数据
        submitData.append("file", fileData);
        //提交到服务器中
        console.log("触发了")
        axios.post('http:// localhost:8090/upload', submitData, {
          headers: {
              'content-type': "multipart/form-data"
          }
        }).then(res => {
```

```
40              fileUrl.value = 'http:// localhost:8090/' + res.data.url
41              formData.fileUrl = res.data.url
42          })
43  }
```

- 02 行设置 content 为响应式数据。
- 03～09 行设置百度编辑器 UEditor 的参数。
- 11 行设置 fileUrl（一个使用 ref 创建的响应式引用），其用于存储上传文件后的 URL。
- 14～26 行初始化响应式数据，这些数据主要是文章的表单值。
- 27～43 行定义一个名为“upload”的函数。

任务示范

后台有关文章（新闻）的相关接口及数据库不再一一给出，请读者参考本书配套资源进行查看。

1. 文章（新闻）页面的路由设置

```
01  import ArticleAdd from '@/views/admin/ArticleAdd.vue'
02  //添加文章
03  {
04          //名字
05          name: "admin_article_add",
06          //路径
07          path: '/admin/article_add',
08          //组件
09          component: ArticleAdd
10  },
```

- 01 行从@/views/admin/ArticleAdd.vue 路径中引入一个 Vue.js 组件，并将其命名为“ArticleAdd”。在 Vue.js 项目中，@通常是一个别名，指向项目的 src 目录。所以这里实际上是从 src/views/admin/ArticleAdd.vue 中引入了 Vue.js 组件。
- 05 行为路由提供了一个名字，即 admin_article_add。在 Vue.js 应用程序中，可以使用这个名字以编程式导航的方式导航到这个路由，而无须使用其路径。
- 07 行定义当 URL 的路径部分为/admin/article_add 时，应该匹配这个路由。
- 09 行指定当路由被匹配时应该渲染哪个组件。在这里，它指定为之前引入的 ArticleAdd 组件。

2. 文章（新闻）页面的功能实现

```
<template>
 <article class="page-container">
```

```
    <form class="form form-horizontal" id="form-article-add" @submit.prevent="submitForm">
        <div class="row cl">
            <label class="form-label col-xs-4 col-sm-2"><span class="c-red">*</span>文章标题：</label>
            <div class="formControls col-xs-8 col-sm-9">
 <input type="text" class="input-text" value="" placeholder="" id="articletitle" name="articletitle"
                    v-model="formData.articletitle">
            </div>
        </div>
        <div class="row cl">
            <label class="form-label col-xs-4 col-sm-2">简略标题：</label>
            <div class="formControls col-xs-8 col-sm-9">
                <input type="text" class="input-text" value="" placeholder="" id="articletitle2"
                    name="articletitle2" v-model="formData.articletitle2">
            </div>
        </div>
        <div class="row cl">
            <label class="form-label col-xs-4 col-sm-2"><span class="c-red">*</span>分类栏目：</label>
            <div class="formControls col-xs-8 col-sm-9"> <span class="select-box">
                    <select name="articlecolumn" class="select" v-model="formData.cat_id">
                        <option value="0">全部栏目</option>
                        <option value="1">新闻资讯</option>
                        <option value="11">├行业动态</option>
                        <option value="12">├行业资讯</option>
                        <option value="13">├行业新闻</option>
                    </select>
                </span> </div>
        </div>
        <div class="row cl">
            <label class="form-label col-xs-4 col-sm-2">排序值：</label>
            <div class="formControls col-xs-8 col-sm-9">
 <input type="text" class="input-text" value="0" placeholder="" id="articlesort" name="articlesort"
                    v-model="formData.articlesort">
            </div>
        </div>
        <div class="row cl">
```

```
                <label class="form-label col-xs-4 col-sm-2">关键词：</label>
                <div class="formControls col-xs-8 col-sm-9">
                    <input type="text" class="input-text" value="" placeholder="" id="keywords" name="keywords"
                        v-model="formData.keywords">
                </div>
            </div>
            <div class="row cl">
                <label class="form-label col-xs-4 col-sm-2">文章摘要：</label>
                <div class="formControls col-xs-8 col-sm-9">
    <textarea name="abstract" cols="" rows="" class="textarea" placeholder="说点什么？最少输入 10 个字符。"
        datatype="*10-100" dragonfly="true" nullmsg="文章摘要不能为空！" onKeyUp="$.Huitextarealength(this,200)"
                        v-model="formData.abstract"></textarea>
                    <p class="textarea-numberbar"><em class="textarea-length">0</em>/200</p>
                </div>
            </div>
            <div class="row cl">
                <label class="form-label col-xs-4 col-sm-2">文章作者：</label>
                <div class="formControls col-xs-8 col-sm-9">
                    <input type="text" class="input-text" value="0" placeholder="" id="author" name="author"
                        v-model="formData.author">
                </div>
            </div>
            <div class="row cl">
                <label class="form-label col-xs-4 col-sm-2">文章来源：</label>
                <div class="formControls col-xs-8 col-sm-9">
                    <input type="text" class="input-text" value="0" placeholder="" id="sources" name="sources"
                        v-model="formData.sources">
                </div>
            </div>
            <div class="row cl">
                <label class="form-label col-xs-4 col-sm-2">允许评论：</label>
                <div class="formControls col-xs-8 col-sm-9 skin-minimal">
                    <div class="check-box">
                        <input type="checkbox" id="allowcomments"
```

```
name="allowcomments" value=""
                                v-model="formData.allowcomments">
                            <label for="checkbox-pinglun"> </label>
                        </div>
                    </div>
                </div>
                <div class="row cl">
                    <label class="form-label col-xs-4 col-sm-2">缩略图:
</label>
                    <div class="formControls col-xs-8 col-sm-9">
                        <div class="uploader-thum-container">
                            <div id="fileList" class="uploader-list">
</div>
                            <input type="text" id="abccc" v-model=
"formData.fileUrl" />
                            <!-- 图片上传 -->
                            <input type="file" @change="upload()" ref=
"file" multipart />
                            <a :href="fileUrl" v-if="fileUrl">访问文件:
{{fileUrl}}</a>
                            <!-- <button id="btn-star" class="btn btn-
default btn-uploadstar radius ml-10" >开始上传</button> -->
                        </div>
                    </div>
                </div>
                <div class="row cl">
                    <label class="form-label col-xs-4 col-sm-2">文章内容:
</label>
                    <div class="formControls col-xs-8 col-sm-9" style=
"min-height: 500px;">
                        <vue-ueditor-wrap v-model="formData.content"
editor-id="editor" :config="editorConfig"
                            :editorDependencies="['ueditor.config.js',
'ueditor.all.js']"
                            style="width:100%;min-height:500px; " />
                    </div>
                </div>
                <div class="row cl">
                    <div class="col-xs-8 col-sm-9 col-xs-offset-4 col-
sm-offset-2">
                        <button onClick="article_save_submit();"
class="btn btn-primary radius" type="submit"><i
                                class="Hui-iconfont">&#xe632;</i> 保存并提
交审核</button>
                        <button onClick="article_save();" class="btn
btn-secondary radius" type="button"><i
```

```
                        class="Hui-iconfont">&#xe632;</i> 保存草稿
</button>
                    <button onClick="removeIframe();" class="btn
btn-default radius"
                        type="button">  取消  
</button>
                </div>
            </div>
        </form>
    </article>
</template>
<script setup>
    import Qs from 'qs'
    import {
        onMounted,
        ref,
        reactive,
        toRefs
    } from 'vue';
    import {
        useRouter
    } from 'vue-router';
    const router = useRouter();
    import axios from 'axios'
    let content = ref('<p>Hello UEditorPlus</p>')
    let editorConfig = {
        serverUrl: 'http:// localhost:8090/ueditor',
        // 配置 UEditorPlus 的资源
        UEDITOR_CORS_URL: '/ueditor/',
        UEDITOR_HOME_URL: '/ueditor/',
        //设置 z 轴顺序值，以避免工具栏或其他下拉组件被其他元素遮挡
        zIndex: 99999,
    }
    //上传文件后的 URL
    const fileUrl = ref("")
    //绑定输入框
    const file = ref()
    const formData = reactive({
        articletitle: '',
        articletitle2: '',
        articlesort: "",
        keywords: "",
        abstract: "",
        author: "",
        sources: "",
        allowcomments: "",
```

```
145             fileUrl: "",
146             content: "",
147             cat_id: 1
148         });
149         const flattenedList = reactive([]);
150         const upload = () => {
151             let fileData = file.value.files[0];
152             //提交数据
153             let submitData = new FormData();
154             //添加文件数据
155             submitData.append("file", fileData);
156             //提交到服务器中
157             console.log("触发了")
158             axios.post('http:// localhost:8090/upload', submitData, {
159                 headers: {
160                     'content-type': "multipart/form-data"
161                 }
162             }).then(res => {
163                 fileUrl.value = 'http:// localhost:8090/' + res.data.url
164                 formData.fileUrl = res.data.url
165             })
166         }
167         const submitForm = () => {
168             //alertt("单击了")
169             console.log("表单数据为" + Qs.stringify(formData))
170             axios.post('http:// localhost:8090/article/add_article', JSON.
stringify(formData), {
171                 headers: {
172                     "Content-Type": "application/json",
173                 },
174             }).then(res => {
175                 let msg = res.data.msg
176                 alert(msg)
177                 //window.close();
178                 router.push('/admin/article_list/1')
179             })
180         }
181     </script>
182     <style scoped>
183         @import '../../assets/admin/static/h-ui/css/H-ui.css';
184         @import '../../assets/admin/static/h-ui.admin/css/H-ui.admin.css';
185         @import '../../assets/admin/lib/Hui-iconfont/1.0.8/iconfont.css';
186         @import '../../assets/admin/static/h-ui.admin/skin/green/skin.css';
187         @import '../../assets/admin/static/h-ui.admin/css/style.css';
188     </style>
```

- 03 行定义表单，其中的@submit.prevent="submitForm"指令阻止了表单的默认提交行为，并调用了 Vue.js 实例对象中的 submitForm 方法。

- 04～10 行定义输入框，用于输入文章标题，并使用 v-model 指令将输入框的值与 Vue.js 实例对象的 formData.articletitle 属性进行双向绑定。
- 11～17 行定义输入框，用于输入简略标题，同样使用 v-model 指令将输入框的值与 formData.articletitle2 属性进行双向绑定。
- 18～29 行定义下拉列表，用于选择文章的分类栏目，并使用 v-model 指令将下拉列表的值与 formData.cat_id 属性进行双向绑定，这意味着选择的选项值将被保存在 formData.cat_id 中。下拉列表中有多个 option 元素，每个元素代表一个分类选项。
- 30～36 行定义输入框，用于输入文章的排序值，并使用 v-model 指令将输入框的值与 formData.articlesort 属性进行双向绑定。
- 44～52 行定义文本区域，用于输入文章摘要，并使用 v-model 指令将文本区域的值与 Vue.js 实例对象的 formData.abstract 属性进行双向绑定。
- 53～59 行定义输入框，用于输入文章作者，并使用 v-model 指令将输入框的值与 Vue.js 实例对象的 formData.author 属性进行双向绑定。
- 60～66 行定义输入框，用于输入文章的来源。
- 67～76 行定义复选框，用于选择是否允许文章被评论。
- 77～89 行定义缩略图上传组件。
- 82 行定义用于显示上传文件的 URL 或路径，并使用 v-model 指令将其与 formData.fileUrl 属性进行双向绑定。
- 84 行定义允许用户选择文件并进行上传。当文件选择发生变化时，会触发 upload 方法。
- 85 行定义如果 fileUrl 存在（即文件已上传或已选择），则显示一个链接以访问文件。
- 93～95 行定义名为“vue-ueditor-wrap”的 Vue.js 组件来提供一个富文本编辑器，该组件与 formData.content 属性进行了双向绑定，允许用户编辑文章内容并实时保存更改，并指定了编辑器依赖的脚本文件。
- 98～107 行定义表单提交的相关按钮。
- 111 行定义允许用户使用更简洁的语法来编写组件的 script 部分。该语法是 Vue 3 的语法糖，简化了组合式 API 的写法，其实是实现了“顶层的绑定”，在这个模式下，用户可以直接使用 import 引入的组件和函数，引入组件的时候，系统会自动注册，用户无须通过 components 手动注册。
- 112～118 行引入库，从 qs 中引入了 Qs（一个流行的查询字符串解析和格式化库）。从 Vue.js 中引入了 onMounted、ref、reactive 和 toRefs。
- 119～122 行使用 Vue-Router 引入了 useRouter 并立即调用了它，将结果（router 实例对象）赋值给 router 变量。这使得用户可以在这个组件中访问 Vue-Router 的功能。
- 123 行引入 Axios 网络请求库。
- 125～131 行初始化 editorConfig，这是一个对象，包含了用于配置名为“UEditorPlus”

的富文本编辑器的参数；serverUrl 指定了服务器端的 URL，该 URL 用于为 UEditorPlus 提供后端服务；UEDITOR_CORS_URL 和 UEDITOR_HOME_URL 用于配置跨域资源共享（CORS）和 UEditorPlus 的基础 URL；zIndex 设置了 z-index 值，以避免工具栏或其他下拉组件被其他元素遮挡。

- 133 行声明一个响应式引用 fileUrl，并将其初始化为空字符串。这个引用用于存储上传文件后的 URL。
- 135 行声明一个响应式引用 file，但没有给它赋初始值。这个引用用于绑定到文件输入元素上，以便用户可以选择一个文件来上传。
- 136～148 行使用 reactive 创建一个响应式对象 formData。这个对象包含多个字段，用于存储表单数据。每个字段都有一个初始值。
- 149 行声明一个响应式数组 flattenedList，但在这段代码中并没有使用它。它用于存储某种列表数据的扁平化版本。
- 151 行从 file 引用中获取用户选择的第一个文件（如果存在）。
- 153～155 行创建一个新的 FormData 实例对象，并将用户选择的文件添加到其中。FormData 对象用于构建要发送的数据，特别适用于发送表单数据（包括文件）。
- 157 行在控制台中打印一条消息，表示文件上传的函数已被触发。
- 158～166 行使用 Axios 发送一个 Post 请求到“http:// localhost:8090/upload”，并将 submitData 作为请求体发送。这个请求还包括一个“content-type”头，用于指示正在发送的数据是 multipart/form-data 类型。当请求成功时，它会从响应中提取 url 属性，并更新 fileUrl 引用和 formData 对象中的 fileUrl 字段。
- 167 行定义一个名为“submitForm”的箭头函数，这个函数用于提交表单数据。
- 169 行使用 Qs.stringify 方法将 formData 对象转换为查询字符串格式，并在控制台中打印出来。这里 Qs 是从 qs 库中引入的，用于处理查询字符串。
- 170～173 行使用 Axios 发送一个 Post 请求到服务器中，用于提交表单数据。
- 174～179 行表示请求成功后，首先从响应式数据中提取 msg 的内容，并使用 alert 显示其内容。然后，使用 Vue-Router 的 router.push 方法导航到/admin/article_list/1 路径。
- 181 行定义<script setup>结束部分。
- 182～188 行是 Vue.js 组件的样式部分，使用了<style scoped>标签，其意味着这些样式只适用于当前组件。在这部分中，导入了多个 CSS 文件，这些文件包含了用于组件布局的样式、图标、皮肤等。这些文件路径指向了项目的 assets 目录下的不同子目录。

注意：submitForm 函数用于提交表单数据，但选择的数据格式（JSON 或 FormData）应该与服务器期望的格式相匹配。

运行结果如图 6-8 所示。

图 6-8　文章（新闻）页面的运行结果

任务进阶

在介绍了百度编辑器 UEditor 的基本使用后，下面准备将文章提交到数据库中。在提交时，文章要设置为是哪个栏目，数据库中有多个栏目，因此，首先需要将栏目信息从数据库中读出，然后渲染到前端页面中。

1. 后端读取栏目信息的 API

（1）定义实体类文件 Column.java，并在其中编写如下代码。

```
package com.example.jiaqiapi.pojo;
import com.baomidou.mybatisplus.annotation.IdType;
import com.baomidou.mybatisplus.annotation.TableField;
import com.baomidou.mybatisplus.annotation.TableId;
import com.baomidou.mybatisplus.annotation.TableName;
import lombok.AllArgsConstructor;
import lombok.Data;
import lombok.NoArgsConstructor;
import org.springframework.stereotype.Component;
import java.util.ArrayList;
import java.util.List;
@Component
@Data
@AllArgsConstructor
@NoArgsConstructor
```

```
16  public class Column {
17      private int id;
18      private int parentId;
19      private String catName;
20      private String keywords;
21      private String description;
22      private int catSort;
23      private int status;
24      private String dir;
25      private List<Column> children=new ArrayList<>(
26      );
27      public List<Column> getChildren() {
28          return children;
29      }
30      public void setChildren(List<Column> children) {
31          this.children = children;
32      }
33  }
```

- 01 行指定 Colum 类所在的包。
- 02～11 行导入包。
- 12～15 行使用类注解。
    - @Component：Spring 框架的注解，用于声明一个类为 Spring 组件。
    - @Data：Lombok 提供的注解，用于自动生成 getter、setter、equals、hashCode 和 toString 方法。
    - @AllArgsConstructor：Lombok 提供的注解，用于自动生成一个包含所有字段的构造函数。
    - @NoArgsConstructor：Lombok 提供的注解，用于自动生成一个无参数的构造函数。
- 16 行定义类 Column。
- 17～24 行定义类中的多个私有字段，用于存储列表或树状结构中各个节点的信息，如 ID、父节点 ID、名称、关键词、描述等。
- 25～32 行定义 List<Column>类型的字段，用于存储该节点的子节点列表，并定义 getter 和 setter 方法。

（2）定义 Service 层文件 ColumnService.java，并在其中编写如下代码。

```
package com.example.jiaqiapi.service;
import com.example.jiaqiapi.dao.ColumnDao;
import com.example.jiaqiapi.pojo.ColumnBean;
import org.springframework.beans.factory.annotation.Autowired;
import org.springframework.stereotype.Service;
import java.util.ArrayList;
import java.util.List;
@Service
public class ColumnService {
```

```
10      @Autowired
11      ColumnDao columnDao;
12      public List<ColumnBean> get_all_cat(){
13          List<ColumnBean> columnBeans=new ArrayList<>();
14          columnBeans=columnDao.selectList(null);//取得所有菜单项
15          System.out.println(columnBeans);
16          // 构建树状结构
17          List<ColumnBean> rootColumns = new ArrayList<>();
18          List<ColumnBean> children = new ArrayList<>();
19          for(int i=0;i<columnBeans.size();i++){
20              if(columnBeans.get(i).getParentId()==0){//顶级栏目
21                  rootColumns.add(columnBeans.get(i));
22                  dealChildren(columnBeans.get(i),columnBeans);
23              }
24          }
25        return rootColumns;
26      }
27      public void dealChildren(ColumnBean parent,List<ColumnBean> all){
28          for(ColumnBean item:all){
29              if(item.getParentId()==parent.getId()){
30                  parent.getChildren().add(item);
31                  dealChildren(item,all);
32              }
33          }
34      }//递归函数结束
35  }
```

- 01 行指定接口 ColumnDao 所在的包。
- 02～07 行导入包。
- 08 行使用@Service 注解。
- 10～11 行的@Autowired 注解用于自动装配 ColumnDao 类型的 bean 到 columnDao 字段。
- 12 行定义 get_all_cat 方法，该方法用于从数据库中获取所有的 Column 记录，并将它们组织成一个树状结构。
- 27～34 行定义 dealChildren 方法，该方法用于处理给定父节点的所有子节点。首先它通过遍历 all 列表（即数据库中查询出来的所有记录），检查每个节点的 parentId 是否等于给定父节点的 id。如果相等，说明这个节点是给定父节点的子节点，就将它添加到父节点的 children 列表中。然后递归调用 dealChildren 方法，继续处理这个子节点的子节点。

（3）定义接口层文件 ColumnDao.java，并在其中编写如下代码。

```
package com.example.jiaqiapi.dao;
import com.baomidou.mybatisplus.core.mapper.BaseMapper;
import com.example.jiaqiapi.pojo.ColumnBean;
import org.apache.ibatis.annotations.Mapper;
@Mapper
```

```
06  public interface ColumnDao extends BaseMapper<ColumnBean> {
07  }
```

- 01 行指定该类所在的包。
- 02～04 行导入包。
- 05 行使用@Mapper 注解。
- 06～07 行定义一个名为“ColumnDao”的接口，它继承自 BaseMapper<ColumnBean>接口，因此自动获得了该接口定义的所有方法，这些方法都是针对 ColumnBean 实体类的，这意味着可以直接通过 ColumnDao 接口的实例调用如 selectById、selectList 等方法来查询数据库。

（4）定义控制层文件 ColumonController.java，并在其中编写如下代码。

```
01  package com.example.jiaqiapi.controller;
02  import com.example.jiaqiapi.common.ColumonResult;
03  import com.example.jiaqiapi.service.ColumnService;
04  import org.springframework.beans.factory.annotation.Autowired;
05  import org.springframework.web.bind.annotation.CrossOrigin;
06  import org.springframework.web.bind.annotation.RequestMapping;
07  import org.springframework.web.bind.annotation.RestController;
08  @RestController//使用@Controller 会报错
09  @CrossOrigin//处理跨域问题
10  public class ColumonController {
11      @Autowired
12      ColumnService columnService;
13      @RequestMapping("/all_cat")
14      public ColumonResult get_cat_all(){
15          return ColumonResult.success(200,"获取成功",columnService.get_all_cat());
16      }
17  }
```

- 01 行指定该类所在的包。
- 02～07 行导入包。
- 08～09 行使用@RestController 和@CrossOrigin 注解。
- 11 行使用@Autowired 注解。
- 14～15 行定义 get_cat_all 方法，其返回的数据类型是 ColumonResult。

运行程序，使用路由“http:// localhost:8090/all_cat”进行访问，其 JSON 数据如下。

```
{
 "code": 200,
 "msg": "获取成功",
 "list": [{
        "id": 1,
        "parentId": 0,
        "catName": "企业动态",
```

```
        "keywords": "企业动态",
        "description": "企业动态",
        "catSort": 1,
        "status": 1,
        "dir": "qiyedongtai",
        "children": [{
            "id": 3,
            "parentId": 1,
            "catName": "企业新闻",
            "keywords": "企业新闻",
            "description": "企业新闻",
            "catSort": 1,
            "status": 1,
            "dir": "qiyexinwen",
            "children": []
        }, {
            "id": 24,
            "parentId": 1,
            "catName": "企业公告",
            "keywords": "企业公告",
            "description": "企业公告",
            "catSort": 1,
            "status": 1,
            "dir": "qiyegonggao",
            "children": []
        }]
}
```

code 的值为 200，表示网络请求成功，msg 表示提示消息，list 表示列表对象。

- "id": 1：类别的唯一标识符。
- "parentId": 0：表示这个类别是顶级类别，没有父类别。
- "catName": "企业动态"：类别的名称。
- "keywords": "企业动态"：与类别相关的关键词。
- "description": "企业动态"：类别的描述。
- "catSort": 1：类别的排序或等级。
- "status": 1：类别的状态，1 表示该类别是激活的或可用的。
- "dir": "qiyedongtai"：一个目录或路径名，用于在网站或应用中引用这个类别。
- "children": [...]：这是一个数组，包含了当前类别的所有子类别。

在这个例子中，有两个子类别："企业新闻"和"企业公告"。

注意：限于篇幅，这里省略了部分栏目数据。

2. 前端数据的处理

```
const flattenedList = reactive([]);
onMounted(async () => {
```

```
03          axios.get('http:// localhost:8090/all_cat').then(res => {
04              console.log(res)
05              // 调用 flattenMenu 函数并传入 res.data.list 来扁平化菜单数据
06              console.log(res.data.list)
07              flattenMenu(res.data.list);
08          })
09    })
10   //通过递归函数来扁平化菜单数据
11    function flattenMenu(items, parentId = 0, prefix = '') {
12          items
13              .filter(item => item.parentId === parentId)
14              .forEach(item => {
15                  const newItem = {
16                      ...item,
17                      prefix: `${prefix}  // 添加前缀`
18                  };
19                  flattenedList.push(newItem);
20                  if (item.children && item.children.length > 0) {
21                      console.log(item.children.length)
                        // 递归处理子菜单，并更新前缀
22                      flattenMenu(item.children, item.id, `  ├`);
23                  }
24              });
25    }
```

这段代码使用 Axios 从后端 API 获取菜单数据，并通过一个递归函数 flattenMenu 来扁平化这些数据。

- 01 行使用 reactive 函数来创建一个响应式列表 flattenedList。这意味着当列表的内容发生变化时，任何依赖于这个列表的 Vue.js 组件都会自动更新。
- 02～09 行使用 onMounted 生命周期钩子函数来确保在组件挂载到 DOM 后执行异步操作，在此函数中使用了 axios.get 方法从 http:// localhost:8090/all_cat 这个 URL 中获取数据，并在数据返回后执行.then 中的回调函数。在回调函数中调用了 flattenMenu 函数对栏目信息进行扁平化处理，即如果当前栏目有子栏目，就递归找出来，再找下一个顶级栏目。
- 11～25 行定义 flattenMenu 函数，该函数用于扁平化具有父子关系的菜单数据。items 表示当前要处理的菜单项数组；parentId 表示当前要查找的父 ID，默认值为 0；prefix 表示菜单级别的前缀，默认值为空字符串。在函数内部，flattenMenu 函数首先筛选出所有具有指定 parentId 的菜单项，并对它们进行遍历。对于每个菜单项，它会创建一个新的对象 newItem，其中包含原始菜单项的所有属性和一个额外的 prefix 属性。然后将 newItem 添加到 flattenedList 中。如果菜单项有子菜单（item.children 存在且长度大于 0），则递归调用 flattenMenu 函数来处理这些子菜单，并更新前缀以反映更高的层次。

运行结果如图 6-9 所示。

限于篇幅，文章的修改、删除等功能不再介绍，请读者参考本书配套资源进行学习。

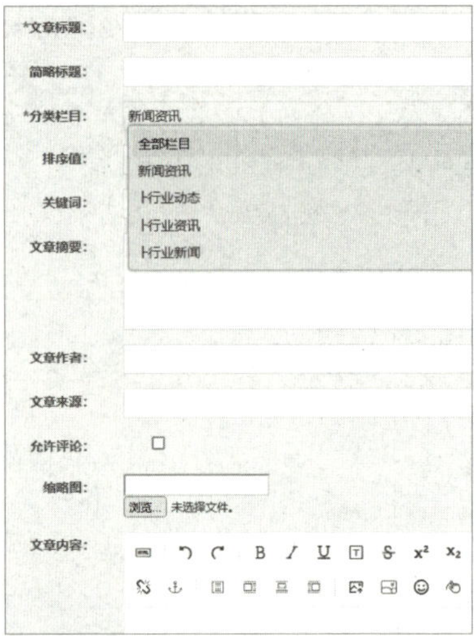

图 6-9　将文章提交到数据库中后文章（新闻）页面的运行结果

扫一扫
微课：文档上传

扫一扫
微课：数据可视化

扫一扫
微课：项目总结

任务实施

<table>
<tr><td>任务步骤</td><td colspan="3">任务要点</td><td>实施记录</td></tr>
<tr><td>任务准备</td><td colspan="3">1. 更换实训服、鞋套等
2. 检查机房软硬件环境</td><td>是否完成：是□ 否□</td></tr>
<tr><td>工具准备</td><td colspan="3">教材、参考资料、纸、笔、特殊工具</td><td>是否完成：是□ 否□</td></tr>
<tr><td rowspan="10">制订计划</td><td colspan="4">根据任务目标，制订任务实施计划</td></tr>
<tr><td>序号</td><td>作业项目</td><td colspan="2">实施要点</td></tr>
<tr><td></td><td></td><td colspan="2"></td></tr>
<tr><td></td><td></td><td colspan="2"></td></tr>
<tr><td></td><td></td><td colspan="2"></td></tr>
<tr><td></td><td></td><td colspan="2"></td></tr>
<tr><td></td><td></td><td colspan="2"></td></tr>
<tr><td></td><td></td><td colspan="2"></td></tr>
<tr><td></td><td></td><td colspan="2"></td></tr>
<tr><td></td><td></td><td colspan="2"></td></tr>
</table>

续表

任务步骤	任务要点	实施记录
收集资讯	1．百度编辑器 UEditor 的配置和使用步骤是什么 2．栏目分类如何递归遍历出来	检索记录： ______ ______ ______ ______ ______ ______
任务实施过程记录	任务示范实现的关键步骤记录： ______ ______ ______ ______ ______ ______ 任务进阶实现的关键步骤记录： ______ ______ ______ ______ ______ ______	
设备断电并整理现场	将现场设备、工具等物品按 6S 标准清理归位	是否完成：是□　否□

评价反馈

任务总结	对百度编辑器 UEditor 的配置和使用、栏目分类如何递归遍历的认知总结： 工作实施情况反思：

续表

质量评价	评分项目	学生出勤 （20 分）	工作过程 （30 分）	成果汇报 （30 分）	职业素养 （10 分）	工作规范 （10 分）	总评
	自我评分						
	小组评分						
	教师评分						
	合计						

拓展阅读

中国一流创新技术之超算：创新发展加速器

电气与电子工程师学会（Institute of Electrical and Electronics Engineers，IEEE）将计算机划分为六类：Supercomputer、Mini supercomputer、Mainframe、Minicomputer、Workstation、Personal Computer。它们的区别在于体积、简易性、功率损耗、性能指标、存储容量、指令系统规模和价格。其中，Supercomputer 被称为巨型机或超级计算机（以下简称超算），是衡量一个国家经济实力和科学水平的重要标志，其助力探月工程、载人航天等政府科研项目，还在石油勘探、汽车飞机的设计制造、基因测序等民用方面大展身手。

天气预报就是利用超算计算未来一段时间内大气污染物的浓度和分布，从而进行空气质量的预测（天气就这样被超算“算计”）的；在石油勘探方面，超算可以更快、更准确地分析探测数据，确定油田位置；超算用于大地震模拟时，不仅能对地震之后次生灾害发生前的避难和疏散工作起到关键作用，还能为地震预测的研究提供至关重要的帮助（基于“神威 • 太湖之光”非线性地震模拟。

截至 2024 年，中华人民共和国科学技术部批准建立的国家超级计算中心有：国家超级计算天津中心、国家超级计算广州中心、国家超级计算深圳中心、国家超级计算长沙中心、国家超级计算济南中心、国家超级计算无锡中心、国家超级计算郑州中心、国家超级计算昆山中心、国家超级计算西安中心、国家超级计算成都中心、国家超级计算太原中心。

未来，中国超算将更加注重绿色节能、智能化等方面的发展，提高系统的性能和效率。同时，中国超算还将加强与其他领域的融合，推动科技创新和产业升级。总之，中国超算作为国家科技实力的重要体现，在推动科技进步、促进产业发展等方面发挥着重要作用。未来，随着技术的不断进步和应用需求的增长，中国超算将为人类社会的发展做出更大贡献。

项目小结

本项目主要介绍了嵌套路由、路由守卫、Redis 的安装和使用、验证码的产生方法、百度编辑器 UEditor 的配置和使用等知识。

课后习题

一、单项选择题

1．在 Vue 3 中，如果想要在一个路由内部定义子路由，那么应该使用以下（　　）选项。

A．children　　B．subRoutes　　C．nestedRoutes　　D．innerRoutes

2．在 Vue-Router 中，（　　）守卫可以在路由改变前进行确认。

A．beforeRouteEnter　　B．beforeRouteUpdate

C．beforeRouteLeave　　D．beforeEach

3．在 Vue 3 的路由配置中，如果想要对用户访问某个路由进行权限控制，那么使用以下（　　）守卫是最适合的。

A．beforeRouteEnter　　B．beforeRouteUpdate

C．beforeRouteLeave　　D．beforeResolve

4．在 Vue-Router 中，（　　）守卫可以在路由组件中被复用，并且在路由参数发生改变时调用。

A．beforeRouteEnter　　B．beforeRouteUpdate

C．beforeRouteLeave　　D．beforeResolve

5．在 Vue-Router 中，如果想要在离开当前路由前进行确认或清理操作，那么应该使用以下（　　）守卫。

A．beforeRouteEnter　　B．beforeRouteUpdate

C．beforeRouteLeave　　D．beforeResolve

二、判断题，正确的画“√”，错误的画“×”

1．百度编辑器 UEditor 是一款基于浏览器的富文本编辑器，不支持图片、视频等多媒体内容的插入。（　　）

2．在 Vue 3 中，使用 children 选项可以在路由配置中实现嵌套路由。（　　）

3．Vue-Router 的 beforeEach 守卫是在路由发生改变之后执行的。（　　）

4．使用 Vue-Router 的 beforeRouteLeave 守卫可以防止用户在未保存更改的情况下离开当前页面。（　　）

5．Vue 3 中的路由守卫可以完全替代后端权限验证。（　　）

三、编程题

1．创建一个具有嵌套路由的 Vue 3 应用程序。

（1）创建一个 Vue 3 项目（可以使用 Vue CLI）；

（2）创建一个名为“Home”的组件，并将该组件作为应用程序的主页；

（3）在 Home 组件中嵌套两个子路由：User 和 Posts；

（4）创建一个 User 组件，用于显示用户信息；

（5）创建一个 Posts 组件，用于显示帖子列表。

2．为嵌套路由添加全局前置守卫。

（1）在第 1 题的基础上，为应用程序添加一个全局前置守卫；

（2）全局前置守卫用于检查用户是否已登录（在此示例中，假设有一个全局的 isLoggedIn 变量）；

（3）如果用户未登录，则重定向到登录页面（在此示例中，仅显示一条消息）中。

项目 7　网站应用发布及部署

项目描述

本项目以发布及部署某企业网站系统为例，介绍 Spring Boot 单元测试、Spring Boot 应用打包及部署、Vue.js 应用打包及部署等知识。

项目分析

要完成项目任务，需要掌握 Spring Boot 单元测试、Spring Boot 应用打包及部署、Vue.js 应用打包及部署等知识。

学习目标

知识目标

1. 了解如何通过 PhPStudy 将应用部署到服务器上；
2. 了解 Spring Boot 进行单元测试时使用的注解；
3. 掌握 Vue.js 应用打包的方法；
4. 掌握使用 Vue.js 开发的网站的部署方法。

技能目标

1. 能熟练使用 Spring Boot 进行单元测试；
2. 能熟练使用 Maven 将应用打包为 jar 包；
3. 能熟练使用 Vue.js 构建工具进行打包；
4. 能够将应用部署到服务器上。

扫一扫

微课

素养目标

1. 培养按标准做事的习惯；
2. 培养独立完成任务的品格素质、技能素质；
3. 能够找到适合自己的学习方法并正确运用；
4. 培养团队合作精神；

5．激发发掘美的动力，培养欣赏美的眼光，感悟中华大美的情怀；

6．培养爱国情怀和社会责任感，树立文化自信，开拓国际视野。

能量小贴士

同学们，在项目部署环节中，Spring Boot 单元测试与 Vue.js 应用打包的严谨流程，恰似《尚书》所言的“人心惟危，道心惟微”。当我们用 mvn test 运行覆盖所有分支的测试用例时，那些断言语句不仅是代码质量的守护者，更践行着《礼记·中庸》中“致广大而尽精微”的治学态度——如同古代铸剑师反复淬火以消弭毫厘之瑕，单元测试的每个@Test 都凝聚着“慎易以避难，敬细以远大”的职业操守。

执行 npm run build 生成静态文件时，publicPath 与 chunkSplit 的配置暗合《考工记》中“天有时，地有气，材有美，工有巧”的系统思维——既要如匠人般遵循浏览器的缓存机制“顺天之时”，又要通过 Nginx 反向代理实现动静分离的“因地之宜”。这启示我们，部署不仅是技术流程，更是对用户“信”与“责”的数字化践行，正如《孟子》所言的“规矩，方圆之至也”，每一次灰度发布都当以敬畏之心对待生产环境，在代码与运维中传承“如临深渊，如履薄冰”的中华工匠精神。

任务 1　系统单元测试及打包

任务演示

本任务使用 Spring Boot 对企业网站系统的多个应用接口进行单元测试，查看是否能正常通过验证。这里以获取文章 ID 为 3 的文章为例，测试是否能够正常取出，如图 7-1 所示。

图 7-1　测试能否正常取出文章 ID 为 3 的文章

知识准备

测试是系统开发中非常重要的工作，单元测试在帮助开发人员编写高品质的程序、提升代码质量方面发挥了极大的作用，本任务将介绍 Spring Boot 单元测试的相关内容。

Spring Boot 项目在创建时会默认创建单元测试框架 spring-boot-test，而这个单元测试框架主要是依靠另一个著名的测试框架 JUnit 实现的，打开 pom.xml 文件就可以看到。以下信息是 Spring Boot 项目在创建时自动添加的。

```
<dependency>
    <groupId>org.springframework.boot</groupId>
    <artifactId>spring-boot-starter-test</artifactId>
    <scope>test</scope>
</dependency>
```

下面介绍生成单元测试类的方法。

（1）在 service 目录下选择 ArticleService 文件，打开该文件，在需要进行单元测试的类上单击鼠标右键，在弹出的快捷菜单中选择“Generate”命令，如图 7-2 所示。

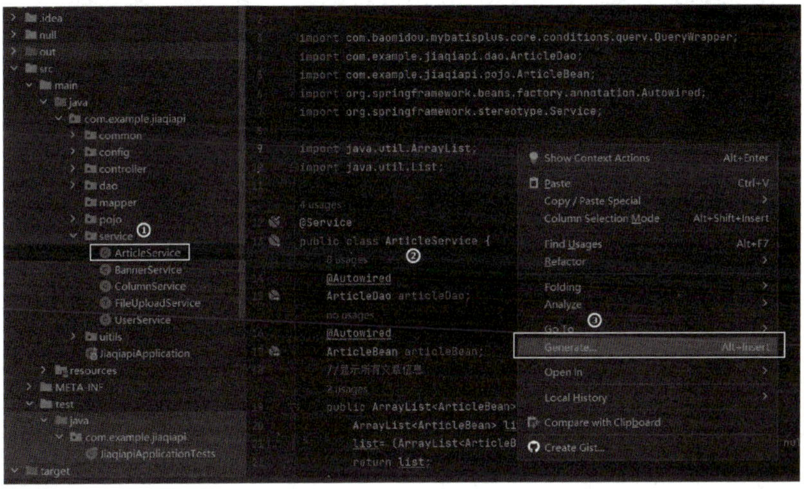

图 7-2　在需要进行单元测试的类上单击鼠标右键

（2）选择“Generate”命令后，弹出图 7-3 所示的对话框，选择“Test”选项。

（3）在弹出的对话框中配置测试文件的参数，如图 7-4 所示。

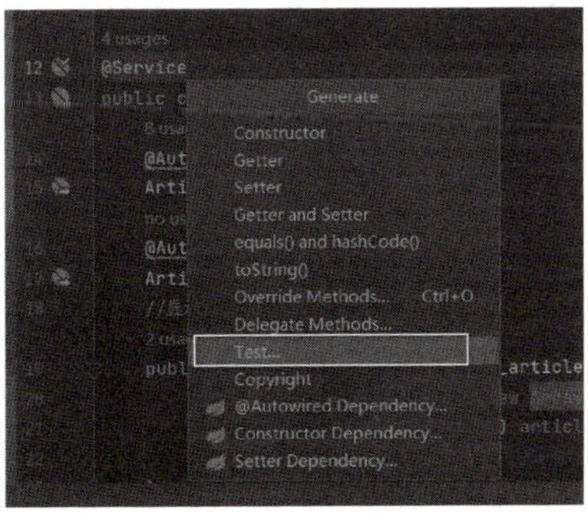

图 7-3　选择“Test”选项

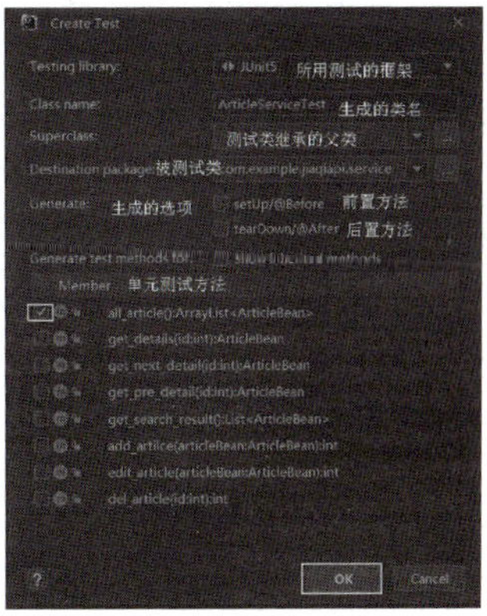

图 7-4　配置测试文件的参数

（4）生成的测试文件所在的目录如图 7-5 所示。

图 7-5　生成的测试文件所在的目录

（5）生成的测试文件的默认内容如图 7-6 所示。

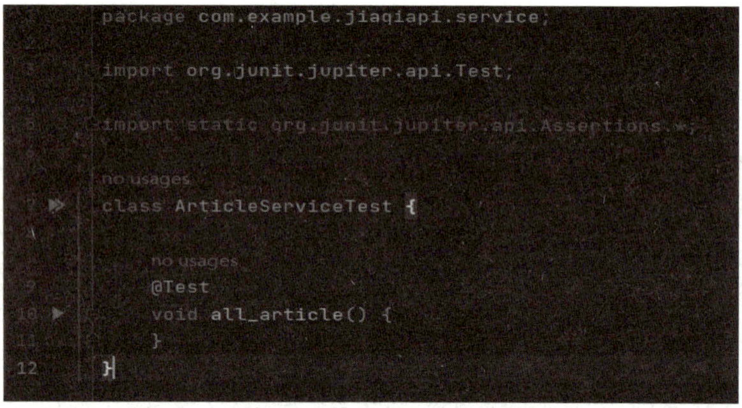

图 7-6　生成的测试文件的默认内容

注意：这个时候，all_article 方法是不能调用任何单元测试的方法的，此类只生成了单元测试的框架类，具体的业务逻辑代码要开发者自己填充。

下面来添加单元测试业务逻辑代码。

```
package com.example.jiaqiapi.service;
import org.junit.jupiter.api.Test;
import org.springframework.beans.factory.annotation.Autowired;
import org.springframework.boot.test.context.SpringBootTest;
import static org.junit.jupiter.api.Assertions.*;
@SpringBootTest
class ArticleServiceTest {
    @Autowired
    ArticleService artservice;
    @Test
    void all_article() {
        System.out.println(artservice.all_article());
    }
}
```

可以单击图 7-7 所示的“运行”图标运行此测试代码。

运行结果如图 7-8 所示。

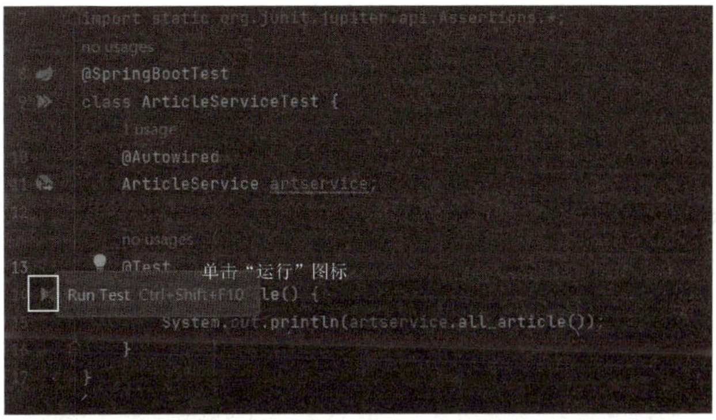

图 7-7　单击"运行"图标

图 7-8　运行结果

任务示范

（1）在 pom.xml 文件中增加如下代码，引入 spring-boot-starter-test 依赖。

```
<dependency>
        <groupId>org.springframework.boot</groupId>
        <artifactId>spring-boot-starter-test</artifactId>
        <scope>test</scope>
</dependency>
```

（2）编写单元测试类，代码如下。

```
package com.example.jiaqiapi.service;
import com.example.jiaqiapi.pojo.ArticleBean;
import org.junit.jupiter.api.Test;
import org.springframework.beans.factory.annotation.Autowired;
import org.springframework.boot.test.context.SpringBootTest;
import static org.junit.jupiter.api.Assertions.*;
@SpringBootTest
class ArticleServiceTest {
    @Autowired
    ArticleService artservice;
    //新闻详情页测试
    @Test
    void get_datailsResult(){
        ArticleBean data=artservice.get_details(3);
        System.out.println(data);
    }
    //获取上一条测试数据
}
```

任务进阶

这里以使用 Maven 为例，将一个 Spring Boot 应用打包为 jar 包并部署到服务器上。

（1）确定将应用打包为 jar 包，如图 7-9 所示。

（2）在 pom.xml 文件中引入 Maven，如图 7-10 所示。

```
<project xmlns="http://[redacted].apache.org/POM/4.0.0"
         xsi:schemaLocation="http://[redacted].apache.or
    <modelVersion>4.0.0</modelVersion>
    <groupId>com.example</groupId>
    <artifactId>jiaqiapi</artifactId>
    <version>0.0.1-SNAPSHOT</version>
    <packaging>jar</packaging>
    <name>jiaqiapi</name>
    <description>jiaqiapi</description>
```

图 7-9　将应用打包为 jar 包

```
<plugin>
    <groupId>org.springframework.boot</groupId>
    <artifactId>spring-boot-maven-plugin</artifactId>
    <version>${spring-boot.version}</version>
    <executions>
        <execution>
            <id>repackage</id>
            <goals>
                <goal>repackage</goal>
            </goals>
        </execution>
    </executions>
</plugin>
```

图 7-10　引入 Maven

注意：打包的 pom.xml 文件的详细配置请读者参考本书配套资源。

（3）在 IntelliJ IDEA 软件右侧的“Maven”栏中，单击项目 jiaqiapi 中“Lifecycle”目录下的“package”节点进行打包，如图 7-11 所示。

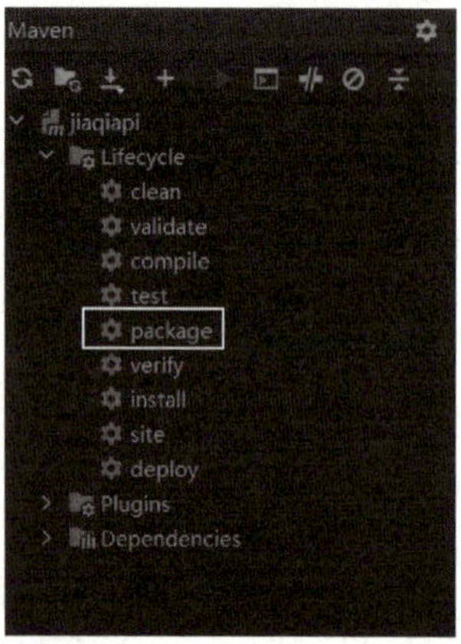

图 7-11　使用 Maven 将应用打包为 jar 包

注意： 如果右侧没有“Maven”栏，则可以选择“View”→“ToolWindows”→“Maven”命令调出。

（4）打包后的 jar 包会出现在项目结构的“target”目录下，结果如图 7-12 所示。

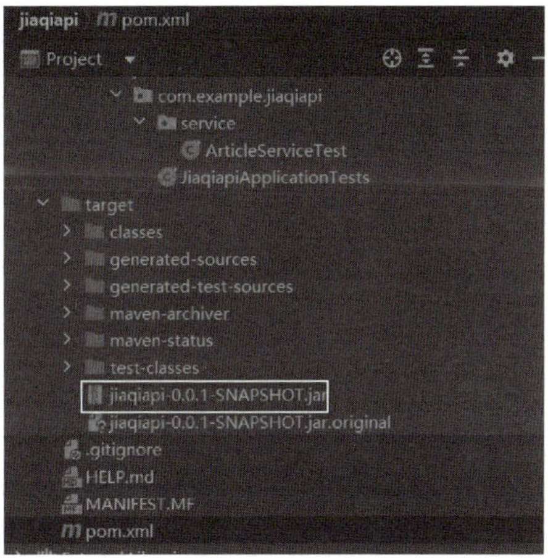

图 7-12　打包后的结果

（5）将此 jar 包复制到 D 盘“API”目录下，并切换到命令行窗口，输入图 7-13 所示的命令，启动 jar 包。

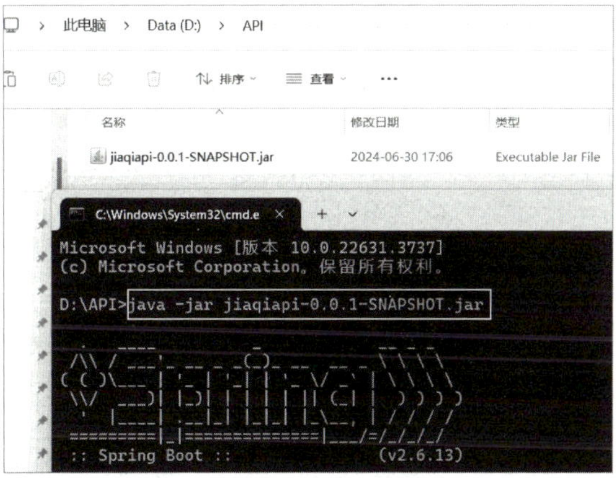

图 7-13　使用命令启动 jar 包

（6）jar 包执行结果如图 7-14 所示。

图 7-14　jar 包执行结果

任务实施

<table>
<tr><th>任务步骤</th><th>任务要点</th><th>实施记录</th></tr>
<tr><td>任务准备</td><td>1. 更换实训服、鞋套等
2. 检查机房软硬件环境</td><td>是否完成：是□ 否□</td></tr>
<tr><td>工具准备</td><td>教材、参考资料、纸、笔、特殊工具</td><td>是否完成：是□ 否□</td></tr>
<tr><td>制订计划</td><td colspan="2">根据任务目标，制订任务实施计划
<table>
<tr><th>序号</th><th>作业项目</th><th>实施要点</th></tr>
<tr><td></td><td></td><td></td></tr>
<tr><td></td><td></td><td></td></tr>
<tr><td></td><td></td><td></td></tr>
<tr><td></td><td></td><td></td></tr>
<tr><td></td><td></td><td></td></tr>
<tr><td></td><td></td><td></td></tr>
<tr><td></td><td></td><td></td></tr>
<tr><td></td><td></td><td></td></tr>
</table>
</td></tr>
<tr><td>收集资讯</td><td>1. 什么是单元测试？如何编写单元测试代码
2. 将 Spring Boot 应用打包成 jar 包的步骤是什么</td><td>检索记录：</td></tr>
<tr><td>任务实施
过程记录</td><td colspan="2">任务示范实现的关键步骤记录：

任务进阶实现的关键步骤记录：

</td></tr>
</table>

续表

任务步骤	任务要点	实施记录
任务实施过程记录	______________________________ ______________________________ ______________________________	
设备断电并整理现场	将现场设备、工具等物品按 6S 标准清理归位	是否完成：是□　否□

评价反馈

<table>
<tr><td>任务总结</td><td colspan="7">对单元测试、将 Spring Boot 应用打包成 jar 包的步骤的认知总结：

工作实施情况反思：</td></tr>
<tr><td rowspan="5">质量评价</td><td>评分项目</td><td>学生出勤
（20 分）</td><td>工作过程
（30 分）</td><td>成果汇报
（30 分）</td><td>职业素养
（10 分）</td><td>工作规范
（10 分）</td><td>总评</td></tr>
<tr><td>自我评分</td><td></td><td></td><td></td><td></td><td></td><td></td></tr>
<tr><td>小组评分</td><td></td><td></td><td></td><td></td><td></td><td></td></tr>
<tr><td>教师评分</td><td></td><td></td><td></td><td></td><td></td><td></td></tr>
<tr><td>合计</td><td></td><td></td><td></td><td></td><td></td><td></td></tr>
</table>

任务 2　Vue.js 应用打包及部署

任务演示

本任务使用命令或构建工具对一个 Vue.js 应用进行打包，并将其部署到 Nginx 服务器或 Apache 服务器上，效果如图 7-15 所示。

图 7-15　将 Vue.js 应用部署到服务器上的效果

知识准备

Vue.js 应用需要打包的主要原因有以下几个方面。

- 代码压缩和混淆：在开发阶段，开发者通常会将代码拆分成不同的模块和组件，这样有助于更好地对代码进行维护和开发。但在将其部署到生产环境中时，开发者需要将这些模块和组件进行合并，并对代码进行压缩和混淆，以减小文件体积，提高加载速度和网页的性能，以及增强用户体验。
- 资源文件管理：在项目开发过程中，我们可能会用到许多静态资源文件，如图片、字体等。这些文件散落在项目的各个角落，不便于管理和维护。使用打包工具可以将这些资源文件统一打包到指定目录下，并生成对应的路径，从而方便使用和引用。
- 兼容性处理：不同的浏览器对某些新的 JavaScript 特性的支持可能存在差异，而使用打包工具可以将这些新特性转换为更早版本的 JavaScript 特性，以保证项目在不同浏览器上的兼容性。
- 编译处理：Vue.js 项目通常会使用 ES6 或 TypeScript 等高级语言进行开发，而这些高级语言的代码并不能直接在浏览器中运行。使用打包工具可以将这些高级语言的代码编译成浏览器可识别的 JavaScript 代码，以便项目能够正常运行。
- 代码分割和按需加载：在大型项目中，为了提高加载速度和减少首屏渲染时间，我们可以将代码按照功能进行分割，并使用按需加载的技术，即在需要时才加载相应的代码。使用打包工具可以实现这些功能，从而增强用户体验。

综上所述，打包工具在 Vue.js 项目中起到了非常重要的作用。它可以对代码进行压缩、混淆，实现资源文件管理、兼容性处理、编译处理，以及代码分割和按需加载等操作，从而提高项目性能，减少加载时间，提升用户体验。

在 Vue.js 项目中，可以使用 Vue CLI 工具来进行应用的打包，以下是基本步骤。

（1）首先确保项目依赖都已经安装完成，然后在项目的根目录下运行以下构建命令。

```
npm install
```

（2）由 Vue CLI 生成的项目通常会使用 npm run build 命令来进行应用的打包。如果你的项目是使用 Vue CLI 3+创建的，则可以直接运行该命令。

```
npm run build
```

上述命令会生成一个 dist 目录，其中包含了打包后的项目文件。

（3）如果项目配置了不同的打包脚本，则要根据 package.json 中的 scripts 部分来确定正确的打包命令。

下面是一个简单的例子，展示了如何在 package.json 中配置一个打包脚本。

```
{
"scripts": {
"build": "vue-cli-service build",
"lint": "vue-cli-service lint"
// 更多脚本
}
}
```

（4）将 PhPStudy 软件打开，开启 MySQL 和 Nginx 服务。

（5）将 dist 目录下的文件放到 WWW 目录下，测试是否可以正常访问。

任务示范

这里以一个旅游网站（具体源码请参见本书配套资源）为例对 Vue.js 应用进行打包及部署，步骤如下。

（1）右击要打包的目录，在弹出的快捷菜单中选择“使用命令行窗口打开所在目录”命令，如图 7-16 所示。

（2）在命令行窗口中输入图 7-17 所示的命令。

图 7-16　选择“使用命令行窗口打开所在目录”命令

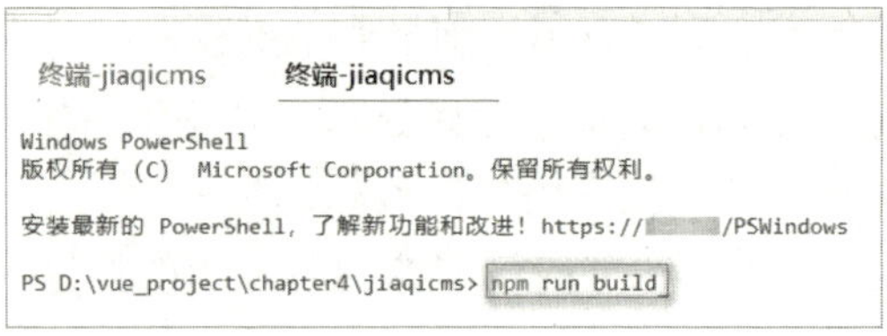

图 7-17　输入“npm run build”命令

（3）命令输入完成后按回车键，构建结果会输出到 dist 目录下，如图 7-18 所示。

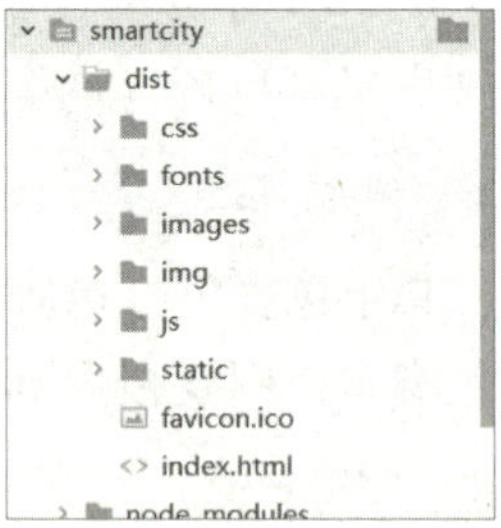

图 7-18　构建后生成的 dist 目录

（4）打开 PhPStudy 软件，启动 MySQL 和 Nginx 服务，如图 7-19 所示。

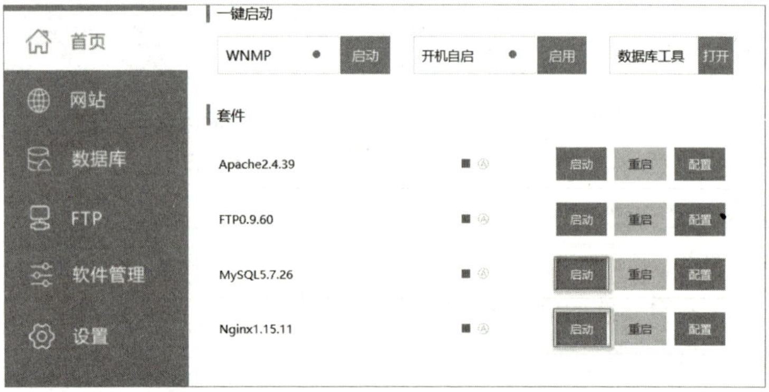

图 7-19　启动 MySQL 和 Nginx 服务

注意：这里也可以启动 MySQL 和 Apache 服务，如果此时启动了 Apache 服务，则需要配置一个名为.htaccess 的文件，该文件的主要作用是实现 URL 重写、访问控制、自定义错误页面等，其内容如下。

```
<IfModule mod_rewrite.c>
  RewriteEngine On
  RewriteBase /
  #RewriteRule ^index\.html$ [L]
  RewriteRule ./index.html [L]
  RewriteCond %{REQUEST_FILENAME} !-f
  RewriteCond %{REQUEST_FILENAME} !-d
  RewriteRule . index.html [L]
  ErrorDocument 404 /custom_404.html
</IfModule>
```

该文件需要放置到网站的根目录下，具体操作可以参考本书配套资源。

（5）打开 Navicat 数据库，新建连接，如图 7-20 所示。

（6）准备导入 SQL 文件，如图 7-21 所示。

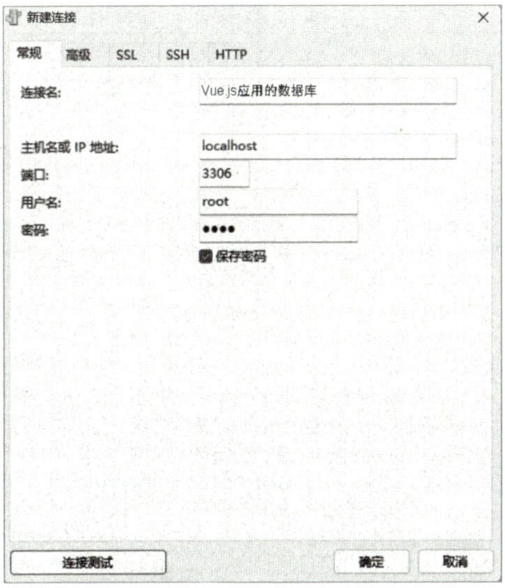

图 7-20　新建连接

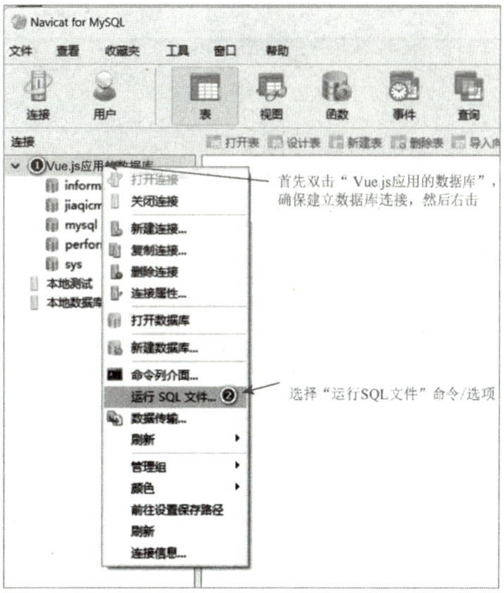

图 7-21　准备导入 SQL 文件

（7）找到 SQL 文件并导入，如图 7-22 所示。

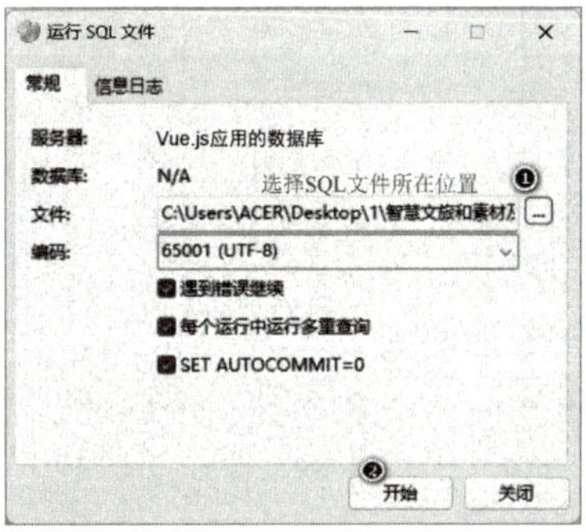

图 7-22　找到 SQL 文件并导入

（8）成功导入数据库后的结果，如图 7-23 所示。

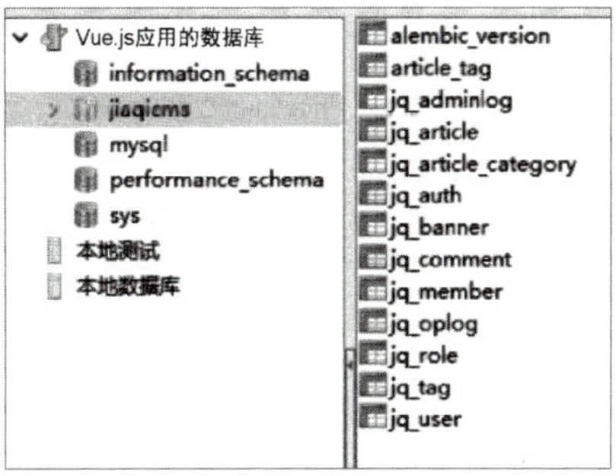

图 7-23　成功导入数据库后的结果

（9）首先选择“网站”选项，然后单击“管理”按钮，准备进行站点设置，如图 7-24 所示。

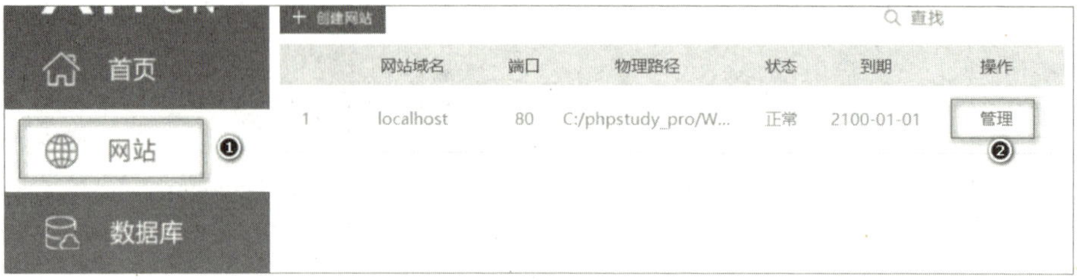

图 7-24　准备进行站点设置

（10）选择“修改”选项，如图 7-25 所示。

（11）设置网站相关配置，如图 7-26 所示。

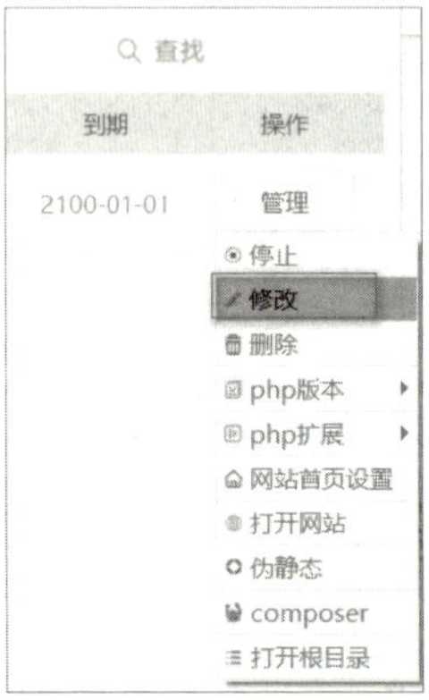

图 7-25　选择“修改”选项

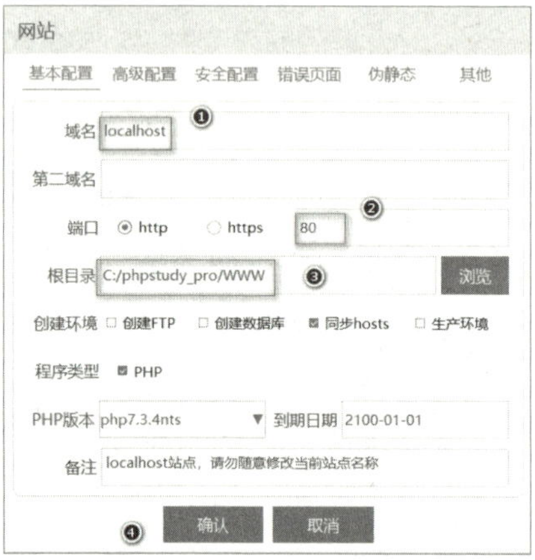

图 7-26　设置网站相关配置

（12）将 dist 目录下的文件复制到 WWW 目录下，如图 7-27 所示。

（13）测试网站能否被正常访问，部署成功后的结果如图 7-28 所示。

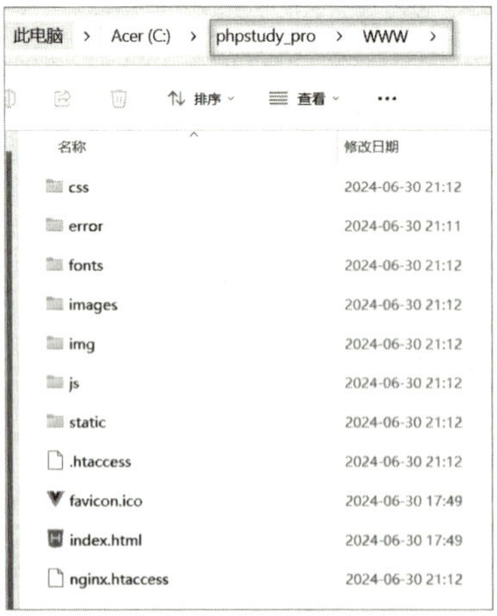

图 7-27　复制 dist 目录下的文件到 WWW 目录下

图 7-28　网站部署成功

任务进阶

扫一扫

微课　Webpack 基础

Webpack 也可实现打包，这里介绍下 Webpack 的基础知识。Webpack 是一个模块打包工具。以 Vue.js 项目为例：浏览器只认识 JavaScript，而不认识 Vue.js，我们编写的代码程序后缀大多是.vue，在每个.vue 文件中都可能包括 HTML、JavaScript、CSS 甚至是图片资源，并且由于进行了组件化，这些.vue 文件之间还存在错综复杂的关系，因此要想使项目被浏览器识别，就要使用 Webpack 将其打包成 JavaScript 文件及相应的资源文件。

Webpack 的作用可以简述为以下几点。

- 它可以把 CSS、JavaScript 脚本及图片当作模块来处理；
- 它可以把以上的这些文件打包压缩成一个 JavaScript 文件，以减少 HTTP 的请求；
- 它可以根据模块之间的依赖关系进行分析，实现按需加载；
- 它可以安装一些插件，对插件进行打包处理。

一个 Webpack 配置文件的基本结构如下。

```
//配置项
module.exports={
//入口
entry:{......},
//输出配置
output:{......},
//模块
module:{......},
//解析
resolve:{......},
//插件
plugins:[......],
//开发服务器
devServer:{......}
};
```

Webpack 配置文件的参数及其含义如表 7-1 所示。

表 7-1　Webpack 配置文件的参数及其含义

参数	含义
entry	定义入口文件，默认入口文件为./src/index.js
output	定义出口文件，默认出口文件为./dist/main.js
module	定义不同的 loader（Webpack 的一个模块转换器），让 Webpack 能够处理非 JavaScript 模块
resolve	解析路径映射
plugins	扩展 Webpack 功能
devServer	开发服务器，用于配置 webpack-dev-server 选项

要想使用 Webpack，首先要进行安装，命令如下。

```
npm  install webpack -g
npm  install webpack-cli -g
```

接下来介绍 Webpack 基本的使用方法。

创建一个名为“webpack”的目录，在该目录下创建名为“modules”的子目录，如图 7-29 所示。

```
◢ webpack
  ▷ build
  ◢ modules
```

图 7-29　创建 Webpack 目录及其子目录 modules

在 modules 目录下创建 function.js 文件，其内容如图 7-30 所示。

```
exports.sayHai=function(){
    document.write("<div>hello webpack</div>")
}
```

图 7-30　function.js 文件的内容

在 modules 目录下创建 main.js 文件，其内容如图 7-31 所示。

```
var hello=require("./function")
hello.sayHai();
```

图 7-31　main.js 文件的内容

在 modules 目录下创建 webpack.config.js 文件，其内容如图 7-32 所示。

```
/*
  webpack.config.js是Webpack的配置文件
    作用：指示 Webpack 执行哪些操作（当运行 webpack 命令时，会加载里面的配置）

    所有构建工具都是基于Node.js平台运行的，模块化默认采用CommonJS
*/

// resolve是用来拼接绝对路径的方法
const { resolve } = require('path');
module.exports = {
  // Webpack配置
  // 入口
  entry: './modules/main.js',
  // 输出配置
  output: {
    // 输出文件名
    filename: 'built.js',
    // 输出路径
    // __dirname是Node.js的变量，代表当前文件目录的绝对路径
    path: resolve(__dirname, 'build')
  },
  mode: 'development', // 开发模式
  // mode: 'production'
}
```

图 7-32　webpack.config.js 文件的内容

找到 modules 目录，在地址栏中输入 cmd 并按回车键，进入命令行窗口，如图 7-33 所示。

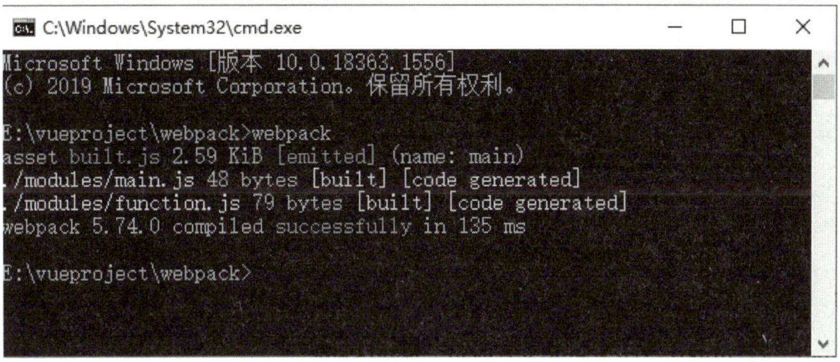

图 7-33　进入命令行窗口

运行“webpack”命令以后，Webpack 会创建一个目录 build，该目录下将产生编译文件 built.js。接下来，在根目录下创建一个 index.js 文件，其内容如图 7-34 所示。

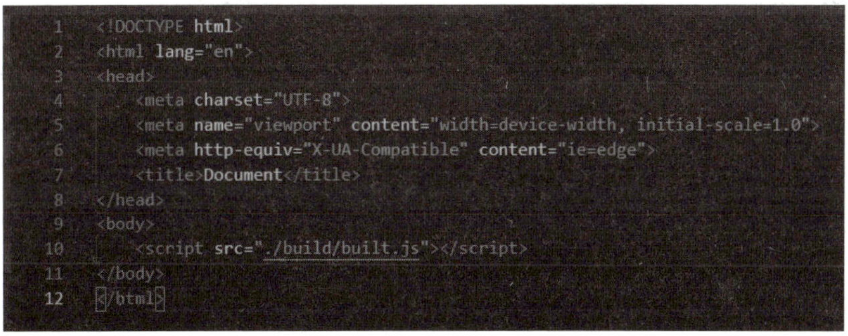

图 7-34　index.js 文件的内容

运行结果如图 7-35 所示。

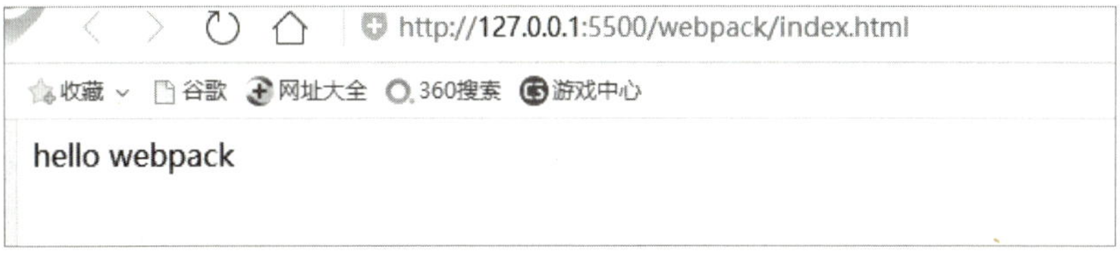

图 7-35　运行结果

任务实施

任务步骤	任务要点	实施记录
任务准备	1. 更换实训服、鞋套等 2. 检查机房软硬件环境	是否完成：是□ 否□
工具准备	教材、参考资料、纸、笔、特殊工具	是否完成：是□ 否□

续表

<table>
<tr><th>任务步骤</th><th>任务要点</th><th>实施记录</th></tr>
<tr><td>制订计划</td><td colspan="2">根据任务目标，制订任务实施计划
<table><tr><th>序号</th><th>作业项目</th><th>实施要点</th></tr><tr><td></td><td></td><td></td></tr><tr><td></td><td></td><td></td></tr><tr><td></td><td></td><td></td></tr><tr><td></td><td></td><td></td></tr><tr><td></td><td></td><td></td></tr><tr><td></td><td></td><td></td></tr><tr><td></td><td></td><td></td></tr><tr><td></td><td></td><td></td></tr></table></td></tr>
<tr><td>收集资讯</td><td>1．Vue.js 应用打包的命令和步骤是什么
2．什么是 Webpack
3．如何部署网站应用</td><td>检索记录：
____
____
____
____
____
____
____________________</td></tr>
<tr><td>任务实施
过程记录</td><td colspan="2">任务示范实现的关键步骤记录：
____
____
____
____
____
____
任务进阶实现的关键步骤记录：
____
____
____
____
____
____________________</td></tr>
<tr><td>设备断电并
整理现场</td><td>将现场设备、工具等物品按 6S 标准清理归位</td><td>是否完成：是□ 否□</td></tr>
</table>

评价反馈

<table>
<tr><td>任务总结</td><td colspan="7">对 Vue.js 应用打包的命令和步骤、网站应用部署的认知总结：

工作实施情况反思：</td></tr>
<tr><td rowspan="5">质量评价</td><td>评分项目</td><td>学生出勤
（20 分）</td><td>工作过程
（30 分）</td><td>成果汇报
（30 分）</td><td>职业素养
（10 分）</td><td>工作规范
（10 分）</td><td>总评</td></tr>
<tr><td>自我评分</td><td></td><td></td><td></td><td></td><td></td><td></td></tr>
<tr><td>小组评分</td><td></td><td></td><td></td><td></td><td></td><td></td></tr>
<tr><td>教师评分</td><td></td><td></td><td></td><td></td><td></td><td></td></tr>
<tr><td>合计</td><td></td><td></td><td></td><td></td><td></td><td></td></tr>
</table>

拓展阅读

致敬航天人，中国航天工业奔向浩瀚星辰

中国载人航天取得的巨大成就令人瞩目。从 1999 年神舟一号试验飞船的首次成功发射，到 2024 年神舟十九号载人飞船的圆满成功，中国载人航天事业实现了从无到有、从弱到强的跨越式发展。期间，中国不仅成功将航天员送入太空，实现了多人多天飞行、太空出舱活动、空间交会对接等一系列关键技术突破，还建成了以天和核心舱、问天实验舱和梦天实验舱为基本构型的中国空间站，为长期载人航天和深空探测奠定了坚实基础。此外，中国载人航天还积极开展国际合作，与多个国家和国际组织在航天科技领域中开展交流与合作，共同推动人类航天事业的发展。这些成就不仅展示了中国航天技术的雄厚实力和创新能力，也彰显了中华民族探索宇宙、和平利用太空的决心和信心。

中国载人航天团队精神，即载人航天精神，是“特别能吃苦、特别能战斗、特别能攻关、特别能奉献”的精神。这一精神是在传承和弘扬“两弹一星”精神的基础上，在载人航天伟大实践过程中培育形成的宝贵精神财富。

（1）特别能吃苦。

载人航天工程复杂艰巨，航天工作者需要付出巨大的努力和牺牲。他们面对恶劣的环

境和条件，始终保持坚韧不拔和乐观向上的态度。为了适应航天环境，航天员必须接受超重耐力训练、低压缺氧训练、前庭功能训练、失重飞行训练等“魔鬼训练”。以超重耐力训练为例，航天员要在时速 100 千米旋转的离心机里，在 40s 内承受 8 倍重力加速度（相当于自身体重 8 倍重量）的考验。然而，没有人在训练中轻易放弃。

（2）特别能战斗。

航天工作者展现出了顽强的战斗精神，敢于面对未知和挑战，勇于攀登科技高峰，突破技术瓶颈。面对困难和挫折，他们能迅速调整心态，以饱满的热情和坚定的信念投入工作。在载人航天工程实施过程中，航天团队攻克了一系列国际宇航界公认的尖端课题，形成了一套符合我国载人航天工程要求的科学管理理论和方法。例如，在神舟系列飞船的研制过程中，航天团队不断克服技术难题，确保了飞船的成功发射和返回。

（3）特别能攻关。

载人航天工程涉及多个领域和学科，需要攻克大量技术难题。航天工作者以高度的责任心和使命感，积极投身科研攻关，探索新技术、新方法，勇于创新、敢于突破。在载人航天工程实施过程中，航天团队在飞船设计、火箭发射、空间交会对接、航天员出舱活动等多个领域中取得了重大突破。这些突破的背后是航天工作者无数个日夜的辛勤付出和不懈努力。

（4）特别能奉献。

航天事业崇高伟大，需要航天工作者做出巨大的奉献和牺牲。他们舍弃个人利益和家庭幸福，全身心投入航天事业，为祖国的航天事业做出了巨大贡献。以钱学森、任新民为代表的一批杰出科学家自愿放弃国外优厚的待遇、优越的工作和生活条件，义无反顾地回到祖国，甘愿在艰苦的条件下投身我国的航天事业。他们的事迹是载人航天精神中“特别能奉献”的生动体现。

载人航天精神不仅是中国航天事业之魂，也是中华民族精神的重要组成部分。它体现了中华民族自强不息、勇攀高峰的精神风貌。在新的历史时期，大力弘扬载人航天精神对于推动中国航天事业持续健康发展、实现中华民族伟大复兴的中国梦具有重要意义。

项目小结

本项目主要讲解了 Spring Boot 单元测试、Spring Boot 应用打包及部署、Vue.js 应用打包及部署等知识。

课后习题

一、单项选择题

1．在 Spring Boot 中，用于执行单元测试的注解是（　　）。

A．@SpringBootTest　　　　B．@Test

C．@RunWith D．@SpringBootApplication

2．以下（ ）命令用于实现 Spring Boot 应用的打包（Maven 项目）。

A．mvn package B．mvn clean

C．mvn test D．mvn install

3．要想使用 Webpack，首先要进行安装，可以使用（ ）命令。

A．npm build webpack -g B．npm setup webpack -g

C．yarn install webpack -g D．npm install webpack -g

4．Vue.js 应用打包完成后，通常生成的目录是（ ）。

A．/build B．/dist C．/release D．/app

5．关于 Webpack 的作用描述不正确的是（ ）。

A．它可以把 CSS、JavaScript 及图片当作模块来处理

B．它可以把 CSS、JavaScript 及图片打包压缩成一个 JavaScript 文件，以减少 HTTP 的请求

C．它可以根据模块之间的依赖关系进行分析，实现按需加载

D．它不能用来对安装的插件进行打包

二、判断题，正确的画“√”，错误的画“×”

1．运行服务器的 jar 包，可以使用命令 java jar xxx.jar。（ ）

2．在 Spring Boot 中，可以直接通过浏览器运行 Spring Boot 应用。（ ）

3．Vue.js 应用的打包结果可以通过 FTP 上传到服务器上并直接通过服务器上的静态文件服务器来访问。（ ）

4．Spring Boot 应用打包后，只能通过 Java 命令来运行，不能部署到 Tomcat 等服务器中。（ ）

5．Vue CLI 生成的项目通常会使用 npm run build 命令来进行项目的打包。（ ）

三、操作题

请将项目 6 中已经完成的 Vue.js 应用项目 jiaqicms 进行打包及部署。